高等学校规划教材·航空、航天与航海科学技术

FEIJI ZHUANGPEI GONGYI ZHUANGBEI

飞机装配工艺装备

主编 康永刚

编者 康永刚 王仲奇

姜 珊 陈希多

西北工业大学出版社

西安

【内容简介】 本书内容丰富,是一本较为全面、系统地介绍飞机装配技术的教材,其主要内容包括飞机装配工艺基础知识,飞机装配工艺装备,公差建模、分析与综合,装配工装快速设计,常用工装结构,飞机装配数字化测量,飞机装配自动化设备和装配工装技术的发展等。本书将传统的飞机装配技术与先进飞机装配技术相结合,体现了内容的系统性和先进性。本书通过典型装配实例阐明飞机装配的基本原理和关键技术,通过阐述先进飞机装配技术的实践经验,以及对飞机装配科研成果的深入分析,帮助读者更好地理解和应用所学装配理论和飞机装配技术。

本书可作为航空航天院校飞机装配工艺装备课程的教材,也可作为飞机装配型架设计人员的参考资料,还可供从事飞机装配工艺工作的技术人员使用。

图书在版编目(CIP)数据

飞机装配工艺装备 / 康永刚主编 . —西安:西北工业大学出版社,2018.12

高等学校规划教材 . 航空、航天与航海科学技术

ISBN 978 - 7 - 5612 - 6351 - 8

Ⅰ.①飞… Ⅱ.①康… Ⅲ.①飞机—装配(机械)—工艺装备—高等学校—教材 Ⅳ.①V262.4

中国版本图书馆 CIP 数据核字(2018)第 276984 号

策划编辑:何格夫
责任编辑:王梦妮

出版发行:西北工业大学出版社
通信地址:西安市友谊西路 127 号　　邮编:710072
电　　话:(029)88493844　88491757
网　　址:www.nwpup.com
印　刷　者:陕西向阳印务有限公司
开　　本:787 mm×1 092 mm　　1/16
印　　张:15
字　　数:382 千字
版　　次:2018 年 12 月第 1 版　2018 年 12 月第 1 次印刷
定　　价:48.00 元

前　言

　　本书从教学和飞机装配工程技术人员的需求出发,围绕飞机装配所涉及的装配过程和装配方法,详细阐述了飞机装配工艺,飞机装配协调系统设计方法,飞机装配型架设计与安装,飞机装配的连接技术及飞机数字化测量。本书将传统的飞机装配技术与现代先进飞机装配技术相结合,介绍了飞机数字化装配技术,将先进飞机装配技术的实践经验和科学实验与飞机装配理论相结合,同时还介绍了国内外在飞机装配领域的研究成果,使本书内容更加系统、完整。本书力图深入浅出,通过典型装配实例阐明飞机装配的基本原理和关键技术,以帮助读者更好地理解和应用所学装配理论和飞机装配技术。

　　第1章介绍飞机构造及结构特点、飞机装配工艺特点和要求、飞机装配单元的划分、装配基准、互换协调的方法与应用、装配准确度的保证方法等内容,让读者初步了解和认识飞机装配工艺的基本知识,并引出全书的重要对象——工艺装备。第2章从种类、结构、功用和设计原则的角度详细介绍装配工艺装备,阐述装配定位的方法,并叙述装配型架设计的一般问题。第3章介绍公差建模、分析与综合,给读者提供了保证装配准确度的方法。第4章介绍装配工装快速设计的种类。第5章介绍标准工艺装备、装配型架及其种类与发展和定位与夹紧机构。第6章介绍数字化设备及其在装配型架数字化安装中的应用。第7章介绍飞机装配技术、协调体系和装配自动化设备。第8章介绍飞机先进装配工装技术的发展。

　　本书由康永刚担任主编,负责全书的统稿,并编写第1、4、5、8章,王仲奇编写第2、3章,姜珊编写第6章,陈希多编写第7章。在编写过程中,参阅了相关飞机装配技术的书籍,收集了我国飞机制造技术多年积累起来的经验和科研技术成果,在此谨向所有提供资料的同行表示衷心的感谢。

　　限于知识和经验有限,书中难免有欠妥之处,恳请读者批评指正。

编者

2018 年 8 月

目　录

第 1 章　飞机装配工艺基础

1.1　概　　述

　　飞机制造(aircraft manufacturing)是按设计要求制造飞机的过程。飞机制造要经过工艺准备、工艺装备制造、毛坯制备、零件加工、装配安装、检测和试验诸过程。工艺准备工作包括制造中的协调方法和协调路线的确定、工艺装备的设计等。飞机机体的主要材料是铝合金、钛合金、镁合金等,多以板材、型材和管材的形式由冶金工厂提供。飞机上还有大量锻件和铸件,如机身加强框、机翼翼梁和加强肋,它们多由高强度的铝合金和合金钢锻造毛坯制成,这些大型锻件要在 300～700 MPa 的巨型水压机上锻压成型。零件加工主要有钣金零件成形、机械加工和非金属材料加工。金属零件在加工中和加工后一般还要进行热处理和表面处理。飞机的装配是按构造特点分段进行的。首先将零件在夹具(型架)中装配成翼梁、框、肋和壁板等构件,再将构件组合成部段件(如机翼中段、前缘,机身前段、中段和尾段等),最后完成一架飞机的对接。装配中各部件外形靠型架保证,对接好的全机各部件相对位置,特别是影响飞机气动特性的参数(如机翼安装角、后掠角、上反角等)和飞机的对称性,要通过水平测量来检测。总装工作还包括发动机、起落架的安装调整,各系统电缆、导管的敷设,天线和附件的安装,各系统的功能试验等。总装完成后,飞机即可转入场外工作,进行地面试车和试飞。通过试飞调整,当飞机各项技术性指标达到设计要求时即可交付使用。

　　飞机制造中装配和安装工作量占直接制造(即不包括生产准备、工艺装备制造)工作量的 50%～70%。这首先是因为飞机结构复杂,零件和连接件的数量大。例如,一架大型飞机有大约 10 万个零件,200 多万个铆钉和螺栓连接件。其次是因为装配和安装工作的机械化和自动化程度比较低,手工劳动量占很大比例,劳动生产率低。再次是因为飞机的装配和安装不仅劳动量大,而且质量要求高、技术难度大。因此,提高飞机装配和安装的技术水平,在飞机制造中具有重要意义。

1.1.1　飞机结构的基本特点

1. 尽可能小的结构质量满足强度和刚度的要求

　　飞机的结构强度、刚度始终受到质量的限制,飞机结构的质量是一个突出被考虑的问题。因此,飞机选用的材料大部分是高强度轻合金的薄壁钣金件。由这样的结构材料制作的零部件刚度小、变形大,增加了装配工艺的复杂性。

2.外形复杂(有单、双曲率,变曲率),部件尺寸大而刚度小

有的飞机机翼长达几十米,本身又是薄壁结构,易变形,刚度小,因此飞机结构的精确度不易保证。

3.零件数量多,协调关系复杂,装配以铆接为主

飞机零件的数量和品种多,一架飞机有成千上万个零件。铆接是目前飞机生产中应用最广泛的连接方法,尽管其他连接方法,如胶结、电焊、融焊等有了相当大的发展,但由于铆接具有工艺方法比较简单、连接强度比较稳定可靠、能适应比较复杂的结构、操作简便、质量便于检查、故障易于排除等优点,到现在还没有一种连接方法能完全取代它。

1.1.2 飞机装配的工艺特点

1.飞机装配劳动量大,机械化程度不高

我国航空企业结合型号需求,开展了壁板自动钻铆、大部分柔性对接等关键技术及装备研究和应用,在数字化装配技术方面开展了有益的尝试和试验。但是,对先进装配技术的研究还没有系统化,未形成飞机数字化装配模式和体系。目前,飞机装配仍沿用根据实物样件以模拟量形式传递零部件的形状和尺寸,以及采用大量复杂刚性型架进行定位和夹紧的传统手工装配方法,装配精度、质量稳定性、装配效率等很难满足要求,国际适航认证获批艰难。因此,飞机装配技术已成为制约我国飞机制造技术能力的瓶颈,发展飞机数字化装配技术迫在眉睫。

2.飞机装配涉及的连接技术面较广,装配的准确度直接影响飞机的外形

飞机上的连接形式大量采用铆接和螺纹连接技术,另外还采用焊接、胶结等。这些连接技术的一个共同特点是变形较大,而飞机的最后形状和尺寸又是由装配过程来确定的,因此装配的准确度直接影响到飞机外形。

3.飞机装配使用大量复杂的工装夹具

飞机外形复杂,部件尺寸大而刚度小,因此,飞机装配须使用大量工装、夹具固定零件位置,加强装配件的刚度,控制和约束装配件的变形,以保证装配的准确度要求。

4.保证部件装配互换、协调的方法和过程比较复杂

飞机装配不仅需要有精确度高的配合面和准确的配合尺寸,而且还需要有一套区别于一般机械制造并能保证自身互换、协调的设备和工艺路线。例如,为了保证产品与产品、产品与工装、工装与工装之间的协调,需要绘制模线,制造样板,采用型架装配机、标准样机、标准量规等专用设备和标准工艺装备。

1.1.3 飞机装配工作的要求

飞机由许多零件、组件、部件所组成。在飞机装配工作中,它们都必须满足下述要求。

1.保证结合面的强度

保证每一结合面的强度是保证飞机装配质量的首要要求。无论用何种连接方法,稍不慎重而造成的缺陷(如铆钉未填满钉孔、焊缝未焊透、螺母未锁紧等),都可能使结合面开裂而引起严重事故。飞机上承受大载荷的结合面(如机翼与机身的连接),以及承受载荷不大的结合面(如起落架舱板蒙皮与骨架的铆接结合面),并没有重要与不重要之分。因此飞机设计的安全因数很小,任何细小的裂损都可能由局部影响全机。

2. 保证飞机气动外形的准确

这个要求有两方面的含义：一是外形曲线尺寸准确，例如机翼每一剖面的翼型曲线、上反角或下反角、后掠角或前掠角的数值，这些数值在装配时必须得到保证，这样才能使飞机得到预定的性能，不然就会减少升力、增加阻力，不利于稳定性和操纵性；二是外表面的光滑度，特别是机翼、尾翼前缘蒙皮的光滑度的保证，这对减少阻力、提高飞机速度具有重大意义。

3. 保证各机构动作准确、协调

飞机的所有操纵系统、动力装置等要求操作灵敏、准确，工作时不发生故障。这对歼击机来说，尤为重要。一场激烈的空战，往往不过几分钟或数十秒钟，驾驶员要在这短暂时间内完成各种复杂的工作，操纵机构如有瞬时的迟缓或故障，就会丧失空战中的优势。

4. 缩短装配周期

装配一架飞机所需要的时间称为装配周期。缩短装配周期就相应地提高了产量，也就意味着劳动生产率的提高。

5. 降低成本

飞机装配需要大量的劳动力，需要许多好的材料。劳动力的减少、材料的节约、废品率的降低，都能提高生产率，降低成本。

以上这些要求，有的是互相关联的，有的是互相矛盾的，这就需要寻求先进的工艺方法和先进的组织形式，最大限度地满足这些要求。

1.1.4　飞机构造和飞机装配工艺的发展趋势

1. 飞机构造的发展趋势

随着现代飞机为满足隐身、超声速巡航、超常规机动、高信息感知能力、长寿命、结构轻量化等方面的性能要求，大量地采用新技术、新结构、新材料，其结构件呈现出以下的发展趋势。

（1）结构大型化、整体化。相对于以往的小型结构件焊接、组装模式，采用大型整体结构件可大量减少结构件零件数量和装配连接工序，并有效减轻飞机整机质量，提高零件强度和可靠性，使飞机的制造质量显著提高，如 F - 22 战斗机机身整体框架毛坯尺寸达到 4 000 mm×2 000 mm。

（2）结构复杂化。飞机整体结构日趋复杂，其外形多数与飞机的气动外形相关，周边轮廓与其他零件还有复杂的装配协调关系。同时，薄壁加筋结构使得结构件刚性弱，筋顶结构复杂，壁厚最薄部位不足 1 mm。

（3）材料多元化。随着新一代战机性能的逐步提高，新型高性能材料不断引入，高强度难加工材料和低密度轻质材料成为航空结构件的两大类主要材料，结构材料逐渐由以铝合金为主转变为铝合金、钛合金、复合材料并重的局面。

（4）制造精确化。精确制造对结构件形位、尺寸公差都提出了更高的要求，以满足精确装配的需求。例如，腹板最高精度达到±0.1 mm，比前一代飞机提高 1 倍以上。

2. 飞机装配工艺的发展趋势

为了提高生产效率和装配质量，降低制造成本，缩短制造周期，飞机结构装配技术正朝着自动化、柔性化方向发展。通过对飞机产品三维数字化定义以及设计、制造等数字化技术的应用，推动了飞机结构装配向数字化装配方向发展。在大型构件装配中采用数字化装配技术，可简化型架，减少包括型架在内的装配工装的使用，实现自动化柔性装配，从而提高生产效率和装配质量，降低制造成本，缩短制造周期。

1.2 飞机结构

如图1-2-1所示,飞机的机体通常由机身、机翼、尾翼等组成。机翼上装有副翼和襟翼,尾翼分为垂翼和平翼。它们都通过铆接、螺接、焊接等等的方式连接在机身上,各个部件被设计组成合理的结构形式,用以承受和传递机体上的各种载荷。各个部件和机体之间的连接方式各不相同,这主要是由他们所在部位的气动特点和配置形式决定的。

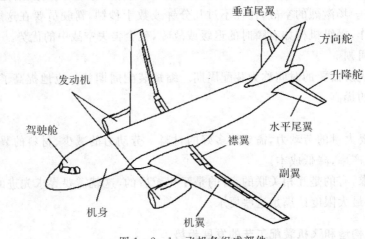

图1-2-1 飞机各组成部件

1.2.1 机身

以波音787中机身部件为例,中段机身(见图1-2-2(b))是大型飞机的重要部件之一,其前连机头(见图1-2-2(a)),后接尾段(见图1-2-2(c)),上接机翼,下连主起落架,是大型飞机结构承前启后的关键部件,是飞机部件对接的基准,是大型飞机的主要承力部件和气密舱段,其特点是装配单元外形尺寸大(约15 000 mm×ϕ5 400 mm)、协调关系复杂、装配准确度要求高,机身外形公差±1.0 mm,长桁轴线、框轴线位置公差±1.0 mm,其装配精度直接影响机身各段对接以及机翼机身对接质量。

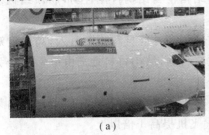 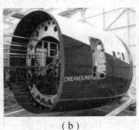 

(a)   (b)   (c)

图1-2-2 波音787机身
(a)前段机身;(b)中段机身;(c)尾段机身

1. 机身结构

机身通常由大梁、隔框、长桁、蒙皮等构件构成。大梁、长桁安装在隔框上,蒙皮安装在隔框、大梁、长桁上。它们组成一个整体结构,用来承受全机外部载荷所引起的切变力、弯矩、扭矩,形成和保持必需的机身外形。

(1)大梁。大梁构造比较简单,通常就是一根用铝合金或高强度合金钢轧制而成的型材。从受力特点来说,机身的大梁相当于机翼大梁的缘条,它是承受弯矩所引起的轴向力的主要构件。

(2)隔框。从受力的观点来看,隔框分为普通隔框和加强隔框两种。普通隔框的作用是保持飞机外形,支持蒙皮,提高蒙皮的稳定性,以利于承受局部空气动力载荷,它所承受的载荷不大,一般采用板材分段弯制而成,其外缘形状与机身截面相似,内缘往往与机身内部布置相协调,由此,内、外缘之间的距离是变化的。为了保证隔框的强度,内、外缘隔框都有翻边。另外,为了减轻质量,框的腹板上都有许多开孔。由于普通框的整体刚性较差,装配时通常将普通框的一部分与桁条和蒙皮先组成壁板,然后在部件装配和总装配时形成整体的隔框。加强隔框除了具有普通隔框保持气动外形的作用外,主要功用是将装载的质量和其他部件(机翼、尾翼等)上的载荷,经连接接头传递到机身结构上,将集中力加以分散,然后以剪流的形式传给机身蒙皮,所以它是一个在集中力和分布剪流作用下平衡的平面结构。加强框的结构形式与机身外形、内部装载布置、集中力大小、性质以及支持它的机身结构的特点密切相关。

(3)长桁。长桁一般由硬铝压制型材制成,其主要作用是支持蒙皮,防止蒙皮因受局部空气动力而产生变形过大;把蒙皮传来的气动力传给翼肋;同蒙皮一起承受由弯矩而产生的拉力、压力。

(4)蒙皮。蒙皮一般为硬铝制成,完整的蒙皮除了要承受切变力的扭矩作用外,还要承受弯矩引起的轴向力。

2.机身结构形式

机身的结构形式是随着飞行速度的提高而不断改变的。早期的低速飞机普遍采用构架式机身,现代的飞机则广泛采用了薄壳式机身。

构架式机身一般都采用布质蒙皮,这种蒙皮不能受力。为了使机身结构的刚度能满足飞机飞行速度日益增大的要求,需要使蒙皮参与整个机身结构的受力。因此,目前的机身结构,广泛采用了金属蒙皮,并且将蒙皮与隔框、大梁、长桁铆接在一起,成为一个受力整体,通常称为薄壳式机身。

根据蒙皮参与承受弯矩的程度不同,薄壳式机身又分为桁梁式、长桁式(统称半硬壳式)、蒙皮式(又称硬壳式)和复合式 4 种。

(1)桁梁式机身。桁梁式机身由几根较强的大梁、较弱的长桁、较薄的蒙皮和隔框组成。机身受力弯曲时,弯矩所引起的轴向力主要是由大梁承受。蒙皮和长桁所组成的壁板,截面的面积较小,受压稳定性较差,只能承受一小部分弯矩所引起的轴向力。

桁梁式机身中,大梁与隔框、蒙皮用铆钉牢固地连接成一体;长桁通常都穿过隔框周缘弯边上的缺口,只与蒙皮铆接。有些飞机在承受弯矩不大的机身部分,长桁在隔框处还可以是断开的。这种长桁在机身上只起支持蒙皮的作用,不参与承受弯矩所引起的轴向力。桁梁式机身由于采用了较强的大梁,因而可以开大的舱口。

(2)长桁式机身。长桁式机身没有大梁,只有长桁、隔框和蒙皮。这种机身的长桁和蒙皮较强,受压稳定性较好,弯矩所引起的轴向力全部由长桁和蒙皮承受。由于蒙皮加厚,改善了飞机的空气动力性能,增大了机身结构的抗扭刚度,所以与桁梁式机身相比,它更适合高速飞机。此外,长桁式机身的蒙皮和长桁,在结构受力中能够得到充分利用,而且这种结构的生存力也较强。但是,这种机身由于没有强有力的大梁,不宜开大的舱口。如果要开口,就必须在开口部位用专门构件加强。

长桁式机身各部件受力比较均匀,传递载荷时必须采取分散传递的方法,因而机身各段之间都用很多接头来连接。

(3)蒙皮式机身。蒙皮式机身既没有大梁也没有长桁,它只有蒙皮和隔框。这种机身的蒙皮很厚,稳定性很好,不仅能承受切变力和扭矩,而且能承受由弯矩引起的全部轴向力。蒙皮式机身能很好地保持机身外形,并且有很大的抗扭刚度,但这种优势没有得到充分的发挥。相反,机身的结构质量却比承受同样弯矩的长桁式机身大得多,而且它更不能开大的舱口。因此目前完全采用蒙皮式机身的飞机很少。

(4)复合式机身。比较三种薄壳式机身,长桁式机身在不开口的情况下,对于解决强度、刚度大和结构质量小之间的矛盾最为有利。但对有些飞机来说,由于机身前段需要很大的舱口,如果采用长桁式结构,则在开口部位必须安装许多加强构件,那样反而会增加结构质量。因此有些飞机仅在机身后段采用长桁式结构,而前段则采用桁梁式结构。这种结构形式的机身称为复合薄壳式机身,简称复合式机身。

1.2.2 机翼

飞机机翼和机翼上的活动翼面如1-2-3所示。

图1-2-3 飞机机翼和机翼上的活动翼面

机翼通常是由翼梁、翼肋、长桁条、蒙皮等构件组成。翼肋安装在翼梁腹板上,长桁安装在翼肋上,蒙皮安装在翼梁缘条、翼肋周缘、长桁条上。它们组成一个整体结构,来承受机翼外部载荷所引起的切变力、弯矩、扭矩,形成和保持所必需的机翼外形。机翼结构如图1-2-4所示。

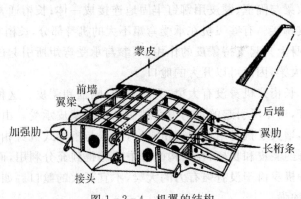

图1-2-4 机翼的结构

1. 机翼结构

（1）翼梁。在机翼结构中，翼梁的主要功用是承受机翼的弯矩和切变力，其上下缘条承受弯矩所引起的轴向力，其腹板承受切变力。其主要形式有腹板式、整体式和桁架式三种。

腹板式翼梁通常是由缘条和腹板铆接而成的。横截面一般做成"工"字形，上、下两横截面称为"缘条"，垂直竖截面称为"腹板"。腹板式翼梁的优点是能够较好地利用机翼的结构高度来减轻质量（机翼越厚质量越轻），而且生存力较强，制造也方便。

整体式翼梁实际上是一种用高强度合金钢锻制而成的腹板式翼梁。它的优点是刚度较大，截面尺寸可以更好地符合强度要求。

桁架式翼梁由上、下缘条和许多直支柱、斜支柱连接而成。翼梁承受切变力时，缘条之间的支柱承受拉力或压力。缘条和支柱，有的采用硬铝或钢管制成，有的则用厚壁开口型材制成。

（2）翼肋。在机翼结构中，翼肋按其功用可分为普通翼肋和加强翼肋两种。普通翼肋的功用是构成并保持机翼的截面形状；把蒙皮和长桁条传给它的局部空气动力传给翼梁腹板；支持蒙皮、长桁和翼梁腹板，提高它们的稳定性。加强翼肋除具有上述功能外，还要承受和传递较大的集中载荷；在开口边缘处加强翼肋还要把扭矩集中起来传给翼梁。翼肋也有腹板式普通翼肋、腹板式加强翼肋和整体式翼肋三种形式。

（3）长桁条。在机翼结构中，长桁条的主要功用是支持蒙皮，防止它在承受局部空气动力时产生过大的局部变形，并与蒙皮一起把局部空气动力传给翼肋；提高蒙皮的抗切变和抗压稳定性，使它能更好地承受机翼的扭矩和弯矩；与蒙皮一起承受弯矩引起的轴向力。

（4）蒙皮。在机翼结构中，蒙皮的作用是承受局部空气动力学和形成机翼外形；金属蒙皮还要承受机翼的弯矩和扭矩。飞机的机翼广泛采用铆接的硬铝蒙皮，现在逐渐采用了整体蒙皮和夹芯蒙皮。

整体蒙皮是将长桁条、翼梁边缘条和蒙皮，通过模锻、挤压、精密制造、化学铣削或机械加工等方法做成一个整体，它不但能节省大量的铆接工作，而且还能按需要改变蒙皮的厚度。

夹芯蒙皮是用内外两层金属薄板，把夹芯放在中间胶结或焊接在一起形成一个整体。一般是用金属箔制成的蜂窝状格子，或者用金属波纹片，或者用泡沫塑料做夹芯。目前以蜂窝夹芯蒙皮（见图 1-2-5）应用较广。

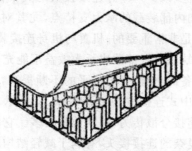

图 1-2-5　蜂窝夹芯蒙皮

2. 整体壁板

飞机的壁板通常是用蒙皮和纵向、横向加强零件靠铆接、胶结、焊接、螺接等装配而成。这种装配式壁板的刚度、强度、密封性都较差。后来，为了减少结构质量，逐渐改用整体壁板（见图 1-2-6）代替装配壁板，即壁板的蒙皮、加强凸台、下陷、筋条等架构要素之间没有任何机械连接。

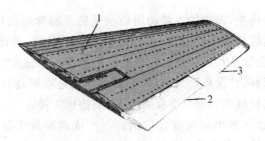

图1-2-6　整体壁板机翼
1—整体壁板；2—襟翼；3—副翼

与传统的铆接式壁板相比,整体壁板结构件有以下优点:

(1)可减少结构质量。同一个部件,在保证同样刚度和强度的情况下,由于减少所含零件及紧固件的数量,整体壁板比铆接壁板结构质量少15％～20％。

(2)可以提高整体油箱密封性。由于没有蒙皮与长桁条连接的钉孔(或螺栓孔),大大减少油箱的渗漏概率,而且可以减少密封材料的用量,一般比铆接结构减少密封用胶量80％。

(3)可以提高结构的疲劳寿命。由于紧固件用量少,净截面面积大于铆接壁板,从而提高结构的疲劳寿命,同时还可以承受较高的压缩屈服载荷。

(4)可以缩短装配周期。由于减少了零件和紧固件的数量,从而减少67％左右的装配工作量,简化协调关系,缩短装配周期。

(5)可以提高飞机性能。由于没有机械连接,外形尺寸准确,从而使机身表面更光滑,减少了飞行阻力,提高了飞机性能。

3.连接方式

机翼与机身的连接从传力形式分为两类:一类为集中传力,如单块式机翼、多腹板式机翼,具体有米格型飞机,RF-101、F-5、F-18等机种;另一类为周边连接分散传力,如F-86飞机梁式机翼的翼身连接。

(1)集中传力。集中传力为交点连接方式,机翼与机身用几个交点连接起来,在现代飞机上用得比较广泛。其原因有以下几点:能传递较大的力和力矩;梁结构综合利用好,由于飞机性能逐步提高,翼型相对厚度逐步减少,翼-身连接接头与翼梁做成一体。这样梁既是机翼与机身连接构件,也是机翼外挂和内部装载的承力支持点,尤其对于梁式结构的机翼,对提高结构的刚度和降低结构设计重量是非常重要的;机翼与机身连接装配工时减少,为改善飞机的维护性提供有利条件。它的主要缺点是根部蒙皮承力效益不能充分发挥,其次机加工量大,材料浪费较多。由于大型自动化设备的出现,工艺水平的不断提高,以及它本身所具备的优点,在近代飞机上用得特别广泛。集中式连接方式如图1-2-7所示。

(2)周边连接。由于周边连接分散传力,螺栓数量较多。它的优点是能充分发挥机翼根部蒙皮承力效率,不需要特制的复杂的连接接头,有利于减轻结构设计质量。其主要缺点是增加翼-身连接装配工作量。同时对连接接头相互间协调带来困难,为此必须加大螺栓与孔配合公差,从而给传递剪力和疲劳强度均带来不利影响。其次,不能传递较大的集中力和力矩,难于达到结构综合利用的目的。因此,该种连接形式适用于薄翼型的不常拆卸的外翼与中翼的连接,或厚蒙皮多墙结构薄翼型的翼-身连接。由于它的缺点,在现代飞机上用得不多。

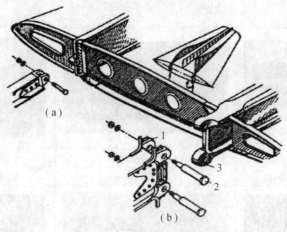

图 1-2-7　集中式连接方式

1—叉耳接口；2—销钉；3—叉耳

1.2.3　尾翼

尾翼是安装在飞机尾部的一种装置，可以增强飞机的稳定性。大多数尾翼包括水平尾翼和垂直尾翼，也有少数采用 V 形尾翼。尾翼可以用来控制飞机的俯仰、偏航和倾斜以改变其飞行姿态。尾翼是飞行控制系统的重要组成部分。

1. 尾翼配置形式

尾翼在飞机上的配置形式是多种多样的，见表 1-2-1。

表 1-2-1　尾翼在飞机上的配置形式

(a)普通式 例：轰 5、轰 6、C919	(b)分散式 例：水轰 5	(c)双撑尾式 例：P-38"闪电"战斗机
(d)十字形 例：歼 5	(e)T 形 例：ARJ21、伊尔-76	(f)V 形 例：歼 20

续表

(g)全动平尾	(h)全动垂尾	(i)双垂尾式
例:歼7/8、歼轰7、强5	例:歼20	例:苏-27、歼20
(j)无平尾式	(k)无尾式	(l)鸭式
例:美F7U"弯刀"舰载机	例:B-2式轰炸机	例:歼10、歼20

2.尾翼的组成

不论是垂直尾翼还是水平尾翼,都是由安定面和舵面组成的。安定面主要起平衡作用,舵面主要起操纵作用(见图1-2-8)。

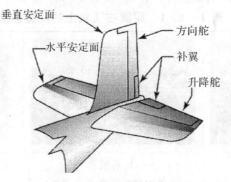

图1-2-8 尾翼构造

(1)水平尾翼。水平尾翼简称"平尾",是飞机纵向平衡、稳定和操纵的翼面。平尾左右对称地布置在飞机尾部,基本为水平位置。翼面前半部分通常是固定的,称为水平安定面;后半部分铰接在安定面的后面,可操纵上下偏转,称为升降舵。升降舵的后缘还装有调整片。在大型飞机上,为了提高平尾的平衡能力,水平安定面在飞行中可以缓慢改变安装角,这样的平尾称为可调水平尾翼。

在飞行中,飞机升力的位置会随迎角和速度的变化而移动,飞机重心也因燃油消耗等原因而变动。这样,升力不可能在所有状态下都通过重心,因而存在一个不平衡力矩。在有平尾的飞机上,此力矩才由平尾负升力或正升力的力矩来平衡。由于平尾距重心较远,只要用很小的平尾升力就能使飞机保持力矩平衡。

(2)垂直尾翼。垂直尾翼简称"垂尾",起保持飞机的航向平衡、稳定和操纵作用,原理与平尾相似。垂直尾翼仅仅布置在飞机轴线的上部,因为在起飞着陆时,飞机头部上仰,尾部离地很近,无法布置垂尾翼面。与平尾相同,垂尾翼面的前半部分通常是固定的,称垂直安定面;后半部分铰接在安定面后部,可操纵左右偏转,称方向舵。垂尾的作用是保持转弯在无侧滑状态下进行;在有侧风着陆时保持机头对准跑道;飞行中平衡不对称的偏航力矩(如多发动机组中有一台发动机停车造成的偏航力矩)。方向舵操纵系统中可装阻尼器,以防止飞机在高空高速飞行中出现的偏航摇摆现象。

多数飞机只有一个垂直尾翼(单垂尾),它位于飞机的对称面内。在一些多发动机的螺旋桨飞机上,为了提高垂尾效率,故意将垂尾放在螺旋桨后的高速气流中,为此将垂直尾翼分为两个(双垂尾)或两个以上(多垂尾)翼面。在双垂尾形式中,常将两个垂尾布置在平尾两端,以提高平尾的效率。在超声速飞机上,由于机身比较粗大,为了保证飞机在高空高速飞行时仍有足够的航向稳定性,需要有很大的垂尾面积。如果采用双垂尾形式,可以降低垂尾高度,减少垂尾在侧滑时产生的滚转力矩。同时也可提高大迎角时的航向稳定性。

1.3　飞机装配过程

1.3.1　装配单元划分与分离面

为了满足飞机的使用、维护及生产工艺上的要求,整架飞机的机体可分解成许多大小不同的装配单元。首先,飞机的机体可分解成若干部件,如某歼击机的部件包括前机身、后机身、机翼、襟翼、副翼、水平尾翼、垂直安定面、方向舵、前起落架和主起落架等。图 1-3-1 为某歼击机的部件分解图。

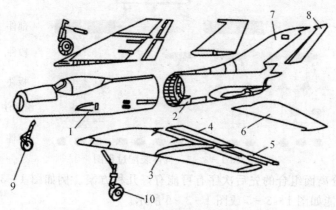

图 1-3-1　飞机结构划分为部件

1—前机身;2—后机身;3—机翼;4—襟翼;5—副翼;6—水平尾翼;
7—垂直安定面;8—方向舵;9—前起落架;10—主起落架

飞机机体结构划分成许多装配单元后,两相邻装配单元间的结合面就形成了分离面。飞机机体结构的分离面,一般可分为以下两类。

(1)设计分离面。设计分离面是根据构造上和使用上的要求而确定的。如飞机的机翼,为便于运输和更换,需设计成独立的部件;如襟翼、副翼或舵面,需在机翼或安定面上做相对运动,也应把它们划分成为独立的部件;又如歼击机机身后部装有发动机,为便于维修、更换,就把机身分成前、后机身两个部件。设计分离面都采用可卸(如螺栓连接、铰链连接等)连接,而且一般要求它们具有互换性。

（2）工艺分离面。工艺分离面是由于生产上的需要，为了合理地满足工艺过程的要求，按部件进行工艺分解而划分出来的分离面。由部件划分成的段件，以及由部件、段件再进一步划分出来的板件和组合件，这些都是工艺分离面。工艺分离面一般采用不可拆卸连接，如图1-3-2所示为机身划分为板件和组合件的工艺分离面示意图。

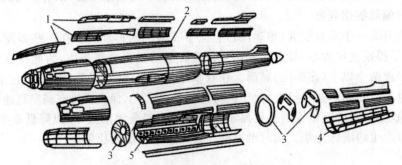

图1-3-2 机身划分为板件和组合件示意图
1—侧板件；2—中段大梁；3—隔框；4—机身后段下板件；5—机身中段下板件

工艺分离面的合理划分，有显著的技术经济效果：

1）增加了平行装配工作面，可缩短装配周期。

2）减少了复杂的部件装配型架数量。

3）由于改善了装配工作的开敞性，因而可以提高装配质量。

部件划分为组合件、板件、段件等装配单元后，其装配过程如图1-3-3所示。

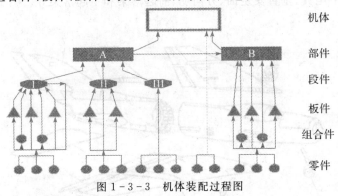

图1-3-3 机体装配过程图

对结构工艺分离面组合的先后次序有可能有好几种方案。例如图1-3-4所示的机翼结构，其组合方案可能如图1-3-5或图1-3-6所示。

如图1-3-5所示的方案1是将前梁划分到前段上，将后梁划分到后段，中段上、下蒙皮预先分别与长桁条连接，然后在机翼总装型架内组合并铆接。

如图1-3-6所示的方案2是把前梁、后梁、翼肋中段、上下板件铆接成中段，前段不带前梁，后段不带后梁，前后在机翼总装型架内组合并铆接。

上述两种方案从工艺上讲都是可行的。对于方案1，前后段工艺刚度大，对保证前、后段的外形有利，但总装工作量比方案2大。对于方案2，前、后段工艺刚度小，但总装工作量少些。在考虑方案时，不能把翼肋中段和上、下板件预先组合在一起，因为这种组合件内无前梁和后梁，工艺刚度小，同时，这个组合件和前、后段连接的时候也比较困难。

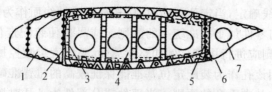

图 1-3-4 机翼的典型切面结构示意图

1—机翼前缘；2—前梁；3,5—梁和翼肋中段的连接角材；4—翼肋中段；6—后梁；7—机翼后缘

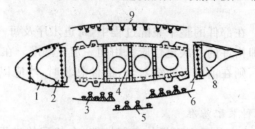

图 1-3-5 机翼段划分示意图 1

1,2—带前梁的机翼前段；3—前下板件；4—翼肋中段；5—可卸板件；6—后下板件；7,8—带后梁的机翼后端；9—上板件

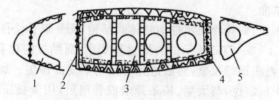

图 1-3-6 机翼段划分示意图 2

1—不带前梁的机翼前段；2,3,4—由前梁、后梁、翼肋中段和上下板件组成的机翼中段；5—不带后梁的机翼后段

部件结构形式是各式各样的，在工艺分解时可能会碰到这样或那样的复杂情况，但选择方案时应考虑构造上的可能性、工艺上的开敞性、装配单元的工艺刚度，以及是否有利于尺寸和形状的协调，是否有利于减少部件总装阶段的工作量等。在实践工作中，往往会在各种方案中出现矛盾的情况，此时要根据具体情况，产量大小及工厂经验等，权衡主次，以求得合理解决。

1.3.2 装配基准

1.基准的定义与分类

基准就是确定结构件之间相对位置的一些点、线或面。飞机装配中通常采用两种基准：设计基准和工艺基准。

设计基准是设计用来确定零件外形或决定在结构中相对位置的基准，产品设计需要建立这样的基准，如飞机水平基准线、对称轴线、翼弦平面、弦线、梁轴线、长桁轴线、框轴线、肋轴线等。

工艺基准是存在于零件、装配件上的实际的点、线或面。装配工艺基准又分为以下几种。

(1)定位基准：用以确定结构件在设备或工艺装备上的相对位置。

(2)装配基准：用以确定结构件之间的相对位置。

(3)测量基准：用于测量结构件装配位置尺寸的起始位置。

2.基准的选取原则

在选择定位基准和装配基准时应遵循以下 4 个原则。

(1)装配定位基准与设计基准统一的原则。结构件定位应尽可能直接利用设计基准作为装配定位基准。对于不能利用的，应通过工艺装备间接地实现基准的统一。例如，机翼翼肋的位置在图样上时用肋轴线确定,当定位翼肋时,应选择翼肋轴线面作为定位基准。

(2)装配定位基准与零件加工基准统一的原则。应尽量使装配定位基准与零件加工基准相统一;若二者不统一,则应进行协调。例如整体翼肋、整体大梁数控加工时的定位基准孔,在装配夹具内定位时,采用该孔作为装配定位基准能保证较高的位置准确度。

(3)装配基准与定位基准重合的原则。当部件或分部件为叉耳对接或围框式对接时,这些接头或平面在部件(或分部件)装配时是定位基准,在部件对接时是装配基准,亦及装配基准与定位基准统一。

(4)基准不变的原则。在部件的整个装配过程中,每道工序及每一个装配阶段(装配单元)都用同一基准进行定位,即构件的二次定位应采用同一定位基准。在机翼前梁装配时,若以前梁接头对接孔为定位基准,则在前梁与前缘对合、部件总装时,均应以该对接头对接孔作为定位基准。

3.保证部件外形的两种装配基准

飞机各部件的外形准确度关系到飞机的飞行性能,在装配的过程中,使用两种装配基准,即以骨架为基准和以蒙皮为基准。

(1)以骨架外形为基准。

1)结构特点。肋、隔板、框等骨架零件为整体式结构,无外形补偿件。

2)装配过程。如图1-3-7(a)所示的装配过程如下:翼肋按定位孔定位,铆上桁条,组成骨架,放上蒙皮,用橡皮绳或钢带拉紧,然后进行骨架与蒙皮的铆接。如图1-3-7(b)所示的装配过程如下:翼肋靠卡板定位,与大梁、桁条等组成骨架后,用卡板压紧,然后进行骨架与蒙皮的铆接。

3)装配误差特点。装配误差"由内向外"积累,误差反映在部件外形上。

4)误差组成:骨架零件外形误差、骨架装配误差、蒙皮厚度误差、蒙皮与骨架贴合间隙、装配变形。

5)特点:累积误差反映在部件外形上,使其准确度降低。若要提高外形准确度,必须提高骨架零件的外形准确度和骨架装配、定位准确度。

6)应用范围:适用于外形准确度要求较低的部件和翼型高度较小,不便于采用结构补偿的部件。

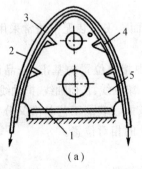
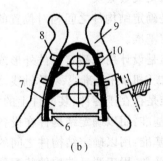

(a)   (b)

图1-3-7 以骨架为基准的装配示意图

(a)不带卡板翼肋装配;(b)带卡板翼肋装配

1—定位孔;2—蒙皮;3—橡皮绳;4—桁条;5—翼肋;6—大梁;7—翼肋;8—蒙皮厚度垫片;9—卡板;10—蒙皮

(2)以蒙皮外形为基准。

1)结构特点。翼肋、隔板由上、下两半组成,用重叠补偿连接;翼面类部件采用弦平面分离面,上、下半肋一般不连接;翼肋、隔板、框等与蒙皮之间设有补偿件。

2)装配过程。如图1-3-8所示的装配过程如下:因为在结构上翼肋被分成两个半部,首先将半肋和桁条铆在蒙皮上,然后用撑杆将蒙皮顶紧在卡板上,最后将两个半肋连接在一起。图1-3-9的装配过程如下:将蒙皮压紧在型架(夹具)的内托板(以蒙皮内形为托板的外形)上,再将骨架零件(一般为补偿件)装到蒙皮上,最后将骨架零件与骨架(或骨架零件)相连接。

3)装配误差特点。装配误差"由外向内"积累,误差通过结构补偿件消除。

4)误差组成:卡板外形误差、蒙皮与卡板外形之间的贴合误差、装配变形。

5)特点:利用补偿能获得较高的部件外形准确度。

6)应用范围:其适应外形准确度要求高的部件,且结构布置和连接通路都能满足要求。

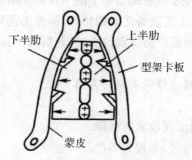 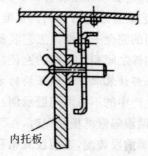

图1-3-8 以蒙皮外形为基准的装配示意图　　图1-3-9 以蒙皮内形为基准的装配示意图

显然,采用什么基准进行装配取决于部件的结构。图1-3-10是机翼中段以骨架外形为基准的装配示意图,首先按型架定位器及卡板定位大梁1、2及加强翼肋3、4,进行梁与肋间的连接工作;按大梁上的角片及型架卡板定位普通翼肋,进行梁与普通肋间的连接工作;按定位器定位悬挂接头8,并与梁进行连接,根据大梁与翼肋组装后的骨架外形铺上长桁与蒙皮;关闭卡板,将蒙皮紧贴在骨架上,进行蒙皮与骨架间的连接工作。

如图1-3-11所示是机翼中段以蒙皮外形为基准的装配示意图,首先将蒙皮与长桁组合成壁板,在中段型架上,将壁板紧贴在卡板的A面上,此时按型架固定大梁及翼肋,由于大梁与翼肋无弦向分离面,装配时必然在梁与壁板之间、翼肋与壁板间产生间隙,此时用结构补偿件补偿。

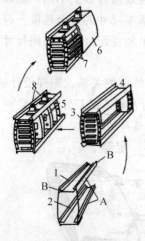 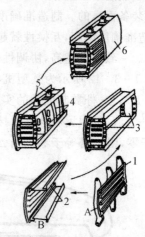

图1-3-10 机翼中段以骨架外形为基准装配　　　图1-3-11 机翼中段以蒙皮外形为基准装配
1,2—大梁;3,4—加强翼肋;5—普通翼肋;　　　　1—壁板;2—大梁;3—加强翼肋;4—普通翼肋;
6—蒙皮;7—长桁;8—悬挂接头　　　　　　　　　5—悬挂接头;6—蒙皮

1.3.3　协调与互换

1. 装配协调的内容

协调性是指两个相互有联系的对象,在相同的技术条件下,其相应的几何尺寸与形状的一致性。装配协调的内容由以下三部分构成:

(1)结构件之间的协调。例如,前缘蒙皮外形与前缘肋板外形、梁缘条外形的一致性;梁缘条与接头外形流线性;缘条与接头接触面的贴合性等处存在着协调问题。

(2)结构件与工艺装备之间的协调。结构件之间是协调的,但还要使用型架来完成装配,所以,结构件还必须和工装协调。例如,前缘蒙皮的外形和装配型架上的卡板的外形贴合。

(3)工艺装备之间的协调。标准工艺装备与标准工艺装备之间的协调;标准工艺装备与产品工装之间的完全一致性。工艺装备之间的协调是保证产品协调的关键,是提高产品精度、结构件与结构件之间相互协调的途径。

2. 飞机部件装配中协调互换的方法与一般机械制造协调互换的异同

飞机生产中的不协调问题示例:

(1)当两段隔框框板装配时,在下陷搭接区,可能出现较大的间隙。

(2)机翼前段装配,当前段翼梁和前梁在型架定位时,卡板关不严。

(3)机翼与机身对接时,连接螺栓插不进对接接头的螺栓孔,或者螺栓虽然可以插进去,但是机翼的空间角度(安装角、上反角)不符合技术要求。

飞机部件装配中协调互换的方法与一般机械制造协调互换相同的部分都是应用公差配合的方法。

不同的部分是飞机装配有它特殊的工艺方法和工艺装备。这个特殊性在于除飞机结构本身具有制造准确度要求外,还有赖于保证结构元件顺利进行装配所使用的工艺装备。因此,工艺装备的制造准确度直接影响飞机部件装配的协调互换。

3. 互换与协调的关系

在飞机制造中,互换是对一种产品而言的,协调是对两种或两种以上不同产品和制造产品用的工艺装备而言的。制造准确度是指工件的实际尺寸和基本尺寸的符合程度。符合程度越高,则制造准确度越高,互换性就越好。协调准确度是指两个相互配合的工件间尺寸和形状的一致程度。一致程度越高,协调性就越好。

如图 1-3-12 所示为某型机中翼和外翼的接头互换与协调的关系。图样设计的前、后接头间距为 L_0,中、外翼制成后的实际尺寸分别为 L_1 和 L_2,两者制造误差分别为 $\Delta_1 = L_1 - L_0$,$\Delta_2 = L_2 - L_0$。把中翼和外翼对接在一起,接头间协调误差 $\Delta = L_1 - L_2 = \Delta_1 - \Delta_2$。若 Δ_1 与 Δ_2 都等于零,则 Δ 必等于零。当 Δ 等于零时,而 Δ_1 与 Δ_2 不一定等于零。

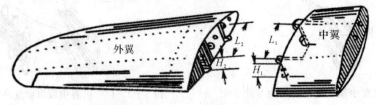

图 1-3-12　中、外翼设计分离面

互换与协调意义虽然不同,但关系紧密。具有互换性的结构件必然是协调的,协调是互换的基础。由于飞机结构的特点,在装配中,首先考虑的是协调问题,只有在解决协调问题的基础上,才有可能解决好互换性问题。

4. 模线样板

(1)模线。模线是按飞机产品图样将飞机的实际外形以及与外形有关的零件、内部结构,按1:1的尺寸划在平板上,精确地表达飞机部件、组合件及零件形状的一种特殊图样。模线按其绘制内容和用途不同,可以分为理论模线和结构模线。

理论模线是按飞机的理论图,以绘制飞机部件的气动外形和结构轴线为主要内容的模线。理论模线可用来确定飞机是理论外形,使其外形光滑准确、流线性好,并保证外形的协调;可用来绘制结构模线;还可用来制造和检验外检样板、反外样板和检验图板。

按飞机结构图和理论模线,划有理论外形的结构轴线、内部结构图形的模线为结构模线。结构模线能保证飞机内部结构的协调;为制造样板、装配型架、模具等工艺装备量取尺寸。结构模线上绘制了各种工艺孔,如基准孔、定位孔、销钉孔等,为了保证零件和装配件的尺寸协调。

(2)样板。样板是按模线或数据制造的,表示飞机零、组、部件真实形状的,刻有标记并钻有工艺孔的专用刚性量具。模线可分为三大类:基本样板、生产样板、标准样板。生产样板又包括外形样板,内形样板,展开样板,切面样板,钻孔样板,夹具、样件样板,机加样板,毛料样板,铣切样板和专用样板。

5. 飞机制造的基本协调方法

(1)模线样板工作法。

1)协调基本原理。以平面模线和外形检验样板作为总的协调依据。用各类样板作为协调工具,通过基准孔和通用坐标设备、光学仪器,协调制造与外形有关的各类平面或立体的成形模具,以及各种装配型架等。其协调路线如图1-3-13所示。

2)特点。其优点为协调路线短,协调环节少,转换误差小,样板结构简单、易加工,工装制造可平行进行,生产准备周期短,经济性好。其缺点为制造外形复杂的曲面工装时误差大,容易产生不协调现象。

3)应用。适于飞机上外形简单、要求准确度不高的部件或产量较小的飞机。

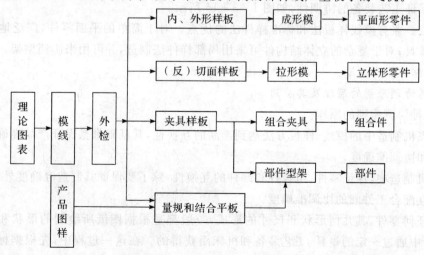

图1-3-13 模线样板工作法协调路线

(2)标准样件工作法。

1)协调基本原理。以模线样板为原始依据,以外形表面样件为总的协调依据。样件的有关部分都进行了对合检查,并以此为主要的移形工具,协调制造与外形有关的各类工艺装备,如图1-3-14所示。

2)特点。相互联系制造的环节增多,能够减少尺寸形状转换、移形环节误差,提高协调准确度。标准样件包括了全部要协调的外形接头,外形上的所有点都是连续的,任何要控制的部位和切面及接头空间位置都由样件保证。其制造、复制、检修比较简单方便。例如,按样件上的外形面塑造装配型架上的卡板工作面,不仅准确度高,而且光滑、流线性好;用样板塑造接头定位件,不仅位置准确,而且与外形等其他定位件的协调精度高。

3)应用。适于产量大的小飞机及形状复杂、协调要求高的大飞机的小部件。

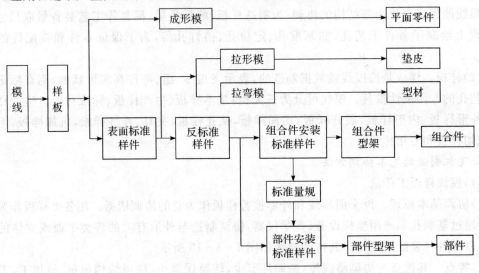

图1-3-14 标准样件工作法协调路线

(3)综合工作法。

1)协调基本原理。在模线样板的基础上,结合局部样件,通过型架装配机、划线钻孔机、光学仪器来保证工艺装备的协调性,如图1-3-15所示。

2)特点。兼有模线样板法和标准样件法的优点。对于简单的平面零件,广泛地配合样板制造成形模具;对于复杂的立体结构件可采用局部样件法制造,并可用来协调型架。这样能够平行作业,缩短生产周期。

6.各类协调原则的原理及其应用

(1)各种协调原则的原理。

采用飞机制造中的模线-样板方法达到产品的互换性,其基础都是保证产品准确度——制造准确度和协调准确度。

在飞机制造中,保证零件、组合件和部件的互换性,除了要保证其制造准确度外,更重要的是保证相互配合工件间的协调准确度。

制造任何零件,其几何形状和尺寸的形成,一般都是根据图纸所绘制的形状和标注的尺寸,在生产中通过一定的量具、工艺装备和机床而获得的。在这一过程中,先根据标准尺度与量具制造出生产过程中使用的各种测量工具或仪器,然后用它们制造各种工艺装备。最后通过工艺装备和机床加工出工件的形状和尺寸。整个过程是尺寸的传递过程。

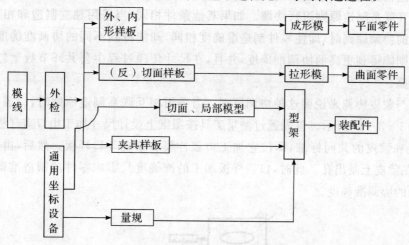

图 1-3-15 综合工作法协调路线

两个相互配合的零件的同名尺寸取得协调,它们的尺寸传递过程之间必然会存在一定的联系。

1)按独立制造原则进行协调。相互配合的零件,当按独立制造原则进行协调时,协调准确度实际上要低于各个零件本身的制造准确度。以口盖与蒙皮的协调为例,如图 1-3-16 所示。

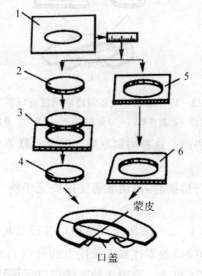

图 1-3-16 按独立制造原则制造口盖与蒙皮
1—设计图纸与尺寸;2—口盖样板;3—口盖冲模;4—口盖;5—蒙皮开口样板;6—蒙皮

口盖与蒙皮开口之间的间隙要求比较小,而且要均匀。但是,口盖直径 D 的偏差即使是几毫米,在使用上并不造成任何困难,也不会对飞机性能有任何影响。两个零件的协调准确度要求比每个零件制造准确度要高。

按照独立制造原则,分别制造口盖和蒙皮。其过程是根据口盖和蒙皮开口的设计尺寸通过测量工具按尺寸分别制造口盖的样板和蒙皮开口的样板,然后按照口盖的样板制造口盖的冲模,用冲模冲制口盖零件,同时,根据蒙皮开口样板在蒙皮上开口。使用这种方法时,为了保证两个零件比较高的协调准确度,就要求各个样板和模具等应具有更高的制造准确度。

2)按相互联系制造原则进行协调。如果其他条件相同,当采用独立制造和相互联系制造这两种不同的协调原则时,即使零件制造准确度相同,却能得到不同的协调准确度,而按相互联系制造原则能得到更高的协调准确度,并且,在尺寸传递过程中公共环节数量越多,协调准确度也就越高。

以口盖与蒙皮协调来说明这种协调原则。当采用相互联系制造原则时,口盖与蒙皮的制造过程如图 1-3-17 所示。首先通过测量工具按图纸上设计尺寸加工出口盖样板,这块样板就作为口盖和蒙皮的共同标准,即按它加工口盖冲模和蒙皮开口样板。然后,由冲模制出口盖,按样板在蒙皮上制出孔。此时,口盖样板加工的准确度只影响零件的制造准确度,而不影响零件之间的协调准确度。

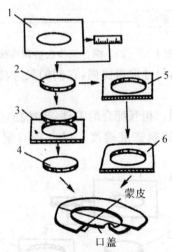

图 1-3-17 按相互联系制造原则制造口盖与蒙皮

1—设计图纸与尺寸;2—口盖样板;3—口盖冲模;4—口盖;5—蒙皮开口样板;6—蒙皮

3)按相互修配原则进行协调。这种协调原则比按相互联系制造原则能够达到更高的协调准确度。

当采用相互修配原则进行协调时,协调准确度仅决定于将一个零件的尺寸传递给另一个零件时,这一环节的准确度。

以口盖和蒙皮为例,如图 1-3-18 所示。根据口盖设计尺寸制造口盖样板,按样板加工冲模,由冲模制造口盖,然后,按口盖零件加工蒙皮上的开口。或先按口盖样板加工蒙皮上的开口,再按开口的实际形状加工口盖。采用这种方法可以保证较高的协调准确度。但是,应当指出,相互修配的零件不能互换。

(2)三种不同的协调原则在飞机制造中的应用。

1)根据飞机构造和制造的特点,对于与飞机气动外形有关的零件,要达到较高的制造准确度比较困难,或者是经济上不合理。但是,为了保证互换,首先必须保证协调准确度。实际上,在飞机生产过程中出现的问题大量是协调方面的问题。若采用独立制造原则,为达到协调准确度要求,就必须对零件制造准确度提出更高的要求,用目前常规的制造方法是难以做到的。

2)形状复杂的零件采用相互联系制造原则。在制造过程中,将那些技术难度大、制造准确度不可能达到的环节,作为尺寸传递的公共环节,这样就能显著提高零件之间的协调准确度。由于飞机构造上的特点,采用这种原则保证协调具有特别重要的现实意义。而独立制造原则只适用于那些形状比较简单的零件,如起落架、操纵系统等机械加工类零件。

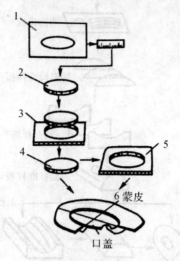

图 1 - 3 - 18　按相互修配原则制造口盖与蒙皮
1—设计图纸与尺寸;2—口盖样板;3—口盖冲模;4—口盖;5—蒙皮开口样板;6—蒙皮

3)采用独立制造原则便于组织生产,能够平行、独立地制造零件、组合件或部件,以及各种工艺装备,扩大了制造工作面,有利于缩短生产准备期,也便于开展广泛的协作。当采用相互联系制造原则时,生产中所用的工艺装备都必须按一定的协调关系依次制造,显然,使生产准备期拖长。

4)按相互修配原则进行协调,虽然能够保证零件之间有很好的协调性,但不能达到零件互换性的要求。同时,修配劳动量大,装配周期长。只有当其他协调原则在技术上和经济上都不合理,而且不要求零件具有互换性时,才采用这一协调原则。一般在飞机成批生产中尽量少用,在飞机试制中应用较多。

7. 按装配孔装配的协调过程

(1)模线样板工作法下,平面组合件、板件和直线形表面的板件是借助成套样板来协调的,利用这些样板制造或检验零件和工艺装备。

外形检验样板是生产样板的制造依据,它画有该部位所有零件的全部几何参数,如构造轴线、零件外廓线和装配孔位置等。由于零件按装配孔装配,因此当制造外形样板时,应复制外形样板上装配孔的标记,并镶上装配孔套钻,这样的外形样板就用于在零件上钻制出装配孔。而蒙皮类的零件必须用拉伸膜制造,它上面的装配孔是按拉伸膜制造的蒙皮外形铣切样板来钻制的。

(2)对于具有复杂的空间表面的组合件和板件,仅仅用平面样板协调工件形状和尺寸是不可能的,这类零件要用标准样件或表面模型,作为协调工件形状和尺寸的原始依据。由蒙皮、半框和纵梁组成的双曲面板件,可以作为这类构造的典型例子,其形状和尺寸的协调过程如图 1 - 3 - 19 所示。

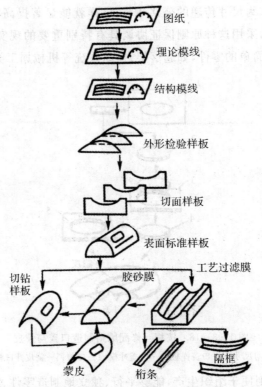

图 1-3-19 双曲度板件协调过程

8. 在装配夹具内以骨架和蒙皮表面为基准装配时的协调过程

在装配夹具内当以骨架和蒙皮表面为基准装配时,产品形状和尺寸协调过程的特点是确定安装在装配夹具上基准定位件距离的必要性。对于装配以蒙皮外表面为基准的机翼,卡板定位件按机翼切面几何尺寸制造,如图 1-3-20 所示的以蒙皮表面为基准装配机翼时形状与尺寸的协调过程。这里协调的原始依据是理论模线和外形检验样板,由外形检验样板制造夹具样板,然后通过夹具样板制造型架卡板定位件和中翼与外翼对接分离面的带对接孔的结合样板,用型架装配机和划线钻孔台安装装配型架,以此保证型架卡板、型架平板和其他定位件彼此协调。

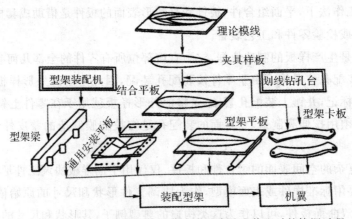

图 1-3-20 机翼部件以蒙皮表面为基准装配时的协调过程

1.3.4 工艺设计过程

部件装配工艺设计时为部件装配提供工艺技术上的准备。它贯穿于飞机设计、试制和批量生产的全过程。部件装配工艺设计在飞机生产各个阶段的工作重点虽然不同,但其主要内容包括以下几个方面。

(1)合理的装配单元的划分。根据飞机的结构工艺特征,合理地进行工艺分解,将部件划分为装配单元。

(2)确定装配基准和装配定位方法。部件装配基准是指为保证飞机外形的准确度所采用的外形零件定位基准。装配基准是根据飞机气动外形的准确度要求在飞机结构设计时确定的。装配工艺设计的任务是采用合理的工艺方法和工艺装备来保证装配基准的实现。

装配定位方法是指确定装配单元中各组成元素相互位置的方法。定位方法是在保证产品图样和技术条件要求的前提下,综合考虑了操作简便、定位可靠、质量稳定、开敞性好、工艺装备费用低和生产准备周期短等因素之后选定的。

(3)选择保证准确度、互换性和装配协调方法的工艺方法。为了保证部件的准确度和互换协调要求,必须制定合理的工艺方法和协调方法。其内容包括制订装配协调方案,确定协调路线,选择标准工艺装备,确定工艺装备与工艺装备之间的协调关系,利用设计补偿和公益补偿的措施等。

(4)确定各装配元素的供应技术状态。供应技术状态是对装配单元中各组成元素在符合图样规定外而提出的其他要求,也就是对零件、组件、部件提出的工艺状态要求。

(5)确定装配过程中的工序、工步组成和各构造元素的装配顺序。

装配过程中的工序、工步组成包括装配前的准备工作,零件和组件的定位、夹紧、连接,系统和成品的安装,互换部位的精加工,各种调整、试验、检查、清洗、称重和移交工作,工序检验和总检等。装配顺序是指装配单元中各构造元素的先后安装次序。

(6)选定所需的工具、设备和工艺装备主要内容包括以下几类:

1)编制通用工具清单。

2)选择通用设备及专用设备的型号、规格、数量。

3)申请工艺装备的项目、数量,并对工艺装备的功用、结构、性能提出设计技术要求。

工艺装备包括以下几类:

a.标准工艺装备:包括标准样件、标准模型、标准平板、标准量规以及制造标准的过渡工艺装备等。

b.装配工艺装备:包括装配夹具(型架)、对合型架、精加工型架、安装定位模型(量规、样板)、补铆夹具、专用钻孔装置、钻孔样板(钻模)等。

c.检验试验工艺装备:包括测量台、试验台、振动台、清洗台、检验型架、平衡夹具、试验夹具等。

d.地面设备:包括吊挂、托架、推车、千斤顶、工作梯等。

e.专用刀量具:包括钻头、扩孔钻、铰(拉、镗)刀、锪钻、塞规(尺)及其他专用测量工具等。

f.专用工具:包括用于拧紧、夹紧、密封、铆接、钻孔等工具。

g.二类工具:顶把、冲头等。

(7)零件、标准件、材料的配套主要内容包括以下几类:

1）按工序对零件（含成品）、标准件进行配套。

2）计算材料（基本材料、辅助材料）定额。

3）按部件汇总标准件、材料。

（8）进行工作场地的工艺布置。工艺布置的内容包括概算装配车间总面积、准备原始资料、绘制车间平面工艺布置图。

1.4 装配准确度与工艺装备

1.4.1 装配准确度要求

飞机机体的装配准确度，直接影响到飞机的使用性能以及生产的互换性，因此保证飞机机体的装配准确度，是飞机装配工作的主要任务。对于飞机机体装配准确度的要求主要包括以下几个方面。

1. 部件气动力外形准确度

（1）外形要求。

对于不同类型的飞机，其要求是不同的。图 1-4-1 所示为高速歼击机各部件的外形要求示意图。由图可见，对于外形准确度，翼面部件比机身部件要求高，部件最大剖面之前比最大剖面之后要求高。

外形波纹度是指一定范围内的波高误差。如图 1-4-2 所示，L 为部件外形波纹的波长，y_n，y_{n+1}，y_{n+2} …为实际外形的波峰与波谷位置离等距卡板（或等距样板）工作外缘的距离，则外形波纹度 φ 定义为

$$\varphi = \frac{h}{L}$$

式中，

$$h = y_{n+2} - \frac{y_n + y_{n+2}}{2}$$

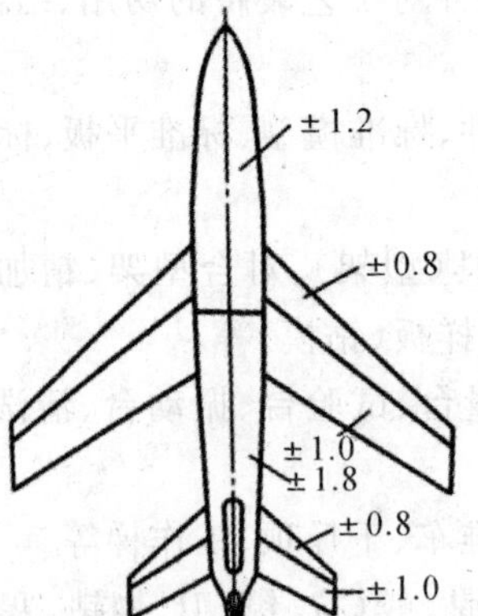

图 1-4-1 飞机各部件气动外缘型值偏差要求（单位:mm）

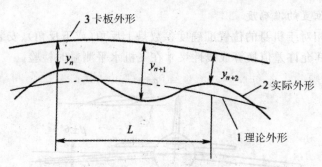

图 1-4-2 部件外形波纹度

高速歼击机允许的翼面展向波纹度不大于 0.5/400。由于机翼一般为单曲度部件,可用直尺沿等百分比(如 5%,10%,15%,20%,40%,60% 和 80%)弦线处进行检查。用直尺检查波纹度时,$y_n = y_{n+2} = 0$,故 $h = y_{n+1}$。

因为要检查出外形的正向误差,所以必须使用等距样板。当要检查各截面间的相对扭转和相对位移时,则必须用部件检验型架或在装配型架上安装检验卡板(即各截面的等距检验卡板)进行检验。这时检验出的外形误差是外形的综合误差。

(2)表面平滑度要求。表面不平滑误差包括铆钉、螺钉、焊点处的局部凸凹缺陷,蒙皮对缝间隙和阶差等(见图 1-4-3)。蒙皮对缝间隙允许值是按平行和垂直气流方向分别规定的,对缝阶差允许值是按顺气流和逆气流方向分别规定的,对结构比较复杂、难以保证精密配合的部位,则根据具体情况制订允许值。例如,对于"三叉载"型客机的乘客舱门与周围机身配合处,允许的间隙:上部为 7.0 mm±1.9 mm,侧部为 4.4 mm±1.9 mm,下部为 3.8 mm±2.5 mm;允许与机身的阶差要求:凸出为 2.5 mm,凹进为 5.0 mm。

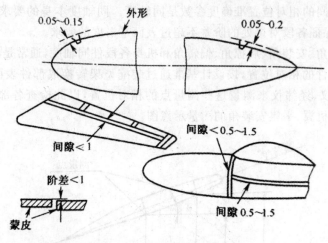

图 1-4-3 表面平滑度要求示例

2. 部件内部组合件和零件的位置准确度

部件内部组合件和零件的位置准确度是对基准轴线的位置要求,如大梁轴线、翼肋轴线、隔框轴线、长桁轴线等的实际装配位置相对于理论轴线的位置偏差。一般规定梁轴线允许的位置偏差和不平度范围为 ±0.5～±1.0 mm,普通肋轴线的位置偏差范围为 ±1～±2 mm,长桁的位置偏差为 ±2 mm 等。

3.部件间相对位置的准确度

表示飞机尾翼相对于机身的位置准确度参数是上反角（或下反角）、安装角和后掠角（见图1-4-4）。一般将其允许差值换算成线性尺寸在飞机水平测量时检验。

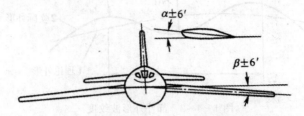

图1-4-4 部件间相对位置的准确度要求

表示各操纵面相对于固定翼面的位置准确度参数是阶差、剪刀差和间隙（见图1-4-5）。

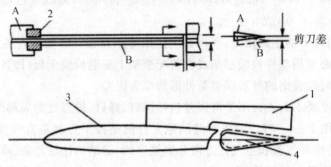

图1-4-5 副翼相对于机翼的位置的准确度要求

A—机翼；B—副翼

1—检验卡板；2—型架；3—机翼外形；4—副翼外形

表示机身各段间的相对位置准确度参数是同轴度。同轴度本身的要求并不高，一般在几毫米以内，但必须保证各段对接处的阶差不超过表面平滑度的要求。

对翼面的下反角、安装角、后掠角、偏转角和机身各段件同轴度，通常是用水平测量的方法来检查。即将各部件的相对位置，按设计基准通过装配型架转换成部件表面的测量点的相对位置，然后用水平仪、经纬仪来测量这些测量点的相对位置，以此检查各部件间的相对位置。图1-4-6所示为机翼、平尾安装角的测量示意图。

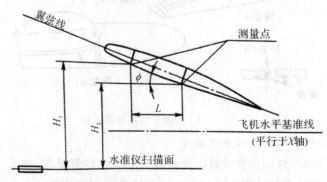

图1-4-6 机翼、平尾安装角的测量示意图

机翼、平尾安装角的公差值δ_ϕ为两个测量点的高度差$\delta_{(H_1-H_2)}$，与该两点在平行于X轴的水平投影距离L的比值，换算成角度分值给定。安装角公差按下列公式计算，有

$$\delta_\phi = \frac{\delta_{(H_1-H_2)}}{L} \times \frac{180 \times 60}{\pi}$$

在机体分解中已经介绍过,部件与部件之间一般采用可卸连接,故在保证上述部件间相对位置准确度的同时,还必须保证设计分离面(即对接接合)的准确度要求。

部件设计分离面,例如机身与机翼、机身与机身之间,一般采用叉耳式接头或围框式(凸缘式)接头,如图 1-4-7 和图 1-4-8 所示。

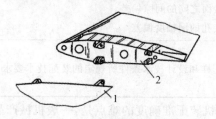

图 1-4-7　叉耳式接头
1—外翼；2—中翼

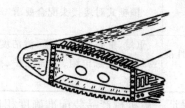

图 1-4-8　围框式接头

叉耳式接头的配合要求是孔与螺栓一般为间隙配合 H8/h7 或 H9/f9 等。在叉耳宽度方向上,当配合尺寸有公称间隙时,间隙值一般为 0.1~0.2 mm;当无公称间隙时,一般使用间隙配合。

围框式接头的技术要求是孔与螺栓的配合通常留有间隙,即孔径公称尺寸比螺栓直径公称尺寸一般为 0.2~0.5 mm。接头对接面允许局部存在 0.1~0.2 mm 的间隙,但接触面积之和占总面积的百分比一般不低于 70%。

由上述可见,部件装配完后,当部件对接时,既要符合部件间相对位置的准确度要求,又要符合对接接合的准确度要求,这在工艺上一般是比较困难的。因此,在结构设计时应仔细地考虑结合面的工艺性。归纳起来,装配准确度的主要内容见表 1-4-1。

表 1-4-1 装配准确度主要内容

项　目	内　容	说　明
部件气动力学外形准确度	外形型值要求	部件实际切面外形相对理论切面外形的偏差
	外形波纹度要求	一定范围内波高的偏差,即相邻两波峰间的波谷深度与波长的比值。对部件沿横向和纵向气动外形均有波纹度要求
	表面平滑度要求	1. 蒙皮口盖对缝间隙及阶差的偏差,对顺气流和垂直方向的偏差有不同要求; 2. 螺栓(钉)头、铆钉头、焊点相对蒙皮凸凹量偏差
部件间相对准确度	机翼、尾翼位置要求	上(下)反角、后掠角、安装角的偏差以及对称性偏差
	操纵面位置要求	操纵面相对定翼面外形阶差、剪刀差、缝隙间隙偏差,通常称为操纵面的吻合性要求
部件内部结构件位置准确度	基准轴线位置要求	隔框轴线、翼肋轴线、大梁轴线、长桁轴线的实际位置与理论位置的偏差,即框、肋、梁、长桁装配位置要求

续表

项　目	内　容	说　明
结构件间配合准确度	不可卸零件间配合要求	零件贴合面之间的间隙偏差
	叉耳式对接接头配合要求	1.沿耳宽方向叉耳之间的间隙偏差； 2.对接孔的同轴度偏差
	围框式对接接头配合要求	1.对接面之间的间隙偏差； 2.对接孔的同轴度偏差
部件功能性准确度	重量、重心、重量平衡、清洁度、密封性、接触电阻、表面保护、操纵性等	产品图样和设计技术条件所规定的装配技术要求

与保证一般机械产品装配准确度相比，保证飞机装配准确度的难点是，一般机械产品零件的刚度大，连接产生的变形小，故装配准确度主要取决于零件的制造准确度。根据尺寸链理论，其装配误差由零件的制造误差积累而成。而飞机零件大多为钣金零件或薄壁机械加工件，一般刚度较小，所以，飞机装配是由大量刚度较小的零件在空间组合、连接的结果，故飞机装配准确度在很大程度上取决于装配型架（夹具）的准确度。此外，在飞机装配中还有定位和连接产生的应力和变形（如铆接应力和变形、焊接应力和变形），装配件从装配型架上取下后还要产生变形等。因此，在飞机制造中要采取一定的方法和措施，以保证飞机装配的准确度。

1.4.2　制造准确度和协调准确度

飞机零件、组合件或部件的制造准确度是指产品的实际尺寸与图纸上所规定的名义尺寸相符合的程度。符合程度越高，则制造准确度越高，也就是说，制造误差越小。

协调准确度是指两个飞机零件、组合件或部件之间配合部位的实际几何形状和尺寸相符合的程度。此种相符合的程度越高，则协调准确度越高，也就是说，协调误差越小。在装配过程中，协调内容一般有以下两方面。

1. 工件与工件之间的协调

如图 1-4-9 所示为机身隔框结构，是由上、下两个零件相连接的。这两个零件一般是用橡皮成型模在液压机上成型的。显然，若两个零件相配合处的协调误差过大，则无法连接，或不能符合连接处的间隙要求。为保证上述协调要求，必须使制造这两个零件的模具也是相互协调的。

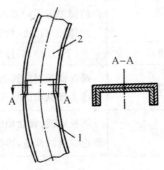

图 1-4-9　机身隔框结构

1—上框缘；2—下框缘

又如机翼骨架装配时,要求纵向骨架和横向骨架(如翼梁和翼肋)的外形在交点处协调一致,否则,蒙皮和骨架就不能很好的贴合。为此,制造翼肋的模具与加工翼梁的模具、夹具必须是相互协调的。

2.工件与装配夹具(型架)之间的协调

在机翼装配中,其装配过程是前梁由前梁夹具装配成组合件,前梁、前肋及前段蒙皮由前段型架组装成机翼前段,再将机翼前段、后梁以及其他零件和组合件在机翼总装型架内组装成机翼。为保证前梁组合件与机翼前段型架的定位器相贴合以及机翼前段与机翼总装型架的定位器相贴合,三个夹具(型架)之间应当是相互协调的。

可见,为保证装配工作的顺利进行,有共同协调尺寸的各个工艺装备之间必须是相互协调的。在生产实践中,往往由于尺寸和形状不协调,延误了装配进度。故在制订工艺总方案时,对协调问题应予以高度重视。

思考与讨论

(1)飞机的结构和装配工艺的主要特点分别是什么?二者有哪些联系?

(2)在机体设计中为什么要进行结构分解?试以某机身(或机翼)部件为例说明分离面的划分情况。

(3)试述工艺补偿与设计补偿的区别和特点,及两者的类型和适用情况。

(4)对不同的装配方法,装配误差中包括哪些环节的误差?影响各环节误差的主要因素有哪些?

(5)由模拟量尺寸传递向数字量尺寸传递体系过渡中应解决哪些问题?

(6)说明现代飞机制造中数字量传递的协调方法。

(7)讨论数字量协调中的显性化问题。

第 2 章　飞机装配工艺装备

2.1　概　　述

由于飞机产品的结构和工作环境不同于一般机械产品,因此在传统的飞机制造中,除了采用各种通用机床、常用工具和实验设备外,还须针对不同机型的零件、组合件、部件,制造专用工艺设备,如型架、夹具、模具、标准样件、量规等。这些专用工艺装备用于对工件进行加工成形、装配安装、测量检查以及在工艺装备之间进行协调移形。它们对保证飞机零件、部件的质量,提高劳动生产率和减轻工人劳动强度有着重大的影响。在飞机研制过程中,特别在成批生产中,飞机零件的数量很大、结构复杂、要求高,相互间又有协调关系,因此,在飞机制造中不得不采用大量的工艺装备。对苏-27飞机全机采用工艺装备总数约达61 887项,比原歼击机增加很多。其中标准工艺装备约为 687 项,生产用工艺装备约为61 194项。在生产用的工艺装备中,零件工艺装备约为59 689项,装配工艺装备约为 870 项,试验设备(含地面设备)约为635项。在 MD-82 飞机生产中,原麦道公司采用的工艺装备种类繁多、数量巨大,总数高达135 000多项。这样,在设计制造工艺装备时,要占用很多人力和很长周期(一般约占飞机研制周期的1/3),要耗费大量资金。而且在生产机型改变时,这么多工艺装备基本上不能再用。这样,工艺装备的选用和制造当然就成为飞机制造中一个十分重要的任务。

飞机工艺装备分为两个大类:一类为生产工艺装备。这类装备直接用于零件的成形和飞机装配过程中。例如,模具用于成形零件,型架用于把零件装配成部件等。另一类为标准工艺装备。这类装备作为生产工艺装备的制造依据和统一的标准,例如用于安装型架的标准样件、取制成形模具的标准模型。

2.2　装　配　定　位

在装配定位中,首先要确定零件、组合件、板件、段件之间的相对位置,这就是定位问题。在装配工作中,对定位有如下要求:

保证定位符合飞机图纸和技术条件中所规定的准确度要求;

定位和固定要操作简单可靠;

所用的工艺装备简单,制造费用少。

2.2.1　装配定位的特点

任何一个工件,在空间都有 6 个自由度,它可沿 X、Y、Z 3 个轴向移动,还可绕这 3 个轴线转动。定位的任务就是限制这 6 个自由度。一般对于刚性大的工件,要确定工件的空间位置,必须约束 6 个自由度,即"六点定位原则"。在飞机装配中,由于工件刚度低,为防止变形,需满足定位准确度的要求;也为了使定位误差不致集中积累在某一面,需提高定位准确度;同时又为了便于在装配时检验零件(装配工件)的制造准确度,常采用多定位面的"超六点定位"。该方法用于装配定位时,会产生重复约束同一自由度,这就是"过定位"。

例如图 2-2-1 所示的利用工艺孔翼肋缘条在腹板平面上定位。按照"六点定位原则",在一个平面上定位某一零件,平面本身对被定位的零件按工艺孔定位就已约束了 3 个自由度。因此只需用缘条两端的两个工艺孔就已完全约束了另外 3 个自由度。但一般对于尺寸大、刚度小的薄壁钣金件,尤其是定位准确度要求较高的工件往往采用多定位面。如图 2-2-1 所示,缘条在腹板上的定位就采用了 3 个工艺孔。

由于"过定位",往往可能出现"定位干涉"现象。如上述翼肋缘条在腹板上的定位,在缘条两端两个工艺孔内插入定位销后,而第三个孔可能插不进销子,即"定位干涉"。其主要原因在于工件与工件或工件与定位件之间的协调误差过大。除了检查工件和定位件的准确度以外,还应分析装配基准的选择是否合理,以求准确解决定位干涉问题。

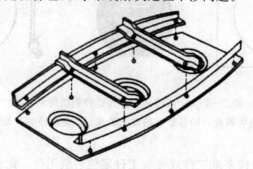

图 2-2-1　翼肋各零件按工艺孔定位

2.2.2　装配定位的方法

在飞机装配过程中,常用的定位方法有 6 种。

1. 用划线定位

用划线定位即根据飞机图纸通用量具来划线定位。这种方法的定位准确度较低,一般用于刚度较大、位置准确度要求不高的部件。对于图 2-2-2 中翼肋组合件上的加强角材(工件 4 及工件 5),对于准确度要求不高的部件,可用划线定位。但上、下缘条(工件 1 及工件 2)的位置准确与否直接影响部件的空气动力外形,故不宜采用划线定位,即仅尺寸 L_1 及 L_2 可用划线法确定。图 2-2-3 为在蒙皮上划线装配长桁和框。另外,用划线定位效率低,在成批生产中应尽量不用或少用这种方法。

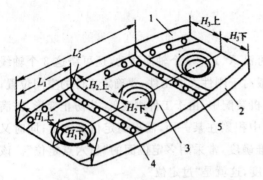

图 2-2-2 划线定位示意图
1—上缘条；2—下缘条；3—腹板；4，5—加强角材

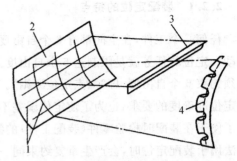

图 2-2-3 划线法定位长桁和框的示意图
1—基准线；2—蒙皮；3—长桁；4—隔框

由于划线定位通用性大，故在成批生产中不失为一种辅助的定位方法。例如，翼肋、隔框或大梁上的加强角材，仪表板的支架，飞机的铆钉及焊点位置等，有时是用划线确定位置的。为了提高划线定位的工作效率，可以通过透明的胶板用接触照相法将结构尺寸、连接件的形状和位置晒在零件上，这样可以节省划线时间，提高零件定位的准确度。图 2-2-4 为口盖蒙皮上晒相法定位铰链和锁扣的示意图。

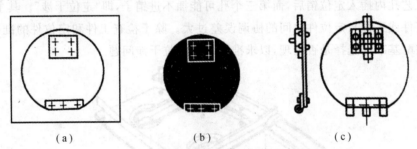

（a） （b） （c）

图 2-2-4 晒相法定位铰链和锁扣的示意图
（a）透明胶板；（b）显影后的口盖蒙皮；（c）装配好的口盖组件

2. 用基准工件定位

用基准工件定位法是按基准工件或先装工件定位后装工件。此法主要用于刚度较大的工件，是一般机械制造中基本的装配定位方法，其定位准确度取决于工件的刚度和加工精度。在飞机装配中，由于工件刚性差、构造复杂，此法常作为辅助的定位方法。例如，按长桁上已装的角片确定框、肋的纵向位置（见图 2-2-5），或利用框、肋上的缺口弯边，确定桁条的位置（见图 2-2-6），还有工件在装配过程中获得较大刚度以后，则后装零件可以按该工件定位，如按已装配成的骨架定位蒙皮等。在飞机制造中，液压、气动附件以及具有复杂空间结构的操纵控制机构，采用这种方法装配。

3. 用装配定位孔定位

图 2-2-1 所示翼肋组合件是按预先在零件上制出的装配孔来定位的。方法是在装配时用预先在零件上制出的装配孔来定位。当用装配孔确定两个零件的相对位置时，装配孔的数量应不少于两个。装配孔的数量取决于零件的尺寸和刚度，对于尺寸大、刚度小的零件，装配孔的数量应适当增多。

为保证相连接的零件间装配孔是协调的，一般采用模线-样板法。首先按 1:1 准确地在铝板上画出组合件的结构图（结构模线），在结构模线上标出装配孔，然后以结构模线为标准，分别制造各零件钻孔用的钻孔样板,零件上的装配孔按各自的钻孔样板钻孔,装配孔加工和协调路线如图 2-2-7 所示。由于各个零件上的装配孔位置是根据同一标准制出的,因此能保证装配孔之间的协调。

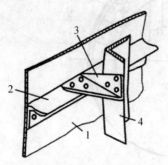

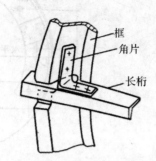

图 2-2-5　按角片确定框的纵向位置图　　　图 2-2-6　角片以框、长桁定位

1—蒙皮;2—长桁;3—角片;4—框

　　由于用装配孔装配不需要专用夹具,故在成批生产中,在保证准确度前提下,应推广应用装配孔定位方法。如平板、单曲度以及曲度变化不大的双曲度外形板件,都可采用装配孔进行装配。

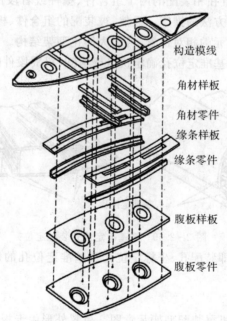

图 2-2-7　翼肋组合件装配孔的加工和协调路线示意图

4. 用坐标定位孔定位

　　用坐标定位孔定位类似于用装配孔定位,其区别在于装配孔是分别配置在相互装配的两个零件上,而坐标定位孔是分别配置在用于型架上确定零件正确位置的型架上及零件上。由于要充分利用模线、样板、型架制造中的划线钻孔台和型架装配机等通用设备,坐标定位孔离基准轴线一般取 50 mm 或 50 mm 的倍数,故称为坐标定位孔。图 2-2-8 表示隔框上的坐标定位孔,图中 L^* 是 50 mm 或 50 mm 倍数的距离。

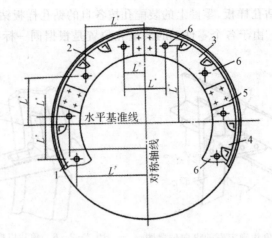

图 2-2-8　隔框上的坐标孔
1～4—隔框；5—连接片；6—坐标定位孔

5.用基准定位孔定位

用基准定位孔定位类似于用装配孔定位，其区别在于装配孔是分别配置在相装配的两个零件上，而基准定位孔是配置在相装配的两个组合件、板件或者段件上，所以基准定位孔的定位方法实际上是装配孔定位方法的推广。显然，被装配的组合件、板件、段件应有足够的刚度，采用基准定位孔确定装配单元的相对位置，可大大简化型架结构。

如图 2-2-9 所示为用基准定位孔确定机身壁板间、机翼段件间的相对位置。

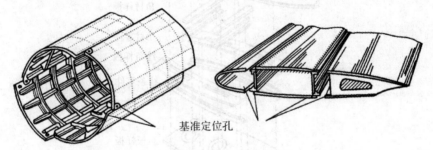

图 2-2-9　按基准定位孔装配定位

以上三种孔定位方法，即装配孔、坐标定位孔及基准定位孔的定位方法，一般统称为安装定位孔的定位方法。

6.用装配型架定位

如图 2-2-10 所示为机翼装配型架示意图。机翼外形由卡板定位，机翼接头及副翼悬挂接头由代表产品之间连接关系的接头定位器定位。由于飞机零件、组合件的尺寸大、刚度小，因此，在飞机装配中装配夹具的功能与一般机械产品装配夹具的功能有本质的区别。机械产品装配夹具的主要用途是提高劳动生产率，而飞机装配夹具是保证零组件在空间具有相对准确的位置所必不可少的。另外，飞机装配夹具除了起定位作用外，还有校正零件形状和限制装配变形的作用。因此，飞机装配夹具的定位件不遵守"六点定位原则"，往往采用多定位面的"超六点定位"，即"超定位"方法。在图 2-2-10 所示的型架内工作时，通过零件、组合件在型架内的装配，可发现不协调的地方。检查或修正的依据就是型架定位器的工作面，根据工艺规程对不协调部位进行修配或施加垫片。另外，为减少装配变形，铆接工作应在定位器打开数目最少的情况下进行。因为机翼接头的位置准确性会影响机翼和机身的相对位置,副翼悬挂接头的位置准确性关系到副翼转动的灵活性、外形吻合性等,所以,这些接头定位器非万不得已应自始至终不打开。型架卡板影响机翼外形的准确度,故铆接工作应在卡板打开数目最少的情况下进行。

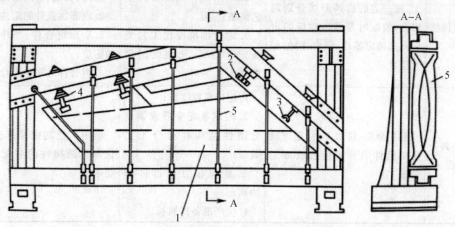

图 2 - 2 - 10　机翼装配型架
1—机翼;2—主梁接头定位器;3—前梁接头定位器;4—副翼悬挂接头定位器;5—卡板

在成批生产中,为了扩大装配工作面,采用分散装配原则,故在夹具定位时存在着大量的二次定位。二次定位是指装配过程中某些外形及接头已经装配好,而下一个装配阶段又在另一个夹具上再次定位。由于夹具的制造误差和产品的装配误差给二次定位带来了困难,一般采用游动结构或较小尺寸的定位销来解决这个问题。

由于飞机装配中采用大量的装配夹具,因而制造费用大,生产准备期长,工作面不开敞。比较复杂的装配夹具应提前投产,尽可能不影响生产进度。为改善装配时的工艺通路,应在定位可靠的前提下,除用夹具作为主要定位方法外,对不太复杂的组合件或板件可采用装配孔定位的方法。对无协调要求及定位准确度要求不高的部位,也可采用划线定位方法或基准件定位方法。归结起来,定位方法的分类和特点见表 2 - 2 - 1。

表 2 - 2 - 1　定位方法的分类及特点

类　别	方　法	特　点	选　用
划线定位法	1. 用通用量具和划线工具划线; 2. 用专用样板划线; 3. 用明胶模线晒相方法	1. 简便易行; 2. 装配准确度较低; 3. 工作效率低; 4. 节省工艺装备费用	1. 新机研制时尽可能采用; 2. 成批生产时,简单的、易于测量的、准确度要求不高的零件定位; 3. 作为其他定位方法的辅助定位
基准件定位法	以产品结构件上的某些点、线来确定待装件的位置	1. 简便易行,节省工艺装备,装配开敞,协调性好; 2. 基准件必须具有较好的刚性和位置准精确度	1. 有配合关系且尺寸形状相一致的零件之间的装配; 2. 与其他定位方法混合使用; 3. 刚性好的整体结构件装配

续表

类 别	方 法	特 点	选 用
定位孔定位法	在相互连接的零件(组合件)上,按一定的协调路线分别制出孔,装配时零件以对应的定位孔来确定零件(组合件)的相互位置	1.定位迅速、方便; 2.不用或仅用简易的工艺装备; 3.定位准确度比工艺装备定位的低,比划线定位的高	1.单曲度和平滑双曲度壁板中蒙皮、长桁、框的装配; 2.内部加强件的定位; 3.平面组合件、非外形零件的定位; 4.组合件之间的定位
装配夹具定位法	利用型架(精加工台)定位确定结构件的装配位置或加工位置	1.定位准确度高; 2.限制装配变形或强迫低刚性结构件符合工艺装备; 3.能保证互换部件的协调; 4.生产准备周期长	应用广泛的定位方法,能保证各类结构件的装配准确度要求

　　此外,还可以用标准工艺件定位法。即按产品零件或组件的主要尺寸1:1地制造一个标准工艺件(甚至在工艺件上可以指出一些缺口或安装上一些定位件),用这些标准工艺件来代替零件或组件以确定其他构件的位置,待其他构件连接之后再卸下这些工艺件而换上相应的零件或组件,完成装配,此为标准工艺件定位法。例如,采用几个中段肋的工艺件,在前梁或后梁定好位之后来确定后梁或前梁的位置;又如某型机的货舱门,各梁的位置是靠工艺蒙皮上的定位角材来确定的,骨架装好之后再装上外蒙皮而在夹具内钻孔、铆接,如图2-2-11所示为工艺肋及工艺蒙皮示意图。

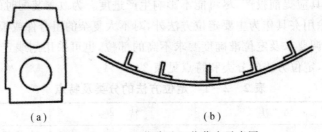

(a)　　　　　　　　　　　　(b)

图2-2-11　工艺肋及工艺蒙皮示意图
(a)工艺肋;(b)带有梁定位器的工艺蒙皮

2.3　装配工艺装备的种类、构造和功用

2.3.1　装配工艺装备的种类

　　由于飞机结构不同于一般机械,在它的装配过程中,不能单靠零件自身形状和尺寸的加工准确性来配合出合格的部件,而须采用一些特殊的装配工艺装备,见表2-3-1。它们是一些专业生产装备,在完成飞机产品从零组件到部件的装配以及总装配过程中,用以控制其形状几何参数,且具有定位功能。装配型架是其中主要的一类。型架的种类很多,按其用途或工作性

质可划分为装配型架、对合型架、精加工型架(或称精加工台)、检验型架等。其中大量的是装配型架。按装配对象(工件)的连接方法,又可将装配型架划分为铆接装配型架、胶接装配型架、焊接装配型架等。根据目前的技术情况,其中数量最多的就是铆接装配型架。装配型架按工序又可以划分为组合件装配型架(夹具)、板件装配型架、部件总装配型架等。装配型架又称为装配夹具。一般把尺寸较大的称为装配型架,而把尺寸较小的称为装配夹具。二者并无严格、明确的界限。

表 2-3-1 装配工艺装备分类

类 别	工艺装备名称	说 明
铆接装配类	装配型架、装配夹具	装配型架、夹具具有独立的定位系统,而不依靠另一工艺装备或产品来完成本工艺阶段的定位装配。"型架"和"夹具"之间没有严格的定义上的区分,习惯上把尺寸较大的称为装配型架,而把尺寸较小的称为装配夹具
	安装夹具、安装量规	当用于安装交点接头时,安装夹具有时也称为安装量规。一般是按产品上已制出的孔或已安装好的接头等,将其定位在产品上,然后再按该夹具将待装零件定位在该产品上来完成其装配工作
	钻模	多用于较精确孔的钻制,以保证孔的协调性或孔的垂直度,钻模并不一定都独立存在,它往往附属于装配夹具或安装夹具,作为其结构组成部分
	钻孔样板	一般用于铆钉孔的钻制,以提高钻孔工效
	补铆夹具	补铆夹具只具有较少的定位部件,用以控制协调部位的几何形状。采用该夹具的目的是减少产品在装配型架上的装配周期
检测类	对合台	一般用于部件的对接,有时也用于组件的对合配套。它具有装配和检测功能
	平衡台	用于转动部件或零件、组件的静平衡调试。根据其功能特点,又可分为舵面平衡台和高速旋转体静平衡台
	水平测量台	水平测量台是为了飞机的最终水平测量而在部件阶段进行水平测量的工艺装备,它模拟飞机的结构关系(定位),以水平测量的方式来检测部件外形的几何参数
	检验夹具、量规	检验夹具、量规是根据协调互换的要求来控制产品尺寸或外形的工艺装备。根据不同的要求,可能是直接检查所指的尺寸和外形,也可能是模拟检查产品的运动可靠性。将产品放于其上者,一般称为检验夹具;放在产品上进行检查者,一般称为检验量规(或模型)
	其他检验卡具	不包括在上述类别中的其他检验工艺装备,例如操作系统中的非几何参数的某些检验卡具等
精加工类	精加工型架	精加工型架是完成部件对合部位精加工工序的型架,它包括定位系统和动力装置
	其他精加工装置	附属装配型架结构上的精加工装置。根据与被加工部位的结构关系,该装置的定位基准可能是在型架结构上,也可能是在产品上的相关部位

2.3.2 装配型架的结构

装配型架一般由以下三部分组成：

(1)骨架。它是型架的基体,用以固定和支撑定位件、夹紧件等其他元件,保持各元件之间位置的准确度和稳定性。

(2)定位件。它是型架的主要工作元件,用以保证工件在装配过程中具有准确的位置,定位件应准确可靠、使用方便,不致损伤工件表面。夹紧件一般与定位件配合使用,被称为定位夹紧件。

(3)辅助设备。它包括工作踏板、工作梯、托架、工作台、起重吊挂、地面运输车、照明设备、压缩空气管路等。辅助设备也是保证工作方便、安全,减轻劳动强度,提高生产率所必不可少的型架组成部分。

1.骨架

它是型架的基体,用以固定和支撑定位件、夹紧件等其他元件,保持各元件空间位置的准确度和稳定性。骨架应具有足够的刚度。小型装配型架一般采用整体框架,大型装配型架一般采用组合框架。骨架形式主要有以下 4 类:

(1)框架式骨架。这种骨架是由槽钢或钢管焊制成的框架。它多用于隔框、翼肋、大梁等平面形状的组合件、板件,以及小型立体组合件、段件(如翼尖、舱门、小尺寸的尾翼)。框架的放置方式多为竖放和转动式的,也有平放的。

转动式框架既便于操作,又可节省车间面积,但只限于尺寸不大的框架。竖放式框架可用地脚螺栓固定在专用的基础上;也可直接安放在地坪上,用混凝土固定;还可通过 3 点支撑或 4 点可调(螺旋)支撑,浮置于地坪上而不与地坪固定。后者搬迁方便,且地基有变形时,可随时调整。采用 3 点支撑,地基的变动不影响型架受力情况,但 3 点支撑不够稳定,为此另加 2 个辅助支撑,如图 2-3-1 所示。

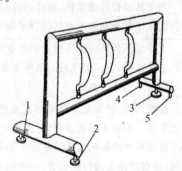

图 2-3-1 三点支撑的框架式型架

1、2、3—主支撑;4、5—辅助支撑

(2)组合式骨架。组合式骨架一般是由底座、立柱、支臂、梁等标准化元件组成,如图 2-3-2 所示。

梁一般由槽钢焊成封闭的匣形剖面。为减少焊接变形及工作量,槽钢对焊接时常采用断续焊缝。梁通过螺栓固定在底座或立柱上。定位件(包括卡板)及夹紧件大都固定在梁上。立柱、底座、支臂的材料一般采用铸铁,表面加工出间距为 100 mm 的孔,以便通过螺栓相互连接。

组合式骨架的主要特点是规格化、标准化程度高。它类似于积木式结构,因此,使设计和制造都有可能缩短周期。当机型改变时,元件大多可重复使用。但如果机型稳定生产多年,这一优越性就不显著。

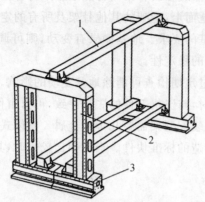

图 2-3-2 组合式骨架

1—梁;2—立柱;3—底座

(3)分散式骨架。分散式骨架的特点是型架不设整体骨架,各个定位夹紧件固定在分散的金属骨架上。这次分散的骨架以车间地基为基础,一般用槽钢或钢管焊制而成。分散的骨架靠车间地基把它们连成一个整体,如图 2-3-3 所示。型架定位件的尺寸稳定性主要取决于车间地基和型架基础的稳固程度。

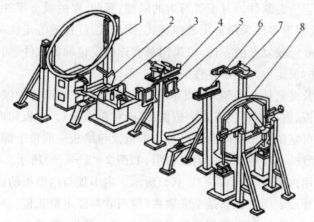

图 2-3-3 某机机身三段的装配型架

1—型架平板;2—托架;3—前起落架接头定位器;4—上壁板定位器;5—侧壁板定位器;

6—上壁板定位器;7—框定位器;8—型架平板

这种骨架的主要优点是取消了整体骨架,大大节省了材料,与组合式型架相比,可节省约50%的金属;而且型架结构大大简化,比较开敞,有利于架内装配工作的进行。分散式骨架主要适用于大尺寸的装配型架,尤其是比较复杂的机身总装型架。有的大型机翼总装型架也采用这种骨架。这时,翼弦面水平放置可减少整个型架的高度。分散式骨架往往与架车、内型板配合使用,这样更可以显出它结构的优越性。而且,还经常将工作台与骨架结合在一起,这对大型飞机来说,可大大简化型架。

采用分散式骨架则要求车间地基比较稳固。若地基有不均匀下沉,那么对型架准确度影响极大。这是它的致命弱点。

(4)整体底座式骨架。整体底座式骨架的特点是型架的骨架中有一个整体的底座,底座用多支点可调支撑支撑在车间地面上,型架的其他骨架及所有的定位夹紧元件都固定在底座上,这种形式的骨架可降低对地基的要求。地基如果有变动,则可调整各支持点以保证底座的正确位置,从而保证型架准确度的稳定性。

底座式骨架的优点是通过定期检查可消除地基变动的影响。此外,型架是浮动的,搬移比较方便。当底座材料选用铝时,与飞机部件的胀缩一致,可自由伸缩。这种形式的骨架的缺点是耗费金属多,一台大型部件装配型架需要几十吨金属。整体式底座一般可用钢管、型管或钢板焊成平面框架,也可采用铸造的标准块件。当型架比较大时,其底座可由几块标准块体直接拼接而成。

2. 型架定位件和夹紧件

使用装配型架时,首先需要保证所定位的工件处于正确、可靠的位置,把它们夹紧在这个位置上,这就是定位件、夹紧件必须完成的任务。定位是指工件被夹紧后所占有的位置,因此,定位与夹紧虽然作用不同,但它们是密切相关的。所以在结构上常常合为一体,成为定位夹紧件对夹紧件的要求是夹紧可靠、操作方便迅速、不损伤工件。压紧力作用的方向应保证外形或零件间贴合可靠,避免压紧力破坏定位件的正确位置。型架的各种定位件和夹紧件按其所定位和夹紧的工件特点分类如下。

(1)型材零件的定位夹紧件。对于带弯边的隔框、翼肋、梁的钣金零件及它们的型材缘条、直线和曲线形状的长桁等零件采用常用的弹簧式、螺旋式、杠杆式等定位夹紧件。

对于刚度较小、外形较复杂的零件,可采用具有连续定位的定位件(如曲线板),反之,则采用多个单独的定位件,仅定位与控制零件的局部外形。

(2)外形定位件及夹紧件。型架外形定位件是用来确定飞机部件的气动力外形的定位件,一般可分为3类:卡板、内型板和包络式定位面板(或称包络板)。卡板和内型板仅能定位某些切面外形,包络板则可定位整个空间曲面外形。卡板及包络板一般位于部件外形的外侧,如图2-3-4(a)所示,内型板一般用于定位蒙皮内形,如图2-3-4(b)所示。有些板件型架,除了使用卡板之外,还使用内卡板,如图2-3-4(c)所示。内卡板与内型板的区别只在于后者是外形定位件,而前者对外形表面来说只是个夹紧件(但两者都能定位长桁),所以内卡板要与外卡板配合使用。位于部件下方,起支撑作用的卡板一般称为托板,如图2-3-4(d)所示。

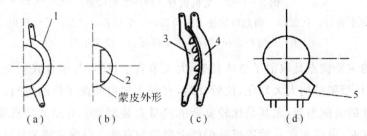

图 2-3-4 卡板、托板及内型板

(a)型架卡板;(b)型架内型板;(c)型架外卡板和内型板;(d)托板

1—卡板;2—内型板;3—内卡板;4—外卡板;5—托板

2.3.3　装配型架的功用

装配型架主要用来保证产品的准确度及互换性,即保证进入装配的零件、组合件、板件或段件在装配时定位准确,保持其具有正确的形状和一定的工艺刚度,以便进行连接;在装配过程中限制其连接变形,使连接装配后的产品符合图纸及技术条件的要求,即满足产品准确度和互换协调的要求。

与一般机床夹具相比,型架除了起定位与夹紧零件的作用外,还要保证零件的形状准确。由于飞机钣金零件尺寸大而刚度小,所以,为保证产品的准确度,第一,要保持零件准确的形状。为此,型架定位件的数量要根据零件或装配件的刚度而适当加多,要有一定的"过定位"。这样才能保证工件在装配过程中,既具有准确形状,又具有必需的工艺刚度。第二,无论是铆接,还是胶结和焊接,在连接时都会产生不同程度的变形。装配型架或夹具要能够限制工件的这种变形。第三,在一般机械制造中,保证产品互换性主要是通过公差、配合制度和通用量具来实现。而在飞机制造中,则是采用一套特殊的保证互换协调的方法,其中包括相互协调的成套的装配型架。在飞机生产中常常采用分散装配的原则。一个部件的装配工作,往往不只采用一个装配型架,而是采用一套装配型架。在产量相当大时,甚至要采用几套同样的型架。所以,装配型架的品种多而数量大。这就要求它们彼此之间,以及它们与零件的工艺装备之间,都要相互协调。因此,型架的另一特点就是它的成套性和协调性。

同时还要考虑改善劳动条件,提高装配工作生产效率,降低成本。由于飞机形状复杂且刚度又小,在飞机装配工作中,采用型架就能发挥装配夹具的定位夹紧迅速可靠的效果。通过装配型架将工件安放在适当的工作位置,操作方便,从而提高工作效率。

2.4　装配工艺装备的设计原则

装配工艺装备的设计质量,同其他生产用工艺装备一样,是以产品质量、工作效率、操作安全性和成本作为衡量标准的,并以此作为所遵循的基本准则。因此,装配工艺装备设计的基本准则及技术要求应包括以下几个方面。

1. 使用性

满足装配工艺要求;定位件及压紧件的操作简单,定位合理,压紧可靠,活动构件应便于开启和工作位置的恢复;工作开敞,操作条件好,产品的上架和出架方式合理。

2. 协调性

定位系统的设计应保证工艺装备之间的协调性,并合理确定出其制造协调方法;要从结构设计上考虑到,在工艺装备的制造上(指工艺性)能更好地达到工艺装备之间的协调性;对于加入尺寸控制环节(即数字传递环节)的定位件,必须确定合理的定位或转换基准,以减少安装误差。

3. 稳定性

刚度合理,重要构件应消除应力;根据产品的尺寸大小和精度要求情况,在工艺装备结构设计上应有消除或减少温度因素对协调影响的相应措施;工艺装备在地坪上的安放,应优先采用"三点"支撑或"多点可调"支撑,以消除地基下沉对型架准确度的影响,或便于恢复型架的总体精度。

4.经济性

在满足使用要求的前提下,工艺装备的结构造价应较低,并具有良好的制造工艺性;在工艺装备结构上,应适当考虑产品改型对其提出改造的可行性;在工艺装备的选择及其结构设计中,必须处理好新机研制、试制和转批生产三者的关系;便于工艺装备的故障检修;类似产品(如框、肋等)的工艺装备结构,必须尽量同一化(指结构相似、零件类似或相同),以利于工艺装备的制造;合理利用原材料,尽量采用标准件,优先采用储备的标准件。

5.安全性

在产品的定位和夹紧过程中,应有必要的保护措施,以防止产品被划伤;型架同产品之间必须有足够的空间和必要的保护措施,以保证产品在出架时不致因摆动而被碰伤;大型活动构件应有配重或省力装置;在操作者的活动区域内,工件装备不得有锐角和锐边,以利于安全;对较重的可卸构件,应设置起吊装置和存放支撑;对承力较大的构件,必须经过强度校核。

6.先进性

注意采用先进结构和先进工艺方法,以提高工艺装备的使用性,降低工艺装备的制造费用。

2.5 装配型架设计的一般问题

2.5.1 型架设计的原始资料

在飞机部件的设计阶段,特别是在其工艺性审查过程中,结合对部件装配方案的考虑,对各装配型架的基本方案就有了初步的设想。在新机试制过程中,当拟定部件指令性工艺规程时,基本上确定了所有装配型架的品种、数量及基本方案。一般来说,当型架设计人员着手设计时,其设计要求及技术条件已经基本上确定,并以文件形式予以说明。

型架设计所必需的原始资料有以下几种。

1.型架设计任务单

型架设计任务单(或工艺装备申请单)是设计人员接受任务、安排工作的依据。在任务单中指出所要设计型架的工件图号、名称、型架功能、数量,以及同其他型架的关系。

2.装配件的结构图纸与技术要求

通过熟悉产品图纸及技术要求,掌握装配对象的结构特点,了解与装配准确度、协调互换等有关的技术要求。同时,还应熟悉相配合的组合件或部件的结构,因此它可能给所设计的型架提出补充要求。在产品设计阶段,正式产品结构图纸可能尚未完成。为了提前进行生产准备工作,这时,可根据理论图及必要的产品结构打样图,进行夹具或型架的草图设计。

3.产品装配方案或指令性工艺规程和工艺装备协调图表

型架设计人员在研究上述文件之后,应当掌握以下几点:

(1)在该型架上进行装配的零件、装配件的供应状态和先后顺序;

(2)该产品的装配工艺过程,包括在型架内定位的零件、组合件及其定位方式,所使用的工具和设备(如铆接中所用的风钻、铆枪和手提压铆机等);

(3)该型架的协调关系及安装型架所用的标准工艺装备,即制造和协调依据;

(4)了解与该型架内的装配工艺过程有关的其他工艺规程。

4.型架设计技术条件

这是装配工艺员根据产品图纸、技术条件、指令性装配工艺规程及工艺装备协调图表等指令性工艺文件,从工艺和使用角度对型架提出的具体要求。它以文件形式附于型架设计任务单中。实际上,它常常是工艺人员与型架设计人员协商后写成的。其内容包括:

(1)对型架内需要完成的工作、进入装配的零件及装配件的定位基准,特别是部件外形定位件和主要接头定位件的形式及定位尺寸(如果是工序尺寸,则应注明加工余量);

(2)型架的制造依据和安装方法;

(3)对型架构造的原则性意见,如装配对象在型架内的放置位置、型架骨架的结构形式,最好画出草图;

(4)在型架内完成装配后工件的出架方式和方向、出架用的设备;

(5)对辅助设备的要求,如对冷气管路、照明布置的要求,以及其他特殊要求。

设计的夹具或型架,应该技术先进,经济合理,使用方便。这在很大程度上取决于技术条件制订的是否合理。

5.型架元件及结构的标准化资料

标准化资料主要是指航空工业部门颁布的标准,特别是工厂现有库存的标准件成品、在制品清册,以及停止使用的型架清册。对生产准备车间的加工设备准备、工厂的生产条件及传统技术经验、其他单位的先进经验等,也都应了解与掌握。

2.5.2　型架设计的内容和步骤

熟悉原始资料后,主要工作是根据型架设计的技术条件,开始着手型架的设计。为了使设计工作顺利进行,一般可把设计工作步骤分 3 个阶段:

(1)拟定草图或型架设计方案;

(2)绘制工作总图;

(3)绘制零件图。

在实际工作中,通常是先绘制一部分工作总图(基准线、轮廓线和位置尺寸),再绘出零件图,最后完成工作总图。

设计草图或拟定型架设计方案应确定的主要内容如下:

(1)型架的设计基准;

(2)装配对象在型架中的放置状态;

(3)工件的定位基准,主要定位件的布置方式,公差尺寸的选择;

(4)工件的出架方式;

(5)型架的安装方式;

(6)型架的结构形式;

(7)骨架刚度的验算;

(8)型架支撑与地基的估算;

(9)温度对型架准确度的影响。

2.5.3　型架设计基准的选择

型架设计与其他机械设计一样,必须首先正确地选择设计基准,根据它来确定型架上各个零件和装配件的相对位置。如果基准选择不当,则在设计过程中确定工作尺寸和检验这些尺寸时,将会遇到困难,且会降低型架准确度和延长安装周期。

一般情况下,应以飞机部件的设计基准(见图2-5-1)作为成套装配型架和成套标准工艺装备的设计基准。这样,可以避免基准转换时繁杂的计算,也可消除制造时由于基准转换引起的误差累积。在具体选择时应注意:

(1)对相邻部件的装配型架,例如中翼-外翼-副翼-襟翼装配型架,或者同一部件中不同组合件的装配型架,例如机身的部件-段件-板件装配型架,都应当选择同一设计基准轴线,如图2-5-2所示。

(2)选择型架设计基准时,应力求简化尺寸的计算,以便制造和检验。

(3)型架设计基准的选择要与安装方法相适应。例如,用型架装配机安装型架时,要求有3根相互垂直的坐标轴线作为基准;用划线钻孔台安装卡板端头或塑造卡板工作面时,要求基准线垂直于各框或肋的平面,各安装尺寸都应是50 mm的倍数。

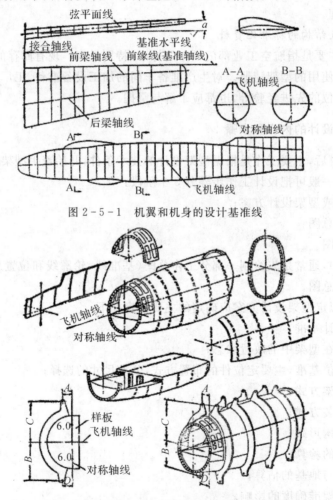

图2-5-1 机翼和机身的设计基准线

图2-5-2 机身部件与板件装配型架都用同一基准线示意图

2.5.4　装配对象在型架中的放置状态

工件在型架中的放置状态应使工人在最有利的工作姿势下进行工作,即应使工人的大部分操作是在站立姿态下,工作高度在 $1.1\sim1.4$ m 范围内,不同工作姿态下的劳动生产率如图 $2-5-3$ 所示。此外,还应考虑节省车间面积。

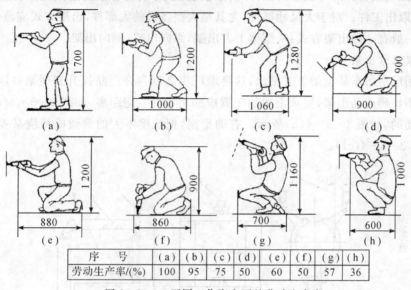

序　号	(a)	(b)	(c)	(d)	(e)	(f)	(g)	(h)
劳动生产率/(%)	100	95	75	50	60	50	57	36

图 $2-5-3$　不同工作姿态下的劳动生产率

工件在型架上的放置状态样式很多,可根据上述原则,结合工件结构特点和装配工作内容予以确定。对一般尺寸的梁、隔框、翼肋等平面型组合件,可在非转动式夹具内平放或竖放,但最好采用转动式夹具。对大尺寸框类或圆形结构件,如大型机身隔板、机头罩等,可设计成转动式夹具。对于板件,一般采用立放。机身类的段、部件的放置状态大多与飞机的飞行状态一致。这样放置可使隔框处于垂直位置,使定位件布置方便,特别是使型架卡板布置合理。同时,大型飞机机身装配时往往以座舱地板作为定位基准。地板处于水平位置,对装配工作有利。对于翼面类部件,习惯于垂直放置,即前缘向下。这样放置适合于采用卡板定位的型架,装配工作可以从两面接近,也便于前缘内部的操作。翼面类部件的精加工型架多采用平放,因为主要操作是在接头区,水平放置便于机翼在架内定位、加工操作和吊运工作,也便于精加工头的布置。

2.5.5　选择工件定位基准、定位件形式及其布置

"定位基准"是指用来确定零件或装配件在机床或型架(夹具)内位置的那些零件或装配件的表面。因为飞机机体薄壁结构一般都是非刚体,所以不能简单地应用刚体零件的"六点定位原则",而是要适当地"过定位"。过定位的程度取决于工件的刚度。例如,整流包皮的蒙皮薄,骨架刚度也弱,外形变化大,所以常用包络式夹具,整个表面都是定位面。板件型架一般每个框或肋处都有一块内型板或一对内、外卡板,采用若干个切面的线定位。梁或框等平面组合件夹具,定位件间距一般为 $200\sim500$ mm,采用的是若干个"点"(实际上是一小面)定位。具有较大刚度的板件或段件在部件型架中定位,多采用四个工艺接头定位件。在这种情况下,过定位的程度就更小了。所以,定位件的数量和形式,只能根据工件刚度和生产经验确定。

2.5.6 出架方式

工件在型架内装配完以后的出架方式是型架结构方案中的主要问题之一,对型架结构影响较大。若出架方式选得好,则不但可以简化型架结构,出架安全,不致损伤工件,还可节省厂房面积,简化搬动设备。对于较小的工件,出架较为简单,只要有关的定位夹紧件能收缩足够的尺寸,就能取出工件。对于大尺寸部件,尤其是大型飞机的大部件,出架方式应该认真考虑。大尺寸部件一般有 3 种出架方式:从型架上方出架,纵向出架,侧向出架。

1.从型架上方出架

一般利用厂房吊车从型架上方吊出,这要求厂房高度容许产品提升到型架高度之上。为使型架上梁不妨碍产品出架,要求上梁的布置应偏离工件一定距离,如图 2-5-4(a)所示,或上梁是可移动的,如图 2-5-4(b)所示。有的型架,把长度不大的梁做成可绕某垂直轴转动的结构(见图 2-5-4(c))。

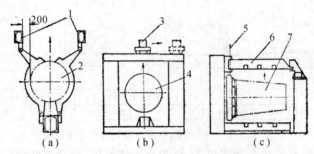

图 2-5-4　型架上梁的不同结构形式
(a)型架上梁间应有一定距离;(b)上梁可移动;(c)上梁可转动
1—固定梁;2,4,7—工件;3—可移动梁;5—上梁转动轴线;6—上梁

2.纵向出架

要求一端的两立柱之间有较大的空间,型架内有吊挂导轨,如图 2-5-5 所示,这是个中翼装配型架,它采用四柱四梁的骨架结构。这种方法要求型架的出架一端外面留有较大多余面积。

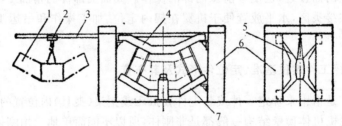

图 2-5-5　产品纵向出架
1—工件;2—吊挂;3—导轨;4—上梁;5—卡板;6—立柱;7—下梁

3.侧向出架与架车式型架

重量不太重的产品,可用型架内专用吊车吊出,如图 2-5-6(a)所示。较重的产品可用架车从侧向下架,如图 2-5-6(b)所示,架车的托板伸进机翼前缘的下方,然后将机翼稍作转动,安装在架车的托板上。

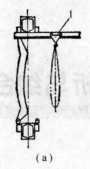
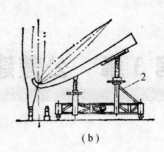

（a）　　　　　　　　　　　　　　（b）

图 2-5-6　侧向出架

（a）在型架上安装专用吊挂；（b）用架车从侧面取出型架

1—专用吊车；2—产品运输架车

思考与讨论

（1）分析装配孔定位、坐标定位孔定位和基准定位孔定位的异同点，分析各种孔定位方法的技术经济效果。

（2）结合某一部件的具体结构，给出几种装配方案。

（3）装配型架主要由哪几部分组成？

（4）在传统的飞机制造中，装配型架是怎样安装并保证协调的？

（5）装配型架中常用的定位件有哪些？

（6）装配型架骨架有哪几种形式？各适用于何种情况？

（7）查资料检索有关型架设计方法，给出设计实例。

第 3 章 公差建模、分析与综合

3.1 与准确度有关的基本概念

3.1.1 公差和容差

按我国公差与配合的国家标准,尺寸公差是允许尺寸的变动量。它等于最大极限尺寸与最小极限尺寸之代数差的绝对值,即尺寸公差＝公差带宽度值。

在本书里为了方便起见,约定用公差(容差)带半带宽 δ 和公差(容差)带中点值 δ_0 来表示公差(容差)。由累计尺寸(封闭环尺寸)的公差(容差) δ_Σ、$(\delta_\Sigma)_0$ 来确定各组成环尺寸的公差(容差) δ_i、$(\delta_i)_0$($i = 1, 2, \cdots, n$),叫作公差(容差)分配;反之叫作公差(容差)控制。

产品结构尺寸公差分配(控制)与工艺容差分配(控制)的相互关系如图 3-1-1 所示。其中 ω_Σ 和 $(\Delta_\Sigma)_0$ 分别表示累计尺寸(封闭环尺寸)误差 Δ_Σ 的分布带半带宽和分布带中点值。

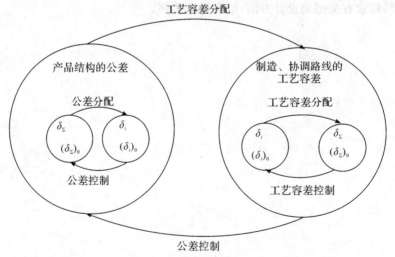

图 3-1-1 公差分配(控制)与工艺容差分配(控制)的相互关系

3.1.2 精确度、正确度与准确度

这几个名词在现有技术书刊和教材中有多种不同的定义,为了不致混淆,在本书内参照国际法制计量学组织定义的名词来区分它们的含意。先以打靶为例说明其概念如下。

打靶时靶心为理想的弹着点,弹着点离靶心越近,则射击的结果越准确。对一次射击,无精确度、正确度和准确度的概念。对多次射击打靶的成绩评价,是以平均弹着点离靶心的远近和弹着点分布区的大小来确定的。如图 3-1-2(a)所示打靶结果,其平均弹着点离靶心远,弹着点分布区大;前者说明射击的正确度低,后者说明射击的精确度低,两者共同说明射击的准确度低。同理,如图 3-1-2(b)所示打靶结果的正确度高,精确度低,准确度也低;如图 3-1-2(c)所示打靶结果的正确度低,精确度高,准确度低;如图 3-1-2(d)所示打靶结果的正确度、精确度、准确度均高。由此可见,评价打靶成绩的正确度,是用来说明打靶者控制射击系统误差能力的;精确度是用来说明打靶者控制射击随机误差能力的;准确度是用来说明打靶者控制射击综合误差的能力。

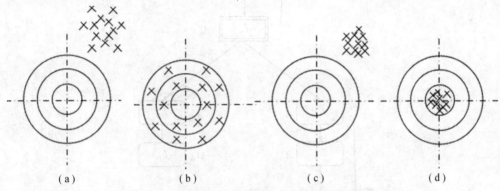

图 3-1-2 打靶的精确度、正确度和准确度

在飞机制造中,产品的几何尺寸和形状参数也有精确度、正确度和准确度的问题。若以 L_N 表示某一产品的某个基本尺寸(或称公称尺寸,或名义尺寸),L 表示该产品的一个实际尺寸,则该尺寸的实际偏差(简称偏差)为 $\Delta = L - L_N$。若该尺寸的公差为 $(\pm\delta)$,即公差带零线处于零位,则 L_N 即其理想尺寸。若该尺寸的公差为 $\binom{+\delta_s}{+\delta_x}$,这时相当于靶心的理想尺寸不是 L_N,而是

$$L_N + \frac{\delta_s + \delta_x}{2} = L_0$$

它是处于公差带中点的尺寸。

以 Δ' 表示实际尺寸 L 相对于理想尺寸 L_0 的误差,则 $\Delta' = L - L_0 = \Delta - \delta_0$,其中

$$\delta_0 = \frac{\delta_s + \delta_x}{2}$$

对于一批产品,Δ' 的均值 $\overline{\Delta'}$ 为

$$\overline{\Delta'} = \overline{\Delta} - \delta_0$$

它反映尺寸 L 的正确度。

Δ' 的分布带宽度 2ω 反映尺寸的精确度。ω 和 $\overline{\Delta'}$ 共同反映尺寸 L 的准确度。

精确度、正确度和准确度都是建立在统计上的概念。试制某零件,若仅试制出一两件,其尺寸符合公差要求,并不能说达到了准确度的要求,只能说试制结果是准确的、正确的。

对尺寸测量而言,测量误差 Δ_M 为测量结果 L_M 与真实尺寸 L 之差,即 $\Delta_M = L_M - L$。对反复多次测量,Δ_M 的均值 $\overline{\Delta_M}$ 及其分布带半带宽 ω_M 反映测量的准确度。

3.1.3 制造准确度和协调准确度

在飞机结构制造和协调路线中,以 Δ 表示其中的环节误差,以 Δ_0 表示该误差分布带的中点值,以 ω 表示其分布带半带宽。某尺寸 L 的制造和协调路线如图 3-1-3 所示。

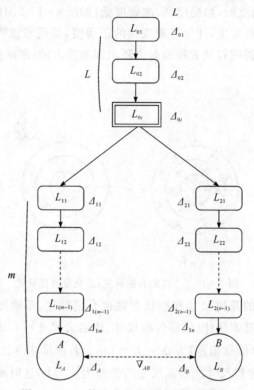

图 3-1-3 某尺寸 L 的制造和协调路线

工件 A 上尺寸 L_A 的制造误差 Δ_A 为

$$\Delta_A = \sum_{i=1}^{l} A_i \Delta_{0i} + \sum_{i=1}^{m} A_j \Delta_{1j}$$

工件 B 上尺寸 L_B 的制造误差 Δ_B 为

$$\Delta_B = \sum_{i=1}^{l} A_i \Delta_{0i} + \sum_{k=1}^{n} A_k \Delta_{1k}$$

式中,A_i、A_j 和 A_k 分别为各尺寸误差 Δ_{0i}、Δ_{1j} 和 Δ_{2k} 的传递系数。

工件 A 和 B 是需要相互协调的,L_A 和 L_B 是协调尺寸,其协调误差 ∇_{AB} 为

$$\nabla_{AB} = L_A - L_B = \Delta_A - \Delta_B =$$

$$\sum_{j=1}^{m} A_j \Delta_{1j} - \sum_{k=1}^{n} A_k \Delta_{2k}$$

工件 A 和 B 的尺寸 L_A 和 L_B 的制造准确度分别为 $[(\Delta_A)_0, \omega_A]$ 和 $[(\Delta_B)_0, \omega_B]$,其协调准确度为 $[(\Delta_{AB})_0, \omega_{AB}]$。

当诸 $|A_i|\omega_i$、$|A_j|\omega_j$ 和 $|A_k|\omega_k$ 均相等或接近相等时,环节数 l、m 和 n 对 ω_A、ω_B 和 ω_{AB} 起主要作用。在 $|A_i|\omega_i$、$|A_j|\omega_j$ 和 $|A_k|\omega_k$ 诸项不等且其中有特大项时,该项误差对尺寸准

确度起主要影响。

在工件 A 和 B 分别独立制造时 $l=0$,有

$$\Delta_A = \sum_{j=1}^{m} A_j \Delta_{1j}$$

$$\Delta_B = \sum_{k=1}^{m} A_k \Delta_{2k}$$

而

$$\nabla_{AB} = \sum_{j=1}^{m} A_j \Delta_{1j} - \sum_{k=1}^{m} A_k \Delta_{2k}$$

这时 $\omega_{AB} > \omega_A$,$\omega_{AB} > \omega_B$,工件 A 和 B 的尺寸 L_A 和 L_B 的协调准确度低于它们分别制造的准确度。飞行器结构制造中常有协调准确度要求高于制造准确度要求的情况,这就要求减少协调路线中非共同环的环节数(m 和 n)和(或)提高各非公共环的准确度。

对相互联系制造的协调过程,如果 $l > m(n)$ 且 $|A_i|\omega_i$ 、$|A_j|\omega_j$ 和 $|A_k|\omega_k$ 均大约相等,则可能使 $\omega_{AB} < \omega_A(\omega_B)$,即尺寸 L_A 和 L_B 之间的协调准确度高于它们各自的制造准确度。

飞行器批量生产要求零件、构件结构具有一定的互换性和严格的协调性。互换性指同名零件、构件在几何尺寸、形位参数的一致性,它可用协调准确度与协调要求的对比来衡量。

3.1.4 条件准确度

为了确切而合理地提出产品的准确度要求,以便更好地控制产品质量,常应用条件准确度的概念。精密机械制造中有环境温度条件。如 $20℃±2℃$;非金属材料制品的工艺过程中,有时要求环境相对湿度不超过一定值,如 $75\% \varphi$ 等。

在飞行器制造中应用较广的条件准确度有以下几种。

1. 力和力场条件

例如蒙皮零件贴模检验时要规定施力的大小及施力处,强迫装配时要规定限用的外力和力场,部件交点孔中检验销棒的紧涩状态也常有限制。在这些限制条件下的准确度要求,即条件准确度的一种形式。

2. 按概率确定准确度要求

条件准确度的另一种形式,是按概率把公差(容差)划分为基本公差(容差)和局部公差(容差),并对超出基本公差(容差)但不超过局部公差(容差)范围的几何尺寸或形位参数给定其最大允许出现概率。

设某一几何尺寸的公差按常规办法确定其上、下偏差 δ_s 和 δ_x ,不附带出现区的出现概率,如果该尺寸的误差均靠近上偏差或下偏差,而不超出公差范围,亦应认为是合格的,但这对多次出现的几何尺寸的准确度要求,并不是完善的。这时,取 δ_s 和 δ_x 为局部公差的上、下偏差,再取 $(\delta_b)_s$ 和 $(\delta_b)_x$ 为基本公差的上、下偏差,并要求该尺寸的误差出现在 $[(\delta_b)_s,(\delta_b)_x]$ 范围之外而不超出 $[\delta_s,\delta_x]$ 范围的概率不超过 P ,即

$$P = P \begin{Bmatrix} \delta_s \leqslant \Delta \leqslant (\delta_b)_x \\ (\delta_b < \Delta < \delta_x) \end{Bmatrix}$$

如果条件公差要求 $P \leqslant 0.30$,如图 $3-1-4$(a)所示误差分布情况是符合公差要求的,图 $3-1-4$(b)所示误差分布情况反映超差情况。

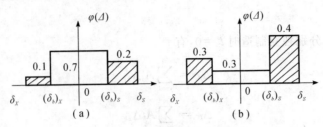

图 3-1-4　按概率确定条件公差

3.2　公差建模

随着计算机技术的发展,计算机几何造型系统逐步取代手工二维正交投影图的绘制,而成为机械产品设计几何说明的主要方式。几何造型技术是指在计算机内表示、构造几何形体并加以运算的技术,其目的是构造出所需要的物体模型。目前流行的几个几何造型系统对绝大多数零件只能表达其名义几何尺寸,而缺少反映功能要求的公差信息。由于现行的国家标准是采用文字和图例说明来定义公差的,图样上的公差标注往往需要依靠经验进行解释,以弥补图纸中有模糊信息之处;同时,为有效地实现公差信息的计算机表示与传递,两者均非常需要有一套严格的公差建模理论。

尺寸链是在机器装配或零件加工过程中,由相互连接的尺寸形成的封闭的尺寸组,也称公差链。它具有以下两个基本特性:封闭性——该尺寸组中的全部尺寸依次连接构成封闭形;公差与偏差的内在联系——该尺寸组中,所有独立尺寸的变动都直接影响某一尺寸。在尺寸链中构成封闭形的每一个尺寸称为环。环又可分为封闭环和组成环。在机器装配或零件加工过程中最后形成的那个尺寸,称为封闭环,也称为终结环。在尺寸链中除封闭环以外的其他尺寸环统称为组成环。如图 3-2-1 所示,假定尺寸 x_Σ 是零件加工过程中最后形成的一个尺寸,则该尺寸为封闭环,而尺寸 x_1、x_2、x_3 为组成环。

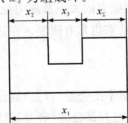

图 3-2-1　公差优化设计示意图

装配(或零件)尺寸链中各组成环和封闭环之间的关系在数学上可描述为

$$\dot{x}_\Sigma = f(x_i) \qquad (3-2-1)$$

其中,x_i 为各组成环的尺寸;x_Σ 为封闭环的尺寸。

上述关系式可简称为设计函数。

设各组成环尺寸是互为独立的随机变量,且组成环尺寸可分成两部分:常值部分和随机部分,则组成环尺寸 x_i 可以写成

$$x_i = mx_i + \Delta x_i$$

其中,mx_i 为第 i 个尺寸均值;Δx_i 为第 i 个尺寸的随机变动部分,通常也称为尺寸偏差。

根据统计运算,尺寸的数学期望和标准差分别为

$$E[x_i] = mx_i + E[\Delta x_i] \qquad (3-2-2)$$

$$\sigma[x_i] = \sigma[\Delta x_i] \tag{3-2-3}$$

尺寸 x_i 的分布取决于形成该尺寸的加工方法,除了可通过加工样本来进行统计分析以外,一般无法用很确切的数字来表达。而从经验得知:这种分布必定居于正态分布和矩形分布之间。此外,零件尺寸加工完成后,要经过尺寸检验,只有尺寸合格的零件才进入装配。尺寸的检验可能针对全部零件,也可能是抽样检验,但无论如何,进入装配的零件必定是一定置信度上满足公差要求的。经检验工作(假设全部检验),尺寸超出公差范围的零件被排除,所以进入装配的零件尺寸的分布是经公差上、下限限制的截断分布。

1. 基于统计法的公差尺寸链模型

由于各组成环的尺寸在装配中是随机提取的,而封闭环受组成环影响,因此封闭环的尺寸也带有随机性,且其取决于影响该封闭环的所有组成环的统计特性及其传递系数。

组成环尺寸的统计参数是按零件的局部坐标系建立的,为了计算封闭环的统计参数,必须将其转换到封闭环所在坐标系上。该转换涉及尺寸的方向和位置。若设为线性尺寸链,则设计函数为

$$x_\Sigma = \sum_{i=1}^{n} A_i x_i \tag{3-2-4}$$

其中,n 为组成环数;A_i 为带正、负号的组成环的传递比(也称敏感度系数),或称各组成环对封闭环的影响权因子。

由上式,可得封闭环变动范围为

$$Rx_\Sigma = \sum_{i=1}^{n} |A_i| Rx_i \tag{3-2-5}$$

若已知各组成环尺寸的均值 mx_i,则可计算封闭环的均值 mx_Σ(见图 3-2-2)为

$$mx_\Sigma = \sum_{i=1}^{n} A_i mx_i \tag{3-2-6}$$

如前所述,由式(3-2-4)和式(3-2-6),封闭环尺寸可表示为

$$mx_\Sigma + \Delta x_\Sigma = \sum_{i=1}^{n} A_i (mx_i + \Delta x_i) \tag{3-2-7}$$

其中,Δx_Σ 为封闭环尺寸的随机变动部分。

由式(3-2-7)减去式(3-2-6)可得封闭环随机部分的方程为

$$\Delta x_\Sigma = \sum_{i=1}^{n} A_i \Delta x_i \tag{3-2-8}$$

若已知组成环偏差的数学期望和标准差,则可得封闭环偏差的数学期望和标准分别为

$$E[\Delta x_\Sigma] = \sum_{i=1}^{n} A_i E[\Delta x_i] \tag{3-2-9}$$

$$\sigma[\Delta x_\Sigma] = \sqrt{\sum_{i=1}^{n} A_i \sigma^2[\Delta x_i]} \tag{3-2-10}$$

上两式表明,封闭环偏差的数学期望为各组成环偏差数学期望的代数和;封闭环偏差的标准差为各组成环偏差标准差的均方根值。数学期望标识偏差变动的均值位置,标准差标识偏差变动的离散程度。

在零部件设计图上,往往只标注基本尺寸和极限偏差。由极限偏差可决定偏差均值和公差,即 $m\Delta x_i = (ES_i + EI_i)/2$,$T_i = ES_i - EI_i$。偏差均值决定公差带的位置,公差决定公差带

的大小。在对称分布且无系统误差的理想状态下,数学期望和偏差均值相重合 $E[\Delta x]=m\Delta x$;不对称分布时,数学期望和中间偏差错开距离为 $aT_i/2$,a 称为不对称系数,其取值范围为 0~1。偏差大时,a 数值大;偏差小时,a 数值小;对称分布 $a=0$ 。即

$$E[\Delta x_i] = m\Delta x_i + \alpha(T/2_i) \qquad (3-2-11)$$

$$\sigma = \frac{T_i}{2\gamma_i} \qquad (3-2-12)$$

其中,γ_i 为置信系数。

分别将式(3-2-11)代入式(3-2-9),式(3-2-12)代入式(3-2-10)中,可得封闭环尺寸的偏差均值和公差为

$$m\Delta x_\Sigma = \sum_{i=1}^{n}\left(A_i m\Delta x_i + \alpha_i \frac{T_i}{2}\right) - \alpha_\Sigma \frac{T_\Sigma}{2} \qquad (3-2-13)$$

$$T_\Sigma = \gamma_\Sigma \sqrt{\sum_{i=1}^{n} A_i \frac{T_i}{\gamma_i}} \qquad (3-2-14)$$

式(3-2-13)和式(3-2-14)即为统计法进行公差分析与综合时的基本公式。

当各组成环按正态分布时,封闭环也是正态分布;当组成环的分布不能确定时,根据中心极限理论,随着组成环数的增多,封闭环的分布迅速地近似于正态分布,而与组成环的分布无关。由此建立封闭环正态分布模型。这时 $\alpha_\Sigma = 0$,$\gamma_\Sigma = 3$(置信度为 0.997 3),则上两式可转化为

$$m\Delta x_\Sigma = \sum_{i=1}^{n}(A_i m\Delta x_i + \alpha_i T_i/2) \qquad (3-2-15)$$

$$T_\Sigma = 3\sqrt{\sum_{i=1}^{n} A_i \frac{T_i}{\gamma_i}} \qquad (3-2-16)$$

封闭环正态分布模型使用方便,但不包括非对称分布情况,统计参数少(只有两个),灵活性有限。组成环过少时采用正态分布模型是不合适的,由此封闭环尺寸模型可采用 β 分布模型。该模型具有以下特点:β 分布模型柔性好,更接近封闭环尺寸分布的实际情况;β 分布可以是非对称的,它有 4 个参数,可覆盖从正态分布到矩形分布的所有情况;β 分布是有界分布,置信度水平可达 100%,也适用于少链环的尺寸链。但 β 分布模型计算稍微复杂。封闭环尺寸的 β 分布模型如图 3-2-2 所示。封闭环偏差均值 $m\Delta x_\Sigma$ 和封闭环公差的计算式分别为式(3-2-13)和式(3-2-14)。

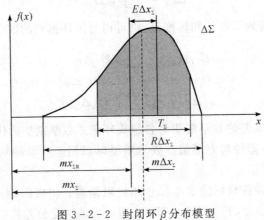

图 3-2-2 封闭环 β 分布模型

2.简化统计法的尺寸链模型

(1)正态分布模型。式(3-2-14)可以精确表达封闭环公差与组成环公差之间的关系,但实践中由于缺少组成环尺寸的概率分布信息,应用上存在一定困难,因此需建立尺寸链的简化统计模型。自动机床批量加工零件时,若机床、夹具与刀具在稳定状态工作,则该批工件尺寸的分布趋于正态分布。当各组成环偏差均按正态分布时,则封闭环偏差必按正态分布。由此,作以下假设:

各组成环的公差都为独立变量。

加工过程中,组成环尺寸误差分布的中心与公差中心一致,且服从正态分布,并取置信度为 99.73%。

封闭环也服从正态分布,置信度为 99.73%。

在装配件中,各组成环零件均为批量生产,且装配前充分混合。

这时 $\alpha_\Sigma = 0$, $\gamma_\Sigma = 3$, $a_i = 0$, $\gamma_i = 3$,则式(3-2-13)和式(3-2-14)可分别化简为

$$m\Delta x_\Sigma = \sum_{i=1}^{n} A_i m\Delta x_i \qquad (3-2-17)$$

$$T_\Sigma = \sqrt{\sum_{i=1}^{n} A_i \frac{T_i}{\gamma_i}} \qquad (3-2-18)$$

当组成环数较多,且各组成环的分布范围又相差不大时,该简化模型的计算是较为实用的。与极值法相比,它在保证一定装配成功率的前提下,可放宽对组成环的公差要求,降低加工成本。但应用效果受以下因素影响。

加工过程不一定能保证尺寸误差服从正态分布。

加工控制可能会偏离名义尺寸,即尺寸误差分布中心与公差中心可能发生偏移。

加工时,有时会有意产生偏向某一方向的误差,以实现最大实体或最小实体原则。

某些组成环零件的公差并不一定取其分布中心左右的 3σ 范围。

不同加工组加工出来的同一零件未经充分混合,装配时零件选取的随机性不能保证。

在实践中,将由统计法计算得到的公差与实际测量得到的封闭环公差值相比较发现,当组成环数较多,且各组成环的分布范围又相差不大时,统计法的计算是较为准确的。但实际上,由统计法计算得到的封闭环公差值比封闭环实际测量值要小,因此引进了修正的统计模型(修正系数>1),以进行较为保守的预测。

(2)修正的统计法模型。修正统计法的基本公式为

$$T_{\Sigma 2} = c_f T_{\Sigma 1} \qquad (3-2-19)$$

其中, c_f 为修正系数。根据 Greenwood 和 Chase 于 1987 年的研究结果,修正系数取 1.4～1.7 之间;修正后的预测值将落于极值法预测值与修正前的统计法预测值之间(见图 3-2-3)。然而,当尺寸链中某一组成环变量为非正态分布,且其公差值又大大超过其他组成环,在整个公差尺寸链中处于支配地位时,修正的统计法模型的预测值将因偏大而失效。除非在整个公差尺寸链中有足够多的小公差的组成环,恰好能抵消大公差组成环对整个尺寸链的控制作用。造成这种现象的原因是按经验选取的修正系数与公差值之间没有一致的关系。

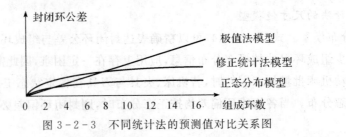

图 3-2-3　不同统计法的预测值对比关系图

当各组成环公差均匀分配时,其修正系数取 1.5(经验研究表明,该值在工厂实际中是最为常见的)。公差非均匀分配时,根据修正公差在极值法与统计法模型计算差值之间的比例保持不变的原则对修正系数进行推导,得公式如下

$$c_f = 1 + 0.5\left[\frac{1}{\left(\sum_{i=1}^{n}|A_i|\,/\sqrt{\sum_{i=1}^{n}A_i}\right)-1}\right]\left(\frac{T_{\Sigma 0}}{T_{\Sigma 1}}-1\right) \qquad (3-2-20)$$

其中,$T_{\Sigma 0}$ 为由极值法模型得出的封闭环公差值;$T_{\Sigma 1}$ 为由正态分布的统计法模型得出的封闭环公差值。

当公差平均分配时(设备组成环公差均为 T),将 $T_{\Sigma 0} = T\sum_{i=1}^{n}|A_i|$ 和 $T_{\Sigma 1} = T\sqrt{\sum_{i=1}^{n}A_i}$ 代入式(3-2-20)计算,得 $c_f = 1.5$。在实际中,各组成环的分布范围相差不大时,修正系数取近似值 1.5。若取 $A_i = 1(i=1,\cdots,n)$,则式(3-2-20)修正系数的计算可化简为

$$c_f = 1 + 0.5\left(\frac{1}{\sqrt{n-1}}\right)\left(\frac{T_{\Sigma 0}}{T_{\Sigma 1}}-1\right) \qquad (3-2-21)$$

它是式(3-2-20)在一维尺寸链中的特例。

3.3 公差分析

公差分析,也叫作公差验证,就是指已知各组成环的尺寸和公差,确定最终装配后所要保证的封闭环的公差。在这种情况下,组成环公差作为输入,封闭环公差作为输出,当最终性能未满足时,重新修改输入公差。公差分析方法主要有极值法和统计法。极值法是当零件尺寸处于上、下极限值的情况下所进行的公差分析,这种方法不考虑零件尺寸在公差带内的分布,只考虑零件尺寸是否落在公差带内。因此设计出的零件合格率为 100%,各组成环的公差很小,从而提高了加工成本。统计法公差分析中有方和根法、基于可靠度分析法、田口试验法、蒙特卡洛模拟法、影响系数法等。

为了便于描述,先定义公差函数。公差函数是尺寸链中欲求解封闭环与已知组成环和封闭环函数关系的表达式,设公差函数为 $y = f(x_1,x_2,\cdots,x_n)$。式中,$y$ 为欲求解的封闭环或组成环的尺寸及偏差;n 为已知组成环和封闭环的个数;$x_1,x_2,\ldots,x_n$ 为相互独立的已知的组成环和封闭环的尺寸及偏差。

对于线性尺寸链,可以从极值法的公式中推导出公差函数;对于非线性尺寸链,公差函数没有统一的表达式,要根据尺寸链的几何关系确定。显然,线性尺寸链的公差函数是线性函数,非线性尺寸链的公差函数是非线性函数。

3.3.1 极值法

极值法是建立在零件 100％ 互换的基础上,是尺寸链计算的一种最简单的方法。但实际上尺寸链中各组成环和封闭环的尺寸公差是随机变量,按极值法计算的公差势必过于保守,使组成环公差减小,零件加工精度要求提高,制造成本增加。极值法的封闭环公差为

$$T_{OW} = \sum_{i=1}^{n} \zeta_i T_i \qquad (3-3-1)$$

式中,ζ_i 为各组成环的传递系数;T_i 为第 i 个组成环的尺寸公差。

1. 封闭环的基本尺寸

封闭环的基本尺寸等于增环的基本尺寸之和减去减环的基本尺寸之和。

$$A_0 = \sum_{z=1}^{k} A_z - \sum_{j=k+1}^{n-1} A_j$$

2. 封闭环的极限尺寸

封闭环的最大极限尺寸等于增环最大极限尺寸之和减去减环最小极限尺寸之和。

$$A_{0max} = \sum_{z=1}^{k} A_{zmax} - \sum_{j=k+1}^{n-1} A_{jmin} \qquad (3-3-2)$$

封闭环的最小极限尺寸等于增环最小极限尺寸之和减去减环最大极限尺寸之和。

$$A_{0min} = \sum_{z=1}^{k} A_{zmin} - \sum_{j=k+1}^{n-1} A_{jmax} \qquad (3-3-3)$$

3. 封闭环的上下偏差

封闭环的上偏差等于增环上偏差之和减去减环下偏差之和。

$$ES_{A0} = \sum_{z=1}^{k} ES_{Az} - \sum_{j=k+1}^{n-1} EI_{Aj} \qquad (3-3-4)$$

封闭环的下偏差等于增环下偏差之和减去减环上偏差之和。

$$EI_{A0} = \sum_{z=1}^{k} EI_{Az} - \sum_{j=k+1}^{n-1} ES_{Aj} \qquad (3-3-5)$$

3.3.2 统计公差法

统计公差方法主要是指方和根法与修正的方和根法,由于基于可靠度分析法、田口试验法和蒙特卡洛模拟法等也是根据概率论与数理统计理论进行公差分析的,所以也将其划分为统计公差方法。

由于各组成环的尺寸在装配中是随机提取的,而封闭环受组成环影响,因此封闭环的尺寸也带有随机性,且其取决于影响该封闭环的所有组成环的统计特性及其传递系数。

(1)封闭环的平均值等于各组成环的平均值的代数和;

(2)封闭环的方差(标准差的平方)等于各组成环方差之和。

$$\sigma_0^2 = \sum_{i=1}^{n-1} \sigma_i^2 \qquad (3-3-6)$$

式中,σ_0 为封闭环的标准差;σ_i 为第 i 个组成环的标准差。

1. 方和根法(又称均方根法)

方和根法(RSS,Root Sum Squared)是以一定的置信水平为依据(通常假定封闭环趋近正

态分布,取置信水平 $P = 99.73\%$),不要求 100% 互换,只要求大数互换。封闭环的统计公差为

$$T_S = \frac{1}{K_0}\sqrt{\sum_{i=1}^{n} \zeta_i^2 K_i^2 T_i^2} \tag{3-3-7}$$

式中,K_0,K_i 为封闭环和第 i 个组成环的相对分布系数。

封闭环中间偏差为

$$\Delta_0 = \sum_{i=1}^{n} \zeta_i \left(\Delta_i + \frac{T_i}{2} e_i\right) \tag{3-3-8}$$

式中,Δ_0,Δ_i 为封闭环和第 i 个组成环的中间偏差;e_i 为第 i 个组成环的相对不对称系数。对于正态分布,$K_0 = 1$,$e_i = 0$。其他各种常见的分布的相对分布系数 K_0 和相对不对称系数 e_i 可见表 3 - 3 - 1。

表 3 - 3 - 1　常见分布的相对分布系数和相对不对称系数

分布特征	正态分布	三角分布	均匀分布	瑞利分布	偏态分布	
					外尺寸	内尺寸
分布曲线	-3σ　3σ			$e\frac{T}{2}$	$e\frac{T}{2}$	$e\frac{T}{2}$
e	0	0	0	-0.28	0.26	-0.26
K	1	1.22	1.73	1.14	1.17	1.17

(1)大批量生产条件下,稳定工艺过程,工件尺寸趋近正态分布,$e = 0$,$K = 1$。

(2)在不稳定工艺过程中,当尺寸随时间近似线性变化,形成均匀分布。

(3)两个分布范围相等的均匀分布组合,形成三角分布。

(4)偏心或径向跳动趋于瑞利分布,$e = -0.28$,$K = 1.14$。

(5)单件小批量生产条件下,工件尺寸可能形成偏态分布,偏向最大实体一侧,$e = 0.26$,$K = 1.17$。

　2.修正的方和根法

修正的方和根法(MRSS,Modified Root Sum Squared)的基本公式为

$$T_{OM} = c_f T_{OS} \tag{3-3-9}$$

式中,T_{OM} 为修正的方和根法求出的正态分布的封闭环公差值;c_f 为修正系数。根据 Greenwood 和 Chase 等人 1987 年的研究结果,$c_f = 1.4 \sim 1.7$;修正的方和根法预测值将落在极值法与方和根法预测值之间,如图 3 - 3 - 1 所示。然而,当尺寸链中某一组成环变量为非正态分布,且其公差值又大大超过其他组成环,在整个公差尺寸链中处于支配地位时,修正的方和根法的预测值将因偏大而失效。除非在整个公差尺寸链中有足够多的小公差的组成环,恰好能抵消大公差组成环对整个尺寸链的控制作用。造成这种现象的原因是所取经验值的修正系数与公差值之间没有一致的关系。

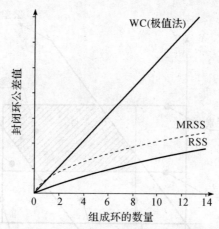

图 3-3-1　组成环数量与封闭环公差值的关系

当组成环公差平均分配或各组成环的分布范围相差不大时,其修正系数取为 1.5(经验研究表明,该值在实际工厂中是最常见的)。当公差非均匀分配时,根据修正公差在极值法与方和根法模型计算值之间的比例保持不变的原则对修正系数推导,可得公式为

$$c_f = 1 + 0.5 \left[\frac{1}{\left(\sum_{i=1}^{n} |\zeta_i| / \sqrt{\sum_{i=1}^{n} \zeta_i^2} \right) - 1} \right] \left(\frac{T_{OW}}{T_{OS}} - 1 \right) \qquad (3-3-10)$$

式中,T_{OW} 为由极值法得出的封闭环公差值;T_{OS} 为由方和根法得出的封闭环公差值。

若取 $\zeta_i = 1(i = 1, 2, \cdots, n)$,则上式修正系数的计算可简化为

$$c_f = 1 + 0.5 \left(\frac{1}{\sqrt{n} - 1} \right) \left(\frac{T_{OW}}{T_{OS}} - 1 \right) \qquad (3-3-11)$$

它是式(3-2-10)在一维尺寸链中的特例。

3. 基于 Hasofer-Lind 可靠度(β)的公差分析方法

工程中较为常用的是 Hasofer 和 Lind 提出的不变二阶矩可靠度指标 β。基于可靠度的公差分析方法是采用 β 确定出装配成功率,然后判断所算出的装配成功率与实际所规定的装配成功率的大小,如果前者较大于或小于后者,则分别给出合格或不合格的公差分析结果。

经过长期的加工知识的积累,可设定在一个精度等级内的尺寸服从于正态分布,则可用统计抽样产生正态分布的随机数来模拟整个装配过程,估算出装配链的装配成功的概率。

下面将简单介绍一下装配成功率的概念,然后再讨论 β 的计算方法。

装配成功率与安全域、可靠域和公差域有关。所谓安全域是指在以各组成环的尺寸变量为坐标轴的笛卡尔坐标系中由所有的设计函数所组成的区域。

所谓公差域是指各组成环的公差带两极限状态下(上偏差、下偏差)的两个元素(在以各组成环的尺寸变量为坐标轴的笛卡尔坐标系中的元素,如对于两个组成环则该元素为直线,对于三个组成环则该元素为平面)所围成的区域。

所谓可靠域是指安全域与公差域的交集。例如,在两个组成环的尺寸链中,可靠域为一平面多边形;在三个组成环以上的尺寸链中,其可靠域为多面体或曲面体。

因此装配成功率 ρ 的定义为尺寸变量落在可靠域上的概率,如图 3-3-2 所示。

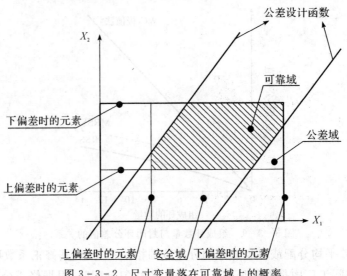

图 3 - 3 - 2　尺寸变量落在可靠域上的概率

则有

$$\rho = \int_{\boldsymbol{X} \in \boldsymbol{R}} f_{\boldsymbol{X}}(\boldsymbol{X}) \mathrm{d}\boldsymbol{X} \qquad (3-3-12)$$

其中，$\boldsymbol{X}$ 为各组成环的尺寸矢量；$\boldsymbol{R}$ 为可靠域；$f_{\boldsymbol{X}}(\boldsymbol{X})$ 为多维随机变量的联合概率密度函数。

对于多个尺寸的随机变量可靠域的概率积分，目前有两种方法：一种是用蒙特卡洛方法，这种方法需要大量的计算时间，且计算精度依赖于采样点的数目；另一种采用简化方法，提高运算速度，即将装配成功率转化为 Hasofer - Lind 可靠度 β 的计算：将所有的独立的正态分布的变量转化为标准正态变量（平均值为 0，方差为 1），然后将设计函数描述为该标准正态变量坐标系中的失效表面，原点到所有失效表面的最近距离就是 Hasofer - Lind 可靠度（β），即有

$$\beta = \min \left[(\boldsymbol{X} - \boldsymbol{X}_0)^{\mathrm{T}} \boldsymbol{V}^{-1} (\boldsymbol{X} - \boldsymbol{X}_0) \right]^{0.5} \qquad (3-3-13)$$

满足条件 $\qquad\qquad\qquad\qquad \boldsymbol{R}(\boldsymbol{X}) = \boldsymbol{0}$

式中，$\boldsymbol{X} = (x_1, x_2, \cdots, x_n)^{\mathrm{T}}$；$\boldsymbol{V}^{-1}$ 为多个互为独立随机变量的协方差矩阵；$\boldsymbol{X}_0$ 为名义尺寸矢量。

对于线性设计函数，β 的计算公式为

$$\beta = \frac{a_0 + \sum_{i=1}^{n} a_i x_i}{\sqrt{\sum_{i=1}^{n} (a_i \sigma_i)^2}} \qquad (3-3-14)$$

式中，σ_i 为第 i 个组成环的均方差。

对于非线性设计函数，β 的计算公式为

$$\beta = \frac{-\sum_{i=1}^{n} x_i^* \dfrac{\partial \boldsymbol{R}}{\partial x_i}\Big|_{x_i = x_i^*}}{\sqrt{\sum_{i=1}^{n} \left(\dfrac{\partial \boldsymbol{R}}{\partial x_i}\Big|_{x_i = x_i^*} \right)^2}} \qquad (3-3-15)$$

式中，$\boldsymbol{X}^* = (x_1^*, x_2^*, \cdots, x_n^*)^{\mathrm{T}}$ 为切点（失败点）转化后的新坐标。

因此计算装配成功率的公式可变为

$$\rho \approx \Phi(\beta) \tag{3-3-16}$$

4. 田口试验法和改进的田口试验法

20 世纪 50 年代,日本电讯研究所(ECL)以 Taguchi(田口)为首的一批研究人员为改进产品和系统质量、提高生产率提出了田口试验法。它是试验设计的一种有效方法。所谓试验设计是有关试验的设计方法,它是对所有因素(所谓因素是指在对试验结果特性值有影响的一系列原因之中,在试验中特地提出来加以考察、进行比较的那些原因)之间进行水平(所谓水平是指因素的取值或所处的状态和条件)组合的方法,试验设计的目的在于寻求试验因素的适宜水平组合,实现质量系统的相对优化。其中因素和水平是试验设计的重要问题。Taguchi 试验法中的每个因素采用三个水平 $u_i + \sigma_i\sqrt{3/2}$, u_i , $u_i - \sigma_i\sqrt{3/2}$ 。

在公差设计中,所有设计变量(即组成环的尺寸)就是试验设计中的因素。这样采用 Taguchi 试验法进行公差设计时,对所有的设计变量的这三种水平进行组合,共有总数 $N = 3^n$ 种,然后分别计算出设计函数值 $Y_1, Y_2, \cdots, Y_N$ 。因此 Y 的一阶,二阶,三阶,四阶中心矩分别为下式

$$m_{1y} = \sum_{i=1}^{N} Y_i / N \tag{3-3-17}$$

$$m_{2y} = \sum_{i=1}^{N} (Y_i - m_{1y})^2 / N \tag{3-3-18}$$

$$m_{3y} = \sum_{i=1}^{N} (Y_i - m_{1y})^3 / N \tag{3-3-19}$$

$$m_{4y} = \sum_{i=1}^{N} (Y_i - m_{1y})^4 / N \tag{3-3-20}$$

算出各阶中心距之后,再根据封闭环尺寸的分布,就可以算出相应的公差。如果封闭环尺寸分布为正态分布,则封闭环公差 T_y 为

$$T_y = \frac{\sqrt{m_{2y}}}{6} \tag{3-3-21}$$

这种方法算出的精确度只能达到三阶。为了提高计算精度,一些学者提出了改进的 Taguchi 试验法,它是一种乘积高斯积分方法,并要求各组成环设计变量为正态分布,则第一、第二和第三水平分别取 $u_i - \sigma_i\sqrt{3}$, u_i , $u_i + \sigma_i\sqrt{3}$ 。其权值(W_i)分别取 1/6、4/6 和 1/6,离散分布 Y 的 k 阶(中心)矩的计算为

$$m_{1y} = \sum_{i=1}^{N} W_i y_i \tag{3-3-22}$$

$$m_{ky} = \sum_{i=1}^{N} W_i (Y_i - m_{1y})^k \tag{3-3-23}$$

其中,W'_i 为每个因素的权值的乘积,Y_i 是假设每个组成环尺寸采用第一水平时算出的设计函数值,则有

$$W'_i = \prod_{j=1}^{N} 1/6 \tag{3-3-24}$$

改进的 Taguchi 试验法算出的第一到第五阶矩的精度很高,因此这种方法一般用于各组成环尺寸为正态分布、需要高于 3 阶的公差分析的场合中。

基于 Taguchi 试验法的公差分析技术符合实际工程师的设计思维,计算简单,对设计函数不需求偏导数等优点,因而具有很宽的应用范围。

5. 蒙特卡洛法

蒙特卡洛(Monte Carlo)方法,又称随机抽样或统计试验方法,属于计算数学的一个分支,它是在 20 世纪 40 年代美国为了适应当时原子能事业,提出了"曼哈顿计划",该方法也是由"曼哈顿计划"两位成员提出。传统的经验方法由于不能逼近真实的物理过程,很难得到满意的结果,而蒙特卡洛方法由于能够真实地模拟实际物理过程,故解决问题与实际非常符合,可以得到很圆满的结果。

蒙特卡洛的基本思想:当所要求解的问题是某种事件出现的概率,或者是某个随机变量的期望值时,它们可以通过某种"试验"的方法,得到这种事件出现的频率,或者这个随机变数的平均值,并用它们作为问题的解。这就是蒙特卡洛方法的基本思想。蒙特卡洛方法通过抓住事物运动的几何数量和几何特征,利用数学方法来加以模拟,即进行一种数字模拟实验。它是以一个概率模型为基础,按照这个模型所描绘的过程,通过模拟实验的结果,作为问题的近似解。

用蒙特卡洛模拟法进行公差分析,就是把求封闭环尺寸及其公差的问题,当作求一个随机变量的统计问题来处理。因此封闭环尺寸及公差的确定,完全采用随机模拟和统计实验的方法,在一定条件下,用这种方法得到的结果比较符合实际情况。

用 Monte Carlo 模拟法进行公差分析的具体步骤:

(1)明确各组成环的分布规律。

(2)根据计算精度要求确定随机模拟次数 N。

(3)根据各组成环尺寸的分布规律和分布范围,分别对其进行随机抽样,从而得到一组已知组成环和封闭环尺寸的随机抽样 $(X_1, X_2, \cdots, X_n)$。

(4)将随机抽样 $(X_1, X_2, \cdots, X_n)$ 代入公差函数,计算未知的封闭环或组成环尺寸,得到该尺寸的一个字样。

(5)将步骤 3)4)重复 N 次,即可得到封闭环尺寸的 N 个子样,构成一个样本。

(6)对求解的封闭环或组成环样本进行统计处理,从而确定封闭环尺寸的平均值,标准差和公差等。

Monte Carlo 模拟法分析方法流程如图 3-3-3 所示。

根据随机模拟理论,在对各组成环尺寸进行随机模拟时,可通过先产生在 $(0,1)$ 上均匀分布的随机数,然后再根据随机抽样公式,换算成其他分布规律的随机抽样。随机抽样公式是通过直接抽样、变换抽样或舍选抽样等方法得到的。机械加工误差常用分布的随机抽样见表 3-3-2。

在 $(0,1)$ 上均匀分布的随机数可以由高级程序语言所提供的 Random( ) 函数产生,在 C 语言是 rnd( ) 函数。

根据 Lindeberg-Levy 定理,无论组成环随机变量的分布如何,它的若干个独立随机变量抽样值之和总是近似服从正态分布。经过分析,经过 N 次抽样,蒙特卡洛模拟值与正态分布积分的误差 ε 可按下式进行估计:

$$\varepsilon \leqslant (\lambda \sigma) / \sqrt{N} \qquad\qquad (3-3-25)$$

式中,σ 为标准差;λ 是与置信水平有关的参数。由式(3-3-25)可以看出,其分析误差和抽样模拟次数有关，抽样模拟次数 N 越大，其分析误差越小。但实际模拟中由于时间限制，一般采用 2 000 次左右。

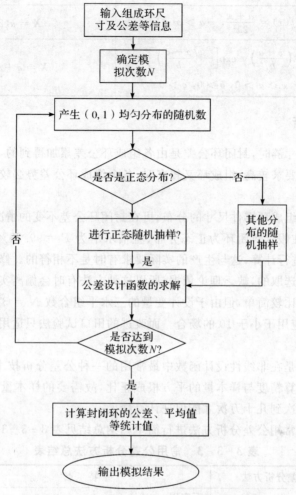

图 3 - 3 - 3　Monte Carlo 模拟法分析流程图

表 3 - 3 - 2　常用分布的随机抽样

常用分布	概率密度函数 $f(x)$	随机抽样公式（R 为计算机产生的随机数）
均匀分布	$f(x)\begin{cases}1/(b-a),a\leqslant x\leqslant b\\0,\quad\quad\quad 其他\end{cases}$	$X=(b-a)R+a$
标准正态分布	$\dfrac{1}{\sqrt{2\pi}}\exp\left[-\dfrac{x^2}{2}\right],-\infty<x<\infty$	$X_0=\sqrt{-2\ln R_1}\cos(2\pi R_2)$
正态分布	$\dfrac{1}{\sigma\sqrt{2\pi}}\exp\left[-\dfrac{(x-\mu)^2}{2\sigma^2}\right]$, $-\infty<x<\infty,-\infty<\mu<\infty,\sigma>0$	$X_1=\mu+\sigma X_0$
指数分布	$f(x)=\lambda\mathrm{e}^{-\lambda x}$, $x\geqslant 0,\lambda>0$	$X=-(\ln R)/\lambda$

续表

常用分布	概率密度函数 $f(x)$	随机抽样公式（R 为计算机产生的随机数）
三角分布	$f(x) = \dfrac{a+x}{2a^2}, -a > x < a$	$X = a(2\sqrt{R} - 1)$
Weibull 分布	$\dfrac{c}{b}\left(\dfrac{x-a}{b}\right)^{c-1}\exp\left[-\left(\dfrac{x-a}{b}\right)\right]^c,$ $x \geqslant a > 0, b > 0, c > 0$	$X = a + b(-\ln R)^{1/c}$

3.3.3　总结分析

用极值法求解尺寸链时,封闭环公差是由各组成环公差累加得到的,各零件具有完全互换性。但当封闭环公差要求较高,组成环又较多时,各个组成环公差势必较小,导致加工困难,制造成本增加。

方和根法考虑了组成环零件尺寸的分布,可在封闭环公差不变的情况下,适当扩大组成环的公差,但它是建立在假定封闭环为正态分布、置信水平为 $P = 99.73\%$ 的基础上的;如果改变置信水平,则难以进行计算,这与生产的实际要求有时是不相符的。修正的方和根法由于其修正系数是根据经验选取的,缺乏理论依据,所以这种方法有时会偏离实际情况。

田口试验法计算比较简单,但由于设计变量的三水平组合数 $N = 3^n$,所以它要求组成环数 n 不能太大,一般应用于小于 10 的场合。而改进的田口试验法只适用于组成环分布为正态分布的情况。

蒙特卡洛模拟法是在非线性设计函数中最常用的一种公差分析技术,可以模拟各种尺寸的概率分布。但其计算精度与样本量的平方根成正比,故需要的样本量很大,计算时间较长,计算次数一般在数万次到几十万次才能保证计算精度。

对于上面介绍的常用公差分析方法进行简单归纳总结见表 3-3-3。

表 3-3-3　常用公差分析方法总结表

公差分析方法	特　点
极值法	不实用; 成本高,不经济; 产品设计困难; 保证完全互换,风险最小
方和根法	接近真实; 成本较低; 产品较容易设计; 部分互换,组成环必须服从正态分布
田口试验法	适用任意分布的非线性函数; 计算量少; 一般要求组成环小于 10
蒙特卡洛法	适用任意分布的非线性函数; 计算比较复杂和繁琐; 计算精度比较高; 不受维数限制

3.4 公差综合

公差综合(Tolerance Synthesis)又称公差分配(Tolerance Allocation),是指在保证产品装配技术要求下规定各组成环尺寸的经济合理的公差。

公差综合与公差分析为互逆的过程,其关系如图 3-4-1 所示。

图 3-4-1 公差综合与公差分析的关系

传统的公差综合方法有等公差法、等精度法等。等公差法是对所有的待定组成环分配相等公差值的方法,该方法是一种公差平均分配法;等精度法是所有的待定组成环取得相同公差等级的方法。传统公差综合方法计算简单,但是不够科学。因此研究公差最优化分配方法,得到更为良好的分配结果。

公差综合的过程一般为建立公差模型和约束条件,利用各种优化算法进行公差分配,是一个典型的随机优化过程。公差综合中使用的公差模型并非为表示公差信息而建立的公差模型,而是考虑了加工手段、所用材料等,在加工成本-公差模型基础上构建的装配公差最优化分配数学模型。公差综合的优化算法可以采用线性规划、Langrage 乘子法、遗传算法、模拟退火算法等。

3.4.1 加工成本-公差模型

加工成本-公差模型是用来表示加工成本与公差关系的数学表达式。在公差综合过程中,大部分模型以成本最低为目标函数建立成本公差模型,对公差进行分配。成本最低又可分为加工成本最低以及质量损失成本最低。除此之外,一些公差模型以获得精确的装配缝隙量或零件间不发生干涉作为目标函数。下面主要介绍加工成本公差模型以及质量损失成本公差模型。

1.加工成本公差模型

零件的外形构造和尺寸千差万别,不可能用一个数学模型来精确描述所有尺寸的加工成本-公差关系,可将各种零件尺寸按照外圆特征、孔特征、定位特征和平面特征分别建立相应的数学模型。零件的加工成本与设计参数(几何尺寸、公差、材料等)和加工参数(切削用量、所用机床等)都有关。为正确、有效地表达公差与加工成本的关系,以加工参数为中等规模的机械厂,生产中等批量的零件加工时切削用量和加工设备,以零件材料为 45♯钢作为基准,先研究单一加工特征零件的加工成本-公差模型,选基本尺寸和公差为试验因子,各因子的水平是通过对真实厂家的生产实际数据分类整理后而得到,凭借这些数据设计正交试验。以外圆特征零件的三因子(直径、长度和公差等级)和三水平(见表 3-4-1)的正交试验为例说明归一化过程。各水平不同组合的相对加工成本(相对加工成本为某一水平组合的零件加工成本与直径为 35 mm、长度为 150 mm、IT9 的外圆特征零件加工成本的比值)见表 3-4-2。

表 3 - 4 - 1　三因子三水平的取值表

因子	水平 1	水平 2	水平 3
直径/mm	80	100	130
长度/mm	200	300	380
公差等级	IT9	IT8	IT7

表 3 - 4 - 2　各水平的相对加工成本

因子	试验							
	1	2	3	4	5	6	7	8
1	1	1	1	2	2	2	3	3
2	1	2	3	3	1	2	2	3
3	1	2	3	2	3	2	3	1
C	1.998	5.151	9.891	7.636	6.721	3.330	12.00	5.136

因子	试验				
	9	K_{i1}	K_{i2}	K_{i3}	R_i
1	3	5.670	5.896	7.500	1.820
2	1	5.694	6.827	7.554	1.860
3	2	3.488	6.050	9.538	6.050
C	5.364				

表 3 - 4 - 2 中，C 表示相对加工成本；K_{ij} 表示第 i 个因子取第 j 个水平时的相对成本均值；R_i 为第 i 个因子的极值，表达该因子对成本的影响程度，$R_i = \max\{K_{ij}\} - \min\{K_{ij}\}$。

上述归一化系数的计算方法，可推广到大型正交试验中。利用类似的正交试验方法来求得基本尺寸因子在各种水平下的归一化系数，以及经过归一化、平均化处理后得到各尺寸特征的加工成本-公差关系曲线（见图 3 - 4 - 2）。

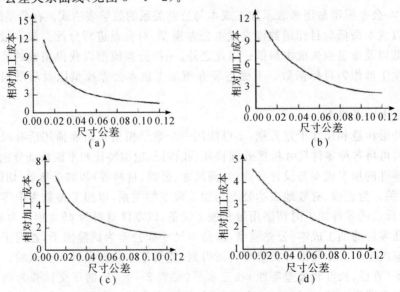

图 3 - 4 - 2　各类特征尺寸的成本-公差曲线

(a)外圆特征尺寸；(b)孔特征尺寸；(c)定位特征尺寸；(d)平面特征尺寸

由表 3 - 4 - 2 看出,公差对成本的影响远远大于其他因子对成本的影响程度。当实际加工对象和应用场合不同时,这一结论也是普遍适用的。

如果将相对成本向直径为 10 mm、长度为 300 mm 的零件归一后得到如下系数:

$$\lambda_{\varphi 80} = K_{12}/K_{11} = 1.037\ 8$$
$$\lambda_{\varphi 100} = 1.000\ 0$$
$$\lambda_{\varphi 120} = K_{12}/K_{13} = 0.786\ 1$$
$$\lambda_{L 200} = K_{12}/K_{11} = 1.037\ 8$$
$$\lambda_{\varphi 300} = 1.000\ 0$$
$$\lambda_{L 380} = K_{22}/K_{23} = 0.903\ 8$$

国外学者开展的加工成本–公差模型的研究工作,归纳起来有 7 种数学模型。

(1)指数模型。

$$C(T) = a_0 \mathrm{e}^{-a_1 T}$$

(2)负平方模型。

$$C(T) = a_0/T^2$$

(3)幂指数模型。

$$C(T) = a_0 T^{-a_1}$$

(4)指数和幂指数混合模型。

$$C(T) = a_0 T^{-a_1} + \mathrm{e}^{-a_2 T}$$

(5)线性和指数混合模型。

$$C(T) = a_0 + a_1 + a_2 \mathrm{e}^{-a_3 T}$$

(6)三次多项式模型。

$$C(T) = a_0 + a_1 T + a_2 T^2 + a_3 T^3$$

(7)四次多项式模型。

$$C(T) = a_0 + a_1 T + a_2 T^2 + a_3 T^3 + a_4 T^4$$

以上各式中,T 为尺寸公差;$C(T)$ 为公差为 T 时的相对加工成本;i 为常数,随加工方法的不同而变化。经试验验证可知,模型中,模型 f 和模型 g 精度最高,模型 a 最简单实用。

2.质量损失成本公差模型

公差是体现产品质量的重要标志,公差的大小对产品质量和生产成本都有着非常大的影响,是平衡产品质量与生产成本之间的关键因素。传统的质量观只把重点放在了如何设计结构和生产制造上,而忽略了公差概念的缺陷,实质上是一种被动式、服从式的质量观,对于这种质量观的公差只用了两个极值进行描述,称为传统公差或二值公差,如图 3 - 4 - 3 所示。按照这种观念,产品的质量只需考虑公差是否在这两个极值内,如果在就认为是合格的,而忽略了零部件公差偏离目标值的大小。一般情况下,公差值的大小离目标值越近就说明质量越好,而不是传统质量观认为的只要在公差极值范围内就是合格的,当实际的公差值偏离目标值越多,产品质量损失就越大,因此,确定产品的性能参数是否在规定范围内很重要,确认偏离目标值的程度同样也很重要,实际上产品质量应该是一个连续的度量。

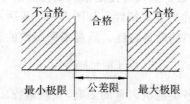

图 3 - 4 - 3　二值公差

为了使产品的质量具有可比性,使质量损失成本有一个明确的定义,进而对它进行定量的科学管理,田口玄一博士建立了质量损失函数,用质量损失函数来表达质量损失与质量特性波动之间的关系。把产品的质量特征值设为 x,目标值设为 m,当 x 等于 m 时,产品的质量损失最小,即质量损失为零,当 x 与 m 不相等时,x 与 m 相差的绝对值越大,质量特征离目标值越远,即产品的质量损失越大。用 $L(x)$ 来表示质量特征 x 所对应的质量损失,设 $L(x)$ 在 x 等于 m 处存在高阶导数,根据泰勒展开公式得出以下公式

$$L(x) = L(m) + \frac{L'(m)}{1!}(x-m) + \frac{L''(m)}{2!}(x-m)^2 + \cdots \tag{3-4-1}$$

根据上述假定和公式,当 $x = m$ 时,$L(x) = 0$,则求出 $L(m) = 0$;同时,由于 $L(x)$ 在 $x = m$ 处有最小值,可知 $L'(m) = 0$。忽略掉二阶以上的高阶项,那么质量损失函数近似表示为

$$L(x) = k(x-m)^2 \tag{3-4-2}$$

式中,$k = \dfrac{L''(x)}{2}$ 为不依赖于 x 的常数。

根据质量特征 x 的目标值 m 的取值不同,质量损失函数可以分为以下三种不同的情况。

(1)望目特性的质量损失函数。望目特征的质量损失函数是指质量特征 x 与目标值 m 之间的偏差大小与经济损失多少之间的关系函数,设质量特征 x 的目标值为 m,质量特性值 x 在目标值 m 左右波动,波动越小质量越好,则 x 就被称为望目特性,尺寸公差多属于此类型的质量特征,如图 3-4-4 所示。此时,质量损失函数表达式为式(3-4-2)。

下面介绍两种 k 值的确定方法:

由功能界限 T_f 和产品丧失功能后的损失 A_0 求 k。功能界限 T_f 是指产品的功能是否能正常发挥的临界值,A_0 是指产品丧失功能之后的损失。当 $|x-m| \leqslant T_f$ 时,产品的功能能正常发挥,当 $|x-m| > T_f$ 时,产品丧失功能。把产品丧失功能之后的损失 A_0 代入式(3-4-2)可得

$$k = \frac{A_0}{T_f} \tag{3-4-3}$$

由容差 δ 和产品不合格后的损失 A 求 k。容差 δ 是判定产品是否合格的临界值。当 $|x-m| \leqslant \delta$ 时,产品为合格品,当 $|x-m| > \delta$ 时,产品为不合格品。当产品不合格时,对该产品可以采取报废或是返修等措施,但是这样造成的损失记为 A 元。代入式(3-4-2)可得

$$k = \frac{A}{\delta^2} \tag{3-4-4}$$

(2)望小特性的质量损失函数。望小特性是指质量特性值 x 不取负值,质量特性值 x 越小越好,波动越小越好,则 x 就被称为望小特性。如图 3-4-5 所示,比如实际测量的误差值、形位公差、表面粗糙度等就属于望小特性。质量损失函数的表达式为

$$L(x) = kx^2 \tag{3-4-5}$$

(3)望大特性的质量损失函数。望大特性是指质量特性值 x 不取负值,质量特性值 x 越大越好,波动越小越好,则 x 就被称为望大特性。如图 3-4-6 所示,产品使用寿命、无故障运行时间等可靠性指标多属于此类型的质量特性。质量损失函数的表达式为

$$L(x) = k\frac{1}{x^2} \tag{3-4-6}$$

由于产品在制造过程中受各类随机因素的影响,其质量特征值 x 应是一个随机数,因此质量损失函数 $L(x)$ 也是一个随机数。为了能对质量损失进行量化,通常将质量损失成本定义为产品质量损失的平均值,即定义为

$$Cql = E[L(x)] = \int_x f(x)L(x)\mathrm{d}x \tag{3-4-7}$$

式中，$f(x)$ 是质量特性 x 的概率密度函数。

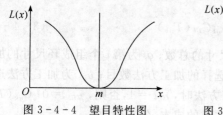

图 3-4-4 望目特性图

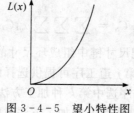

图 3-4-5 望小特性图

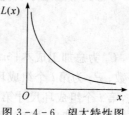

图 3-4-6 望大特性图

3.4.2 装配公差最优化分配数学模型

1.设计公差最优化分配数学模型

（1）目标函数。假设一个线性尺寸链有 n 个组成环，第 i 个组成环的待定设计公差用 t_i $(i=1,2,\cdots,n)$ 表示，用 t 表示已知的封闭环设计公差，则该线性尺寸链的公差分配优化模型的目标函数为

$$C(t) = \min \sum_{i=1}^{n} \omega_i C_i(t) \tag{3-4-8}$$

式中，ω_i 为第 i 个组成环加工成本的权重系数，与在同一加工要求下采用不同加工设备与加工方法造成的成本差异相关；$C_i(t)$ 为第 i 个组成环的成本公差函数。

（2）约束条件。在公差优化分配领域中，有多种约束条件如装配功能公差链约束、加工合格概率约束以及加工方法的经济性公差约束等，在实际中主要采用简单且计算方便的装配功能公差链约束和加工方法的经济性公差约束。

装配功能公差链约束主要保证当封闭环公差确定后，封闭环公差应该不小于各组成环公差的累加，以确保装配的精确性和准确性。装配功能公差链极值法约束条件的数学表达式为

$$T_0 \geqslant \sum_{i=1}^{n} |\varepsilon_i| T_i \tag{3-4-9}$$

装配功能公差链统计公差法约束条件的数学表达式为

$$T_0 \geqslant \frac{1}{k_0} \sqrt{\sum_{i=1}^{n} \varepsilon_i^2 k_i^2 T_i^2} \tag{3-4-10}$$

式中，T_0、T_i 分别表示封闭环公差以及组成环公差；ε_i 表示组成环误差传递系数；k_0、k_i 分别表示封闭环的相对分布系数以及组成环的相对分布系数。

加工方法的经济性公差约束要求各组成环的公差不能超过实际的加工功能，其数学表达式为

$$T_{i\min} \leqslant T_i \leqslant T_{i\max} \tag{3-4-11}$$

式中，$T_{i\min}$ 为装配尺寸公差链中第 i 个组成环的最小加工能力公差；$T_{i\max}$ 为装配尺寸公差链中第 i 个组成环的最大加工能力公差。

2.公差并行设计的优化数学模型

公差并行设计一般将成本作为公差设计优劣的评价指标，其目标是以加工成本最低、并保证装配技术要求和合理的加工方法下，设计出尽可能大的设计公差、工序公差和最优的工艺

路线。

(1)目标函数。由于装配尺寸链的成本均是由多道工序的所有组成环尺寸的加工成本组成的,考虑到每道工序须优选加工方法,其数学模型为

$$\min C_S = \sum_{i=1}^{n} \sum_{j=1}^{o_i} \sum_{k=1}^{P_{ij}} \mu_{ijk} C_{ijk}(T_{ijk}) \qquad (3-4-12)$$

式中,C_s 为总加工成本;n 为装配尺寸链中组成环尺寸的总数;o_i 为第 i 个组成环尺寸的加工工序数;P_{ij} 为第 i 个组成环尺寸第 j 道工序可提供选择的加工方法数目;μ_{ijk} 为加工方法选择系数,第 i 个组成环尺寸第 j 道工序选中第 k 种加工方法时,$\mu_{ijk}=1$,否则,$\mu_{ijk}=0$;$C_{ijk}(T_{ijk})$ 为第 i 个组成环尺寸第 j 道工序选中第 k 种加工方法时的成本-公差函数。

(2)约束条件。设计公差和工序公差并行设计时的约束条件是指将这两者分别设计时的约束条件同时进行考虑,合并其中共同的约束。设计公差的约束条件主要考虑装配功能要求以及生产批量等;工序公差设计的约束条件主要有设计公差约束、加工方法选择、加工余量公差约束、经济加工精度约束,以上所有约束即为总模型的约束条件。

1)每一道工序可选择的经济加工精度范围。组成环尺寸精度的经济加工精度范围的约束公式为

$$T_{ijk}^- < T_{ijk} < T_{ijk}^+ \qquad (3-4-13)$$

式中,T_{ijk}^-、T_{ijk}^+ 分别为第 i 个组成环尺寸第 j 道工序选中第 k 种加工方法时工序尺寸公差的下上边界。

2)加工余量公差约束。所谓加工余量是指在机械加工过程中从被加工表面上所切除的金属层的厚度。由于工序尺寸存在公差,因此加工余量也存在公差,其约束为第 i 个组成环尺寸前后两道相邻的工序公差之和必须小于或等于后一道工序的加工余量 T_{zij},即

$$T_{ij} + T_{i(j-1)} \leqslant T_{zij} \qquad (3-4-14)$$

因此,第 i 个组成环尺寸各工序优选加工方法时加工余量公差约束为

$$\sum_{k=1}^{p_{ij}} \mu_{ijk} T_{ijk} + \sum_{k=1}^{p_{i(j-1)}} \mu_{i(j-1)k} T_{i(j-1)k} \leqslant T_{zij} \qquad (3-4-15)$$

式中,T_{zij} 为第 i 个组成环尺寸第 j 道工序的加工余量公差;T_{ijk}、$T_{i(j-1)k}$ 分别为第 i 个组成环尺寸第 j、$j-1$ 道相邻两工序选用的加工方法后的工序公差;p_{ij}、$p_{i(j-1)}$ 分别为第 i 个组成环尺寸第 j 道相邻两工序可供选用的加工方法数。

3)加工方法选择约束。

$$\sum_{k=1}^{p_{ij}} \mu_{ijk} = 1 \quad (i=1,\cdots,n;j=1,\cdots,o_i) \qquad (3-4-16)$$

上式确保对应每一工序仅选中一种加工方法。

4)装配尺寸链功能(精度)要求约束。第 i 个组成环尺寸公差在终加工工序中优选加工方法后为

$$T_i = \sum_{k=1}^{p_{io_i}} \mu_{io_i k} T_{io_i k} \qquad (3-4-17)$$

式中,o_i 为第 i 个组成环尺寸的终加工工序编号;p_{io_i} 为第 i 个组成环尺寸终加工工序可供选择的加工方法数;$T_{io_i k}$ 为第 i 个组成环尺寸终加工工序第 k 种加工方法时的公差;$\mu_{io_i k}$ 为第 i 个组成环尺寸终加工工序第 k 种加工工序的选择系数,选中时 $\mu_{io_i k}=1$,否则 $\mu_{io_i k}=0$,则装配尺寸链功能要求约束为

$$\sum_{i=1}^{n} \sum_{k=1}^{P_{iO_i}} \mu_{io_ik} \leqslant T_{\Sigma} \qquad (3-4-18)$$

式中，T_{Σ} 为装配尺寸链封闭环的设计公差。

3.4.3 优化方法

对于公差综合的目标函数，可以采用不同的解法进行公差的分配。根据所优化目标函数表达式的不同，可分为解析法和直接法。若装配函数具有明确的表达式，可以得到梯度和导数信息，可采用线性规划、非线性规划、Langrage 乘子法等直接法进行公差分配；对于由复杂装配关系所引起的非线性装配函数，很可能得不到函数的导数或梯度信息，这时通常采用直接搜索算法进行公差的优化，算法主要包括遗传算法、模拟退火算法以及 Monte Carlo 仿真方法。此外，随着计算机技术的发展，人工智能、专家系统、神经网络等技术也在公差综合领域中有所应用。

1．线性规划法

线性规划法是研究线性约束条件下线性目标函数的极值问题的数学理论和方法，一般形式如下：

$$\max f(\boldsymbol{X}) \quad \text{s. t.} \quad \boldsymbol{AX} = \boldsymbol{B}, \boldsymbol{CX} \leqslant \boldsymbol{D}$$

其中，$\boldsymbol{X} = \{(x_1, x_2, \cdots, x_n) |^T x_i \in \mathbf{R}, i = 1, 2, \cdots, n\}$ 为优化变量，$\boldsymbol{A}$、$\boldsymbol{B}$、$\boldsymbol{C}$、$\boldsymbol{D}$ 为系数矩阵。

下面给出一种基于线性规划的公差综合优化设计方法。

(1)目标函数。不考虑设计公差与制造成本之间的关系，以所有公差之和最大为优化目标函数，有

$$\max \sum_{i=1}^{n} t_i \qquad (3-4-19)$$

其中，t_i 为第 i 个尺寸公差；n 为公差个数。将上、下极限尺寸作为设计变量，两者差值为设计公差。记公差 t_i 对应基本尺寸为 L_i，上限、下限尺寸分别为 L_i^U 及 L_i^L。式(3-4-19)可写为

$$\max \sum_{i=1}^{n} (L_i^U - L_i^L) \qquad (3-4-20)$$

(2)约束条件。装配要求约束：对于具体的装配要求，以对应装配尺寸为封闭环，从封闭环一端开始搜索，遍历所有与之相关的零件尺寸直至封闭环的另一端，得到与装配要求相关的装配尺寸链。装配尺寸链中零件尺寸为组成环，如果组成环尺寸增大或减小(其他组成环尺寸视为不变)，则装配尺寸减小或增大，称两者反向；反之称两者同向。记装配尺寸链中有 m 个组成环尺寸，D^U 及 D^L 分别为装配要求对应的最大、最小装配尺寸，得到组成环极限尺寸的装配要求约束如下

$$\sum_{i=1}^{m} \xi_i L_i^* \leqslant D^U \qquad (3-4-21)$$

$$\sum_{i=1}^{m} \xi_i L_i^* \geqslant D^L \qquad (3-4-22)$$

式中，L_i^* 为第 i 个组成环尺寸。组成环尺寸与封闭环同向，则 $L_i^* = L_i^U$，$\xi_i = 1$；反之则 $L_i^* = L_i^L$，$\xi_i = -1$。

加工能力约束：设计的公差应能够保证实际加工，为此，需要根据实际加工条件确定最小设计公差。加工能力约束可表示为

$$t_{iM} \leqslant L_i^U - L_i^L \quad (i = 1, 2, \cdots, n) \qquad (3-4-23)$$

其中，t_{iM} 为允许最小公差。

对于尺寸公差较多的情况，式（3-3-21）～式（3-3-23）有时不能够完整约束所有尺寸，考虑设计方法的通用性和稳健性，对各尺寸公差范围进行初步确定，形成式（3-3-24）所示的不等式约束。

$$t_{imin} \leqslant d_i^U - d_i^L \leqslant t_{imax} \quad (i = 1, 2, \cdots, n) \tag{3-4-24}$$

最终通过计算得到各设计尺寸对应的极限尺寸及公差优化结果。

2. Langrage 乘子法

Langrage 乘子法是将一个有 n 个变量与 k 个约束条件的最优化问题转换为一个有 $n+k$ 个变量的方程组的极值问题的方法，其变量不受任何约束。

要找函数 $z = f(x, y)$ 在条件 $\varphi(x, y) = 0$ 下的可能极值点，先构造函数 $F(x, y) = f(x, y) + \lambda\varphi(x, y)$，其中 λ 为某一常数，可由

$$\left. \begin{array}{r} f_x(x, y) + \lambda\varphi_x(x, y) = 0 \\ f_y(x, y) + \lambda\varphi_y(x, y) = 0 \\ \varphi(x, y) = 0 \end{array} \right\} \tag{3-4-25}$$

解出 x，y，λ，其中 x，y 就是可能的极值点的坐标。

Langrage 乘子法可推广到自变量多于两个的情况。如要找函数 $\mu = f(x, y, z, t)$ 在条件 $\varphi(x, y, z, t) = 0$，$\psi(x, y, z, t) = 0$ 下的极值，先构造函数 $F(x, y, z, t) = f(x, y, z, t) + \lambda_1\varphi(x, y, z, t) + \lambda_2\psi(x, y, z, t)$，其中 λ_1，λ_2 均为常数，可由偏导数为零及条件解出 x，y，z，t，即得极值点坐标。

下面给出一种针对负平方加工成本函数建立公差优化模型，并对其进行算法设计并获得其解析最优解的例子。

负平方加工成本函数模型的一般形式为

$$C(t) = at_i^{-2} \tag{3-4-26}$$

式中，t 为设计公差；$C(t)$ 为加工成本；a 为已知参数，且 $a > 0$。

假设一个线性尺寸链有 n 个组成环，第 i 个组成环的待定设计公差用 $t_i (i = 1, 2, \cdots, n)$ 表示，且每个组成环对于不同公差设计的加工成本都符合式（3-4-26）的规律，设第 i 个组成环的加工成本函数为

$$C_{t_i} = a_i t_i^{-2} \tag{3-4-27}$$

其中，a_i 为已知参数，$i = 1, 2, \cdots, n$ 且大于零，若用 t 表示已知的封闭环设计公差，则该线性尺寸链的公差分配优化模型为

$$\left. \begin{array}{l} \min C(t_1, t_2, \cdots, t_n) = \displaystyle\sum_{i=1}^{n} a_i t_i^{-2} \\[3mm] \text{s. t：} \displaystyle\sum_{i=1}^{n} \omega_i t_i \leqslant \omega t \end{array} \right\} \tag{3-4-28}$$

式中，ω_i 为第 i 个组成环设计公差的传递系数；ω 为封闭环设计公差的传递系数。ω_i 和 ω 均为已知参数，且都大于零，$i = 1, 2, \cdots, n$。

考虑到各组成环的设计公差越大加工成本越低，因此若优化模型（3-4-29）有最优解，则其最优解一定是优化模型式（3-4-28）的最优解。

$$\left.\begin{array}{l} \min C(t_1,t_2,\cdots,t_n) = \sum_{i=1}^{n} a_i t_i^{-2} \\ \text{s. t}: \sum_{i=1}^{n} \omega_i t_i = \omega t \end{array}\right\} \tag{3-4-29}$$

用 Lagrange 乘数法解有约束优化模型(3-4-29)，构造 Lagrange 函数为

$$L(t_1,t_2,\cdots,t_n,\lambda) = \sum_{i=1}^{n} a_i t_i^{-b_i} + \lambda(\sum_{i=1}^{n} \omega_i t_i - \omega t) \tag{3-4-30}$$

其中，λ 为未知参数。由 $\dfrac{\partial L}{\partial t_i} = -2a_i t_i^{-3} + \lambda\omega_i = 0$ 得 $\dfrac{a_i}{\omega_i} t_i^{-3} = \dfrac{1}{2}\lambda$ ，$i = 1,2,\cdots,n$ 。

记 $\gamma_i = a_i/\omega_i$ $(i = 1,2,\cdots,n)$ ，则有

$$t_i = \left(\frac{\gamma_i}{\gamma_j}\right)^{\frac{1}{3}} t_j \quad (i \neq j; \quad i,j = 1,2,\cdots,n) \tag{3-4-31}$$

故优化模型(3-4-29)的最优解应为方程组(3-4-32)的解。

$$\left.\begin{array}{l} t_i = \left(\dfrac{\gamma_i}{\gamma_j}\right)^{\frac{1}{3}} t_j \quad (i \neq j; \quad i,j = 1,2,\cdots,n) \\ \omega_1 t_1 + \omega_2 t_2 + \cdots + \omega_n t_n = \omega t \end{array}\right\} \tag{3-4-32}$$

而方程组(3-4-32)的唯一解为

$$t_i = \frac{\omega t}{\sum\limits_{j=1}^{n} \omega_j \left(\dfrac{\gamma_j}{\gamma_i}\right)^{\frac{1}{3}}} \quad (i = 1,2,\cdots,n) \tag{3-4-33}$$

即公差分配优化模型式(3-4-28)的解析最优解为式(3-4-33)。

3. 模拟退火算法

模拟退火算法是一种能有效求解多变量、多局部最优的全局优化算法，是将组合优化问题与统计力学中的热平衡问题类比，基于 Monto Carlo 迭代求解法和物理中固体物质的退火过程的一种启发式随机搜索算法。

在物理中固体物质的退火过程如下：首先将固体物质加温熔化(温度很高)，使其中的粒子可自由运动，然后随着温度的逐步下降，粒子也逐渐形成了低能态的晶格，若在凝结点附近的温度下降速度足够慢，则固体物质一定会形成最低能量的基态。对于组合优化问题来说，也有这样类似的过程。通过算例分析表明，用模拟退火算法能有效地进行并行公差优化，使加工成本降低。

(1)模拟退火算法。设 $X = \{x_1,x_2,\cdots,x_n\}$ 为所有可能的组合所构成的集合，为非负目标函数，则组合优化问题在形式上可表述为寻找 $X^* \in X$ ，使

$$E(X^*) = \min E(X_i) \quad \forall X_i \in X$$

在模拟退火算法中，将每一种组合状态 X_i 看作某一种物质体系的微观状态，并设 $E(X_i)$ 表示某一种物质体系在微观状态 X_i 下的内能，然后模拟物理上的退火过程。让温度 T_E 从一个足够高的值慢慢下降，对每个 T_E ，给当前状态 X_i 做随机扰动 ΔX_i ，产生一个新状态 $X_i + \Delta X_i$ ，计算目标函数的增量为

$$\Delta E = E(X + \Delta X_i) - E(X_i)$$

若 $\Delta E < 0$ ，即新状态 $X_i + \Delta X_i$ 的解比当前状态的解要好，则以概率为 1(无条件)接受新状态为当前状态，这在数学上描述为下山法。若 $\Delta E > 0$ ，以概率 $\exp(-\Delta E/kT_E)$ 接受新状

态为当前状态,其目标值比当前的目标值要大,也就是上山法,从而可使优化过程从局部最小域中跳出来;如不接受,则再产生新的状态……如此循环下去。这个过程就叫作 Metropolis 抽样法。最后在该温度下状态 X_i 出现为当前状态的概率服从 Boltzman 分布:

$$f = c(T_E)\exp\left(-E(X_i)/kT_E\right)$$

式中,$c(T_E) = 1/\sum_t \exp\left(-E(X_i)/kt\right)$;$k$ 为 Boltzman 常数。

这样在每一个温度 T_E 下,将形成一条抽样马尔可夫链。设 g_{ij} 为状态 i 产生状态 j 的概率;a_{ij} 为接受概率,代表当前状态为 i 时接受 j 为新的当前状态的概率,可得马尔可夫链的一步转移概率为

$$P_{ij} = \begin{cases} g_{ij}(T_E)a_{ij}(T_E) & j \neq i \\ 1 - \sum_k P_{ik}(T_E) & j = i \end{cases}$$

以该温度 T_E 下的平衡状态为下一个降温温度下的当前状态,再调用 Metropolis 抽样法,如此循环直到获得最优解(内能最小)。

当 $T_E \to 0$ 时,则 $\exp\left(-\Delta E/kT_E\right) \to 0$。也就是说当快接近最优点时,则向目标函数增大的方向移动的概率为零,从而使最后的当前解为系统的最优解。

(2)基于模拟退火算法的并行公差优化程序。具体并行公差设计优化算法框图如图 3-4-7 所示。

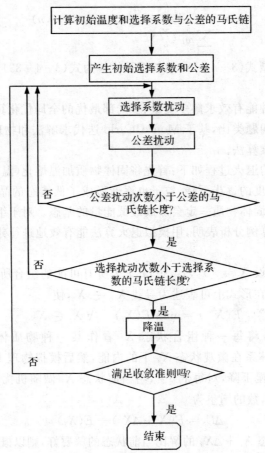

图 3-4-7　并行公差设计优化算法框图

公差并行设计的优化模型的设计变量包括连续变量(工序公差)和离散变量(工序加工方法选择系数,如 0 和 1),其中离散变量约束着连续变量。例如某工序公差在第 i 种选择系数下满足约束条件,但在第 k 种加工方法的选择系数的组合下可能不满足约束条件。因此离散变量和连续变量的选择应分阶段进行,而且应首先选择离散变量,这决定了在退火过程中的扰动特点。

(3)典型实例。齿轮泵轴向装配简图和尺寸链图,如图 3-4-8 所示。

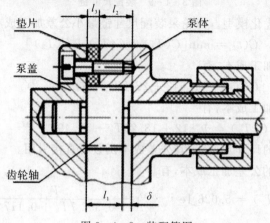

图 3-4-8　装配简图

齿轮泵主要由齿轮、泵体、垫片、泵盖、齿轮轴套、齿轮轴六个部分组成。装配尺寸链由齿轮、泵体、垫片这三个组成环构成。齿轮泵各已知参数见表 3-4-3。

表 3-4-3　齿轮泵参数

名　称	参　数
齿宽 B/mm	26
齿顶厚 S_e/mm	1.9
齿顶圆半径 R_e/mm	33.34
齿根圆半径 R_2/mm	19.87
尺轮轴径 R_1/mm	13.1
节圆半径 R/mm	28.67
额定角速度 ω/(rad·s^{-1})	390.97
齿轮的基节 t_j/mm	1.87
油液黏度 μ/(Pa·s)	0.031 14
齿轮泵压差 Δp/MPa	12.12
过渡区的齿数 Z_p	10
转速 n/(r·min^{-1})	2 250

如图 3-4-9 所示为装配尺寸链,图中 l_1 表示齿轮齿宽,l_2 表示泵体内孔深度,l_3 表示垫片厚度,δ_0 表示轴向间隙。

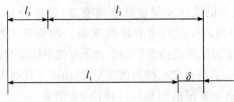

图 3 - 4 - 9　装配尺寸链

1)建立公差多目标优化模型。齿轮泵装配尺寸链最小公差加工成本目标函数为

$$C(t) = \min[C(T_1) + C(T_2) + C(T_3)] \tag{3-4-34}$$

$C(T_1)$ 为齿轮公差加工成本,有

$$C(T_1) = 1.642 + 22.8T_1 + 63.56e^{-59T_1} \tag{3-4-35}$$

$C(T_2)$ 为泵体公差加工成本,有

$$C(T_2) = 1.812 + 18.29T_2 + 57.49e^{-69.53T_2} \tag{3-4-36}$$

垫片属于平面特征的尺寸及形状,其公差成本函数可直接引用。

$C(T_3)$ 为垫片厚度的公差加工成本,有

$$C(T_3) = 5.026\,1e^{-15.890\,3T_2} + \frac{T_3}{0.392\,7T_3 + 0.117\,6} \tag{3-4-37}$$

质量损失目标函数为

$$L(t) = \min[L_{lc}(T_1) + L_{lc}(T_2) + L_{lc}(T_3)] \tag{3-4-38}$$

齿轮泵工作时输出流量计算公式为

$$q = q_t - \Delta q = \omega B(R_e^2 - R^2 - \frac{t_j^2}{12}) -$$
$$\frac{B\delta_1^3(\Delta p)}{6\mu S_a Z_P} + \frac{B\omega R_e\delta_1}{60} - 4\,\frac{\pi\delta_0^3(\Delta p)}{6\mu\ln(\frac{R_2}{R_1})} \tag{3-4-39}$$

2)约束。

a.概率法约束条件。零件尺寸属于装配尺寸链的组成环,通常封闭环属于服从正态分布的随机变量。由于封闭环和组成环两者联系紧密,两者的公差也存在约束关系。统计法约束为了将概率分布特征与公差联系起来,一般要求装配成功率 $P = 99.32\%$,这时零部件在保证了较高装配成功率的情形下还能分配到较宽松的公差。在 6σ 法则,置信水平为 97.32% 下,正态分布 $\lambda = 3$,均匀分布 $\lambda = 1.732$,三角分布 $\lambda = 2.45$。

在图 3 - 4 - 9 所示装配尺寸链中组成环 l_1 属于均匀分布,组成环 $l_2 l_3$ 属于正态分布。将各数据带入式(3 - 4 - 40)中,得

$$约束:s.t. \begin{cases} T_0 \geqslant \lambda_0 \sqrt{\sum_{i=1}^n \frac{\xi_i^2}{\lambda_i^2}t_i^2} \\ T_{imin} \leqslant T_i \leqslant T_{imax} \\ q \geqslant X \end{cases} \tag{3-4-40}$$

得到约束如下

$$T_0 \geqslant \lambda_0 \sqrt{\sum_{i=1}^n \frac{\xi_i^2}{\lambda_i^2}t_i^2}$$

即

$$T_0 \geqslant 3\sqrt{\frac{T_1^2}{1.732^2} + \frac{T_2^2}{3^2} + \frac{T_3^2}{3^2}} \qquad (3-4-41)$$

b.输出流量。由公式(3-4-41)可知,泵输出流量与齿宽、端面间隙有关,而端面间隙受各个组成环公差影响,所以 $q = f(T_1, T_0) = f(T_1, T_2, T_3)$。其工作时的输出流量不能小于某一许用值,即 $q \geqslant 0.524$ L/min。

c.加工能力约束。

$$T_{imin} \leqslant T_i \leqslant T_{imax} \Rightarrow \begin{cases} 0.022 \leqslant T_1 \leqslant 0.087 \\ 0.025 \leqslant T_2 \leqslant 0.1 \\ 0.016 \leqslant T_3 \leqslant 0.062 \end{cases} \qquad (3-4-42)$$

综上所述建立公差多目标优化模型如下

$$\min L(t) = k_{1max} T_1^2 + k_2 T_2^2 + k_3 T_3^2$$

$$\min C(t) = C(T_1) + C(T_2) + C(T_3)$$

$$\max q = f(T_1, T_2, T_3)$$

$$\text{s.t.}\ T_0 \geqslant 3\sqrt{\frac{T_1^2}{1.732^2} + \frac{T_2^2}{3^2} + \frac{T_3^2}{3^2}}$$

$$q \geqslant 0.524\ \text{L/min}$$

$$T_{imin} \leqslant T_i \leqslant T_{imax}$$

选用遗传算法对实例进行求解,其中群体规模为 100,二进制编码长度为 25,交叉概率为 0.7,变异概率为 0.01。程序经过 25 次迭代后,得到了稳定解,$T_1 = 0.06$、$T_2 = 0.05$、$T_3 = 0.03$。取 T_0 的最小值 0.119。把 T_0 与经过优化之后的齿轮泵装配尺寸链组成环公差带入多目标模型得到相关数据见表 3-4-4。表 3-4-4 同时列出了等公差法得到的组成环公差 $T_1' = 0.05$、$T_2' = 0.05$、$T_3' = 0.05$ 及 T_0' 取 0.112 时其相关成本统计。

表 3-4-4　两种公差优化分配方案的结果比较

	方案 1	方案 2
组成环 l_4、l_5、l_5 公差	(0.05,0.02,0.01)	(0.06,0.05,0.03)
加工成本	15.6	12.700 9
质量损失	93.24	85.8
输出流量	3.2	3.38

两组数据结果对比可见,多目标优化分配方案相对传统等公差优化分配方案在总价值成本增加 8.23% 情况下,输出流量增加了 14.2%,即采用考虑了产品性能的多目标优化模型进行公差分配,其优化结果不仅能满足装配要求,而且在总成本小幅增加的同时能使泵的性能更加优越。

公差分析与综合中所使用的优化算法中,解析法的计算时间较少,但是它要求优化目标函数为单峰,并能够获得函数的导数;否则,有可能获得非最优解。而直接法(模拟退火算法、遗传算法等)虽然可以获得最优解或近似最优解,但其计算量过大。

3.5 应用实例

3.5.1 工艺装备的变形

工艺装备(例如结合交点量规、结合面平板、标准样件和装配型架等)结构的刚度不够,受自重和工艺载荷的作用而产生不希望有的变形。这可由工艺装备结构刚度设计来控制。工艺装备的钢制构架、框架和梁,常采用焊接结构,焊后存在不希望有的内应力和变形,且焊接应力在时效期内随时间而变化,使结构的尺寸和形状不稳定。这可由控制焊接结构应力与变形的方法来解决。对工艺装备的残余变形详细地予以掌握,在使用时就可把它当作系统误差来修正。对难以控制的地基沉降,为避免它引起的型架、设备变形,应在型架、设备的结构设计上设法解决。

1.工艺装备结构刚度设计

在飞机制造中,工艺装备结构的刚度设计过去主要是凭经验和不准确的计算公式、图表来进行的。型架的梁、柱往往显得粗大笨重,而部件结合交点的定位件及其支撑结构实际上显得刚度弱、易变形。型架梁的抗弯刚度有余,抗扭刚度却不足。为了使工艺装备结构具有足够的刚度以保证其尺寸和形状的准确度,同时能节约材料,减少重量,使其操作方便,首先应选择适当的工装结构形式,然后采用准确、可靠的刚度计算方法和图表,确定结构元件的尺寸大小。应用弹性力学和结构力学的有限元法来进行工艺装备结构刚度的计算、分析,已初见成效。把对工艺装备刚度要求的实际经验和准确、可靠的刚度计算方法结合起来,制定了装配夹具框架刚度设计图表(见图3-5-1)。夹具设计人员无须再做计算工作,只要按所设计夹具的类型和框架长度就可由该图表查出框架对焊槽钢断面的型号。

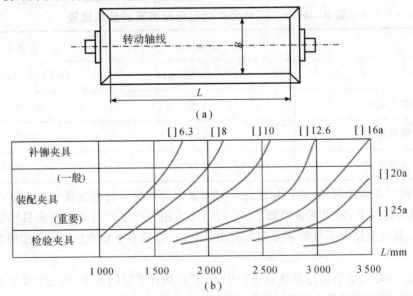

图3-5-1 转动框架及其刚度设计图表

(a)转动框架;(b)刚度设计图表

如果要设计一台长2 600 mm的转动式装配夹具,工件上带有交点接头,夹具属"重要类",其框架对焊槽钢可从图 3-5-1 的图表中查出应选用 16a 型号。

可为各类公益装备的框架、构架、平板等基础结构预制这类设计用图表。因其工作量大,技术上尚存在一些问题,目前尚未完成,有待继续探讨。其中,对工艺装备载荷规范的制定,还需做大量的调研工作;对某些受动载荷作用的工艺装备(如铆装型架、精加工型架等),其动刚度也有待探讨;对外载荷不变时工艺装备尺寸和形状的稳定性,也需考虑它对工艺装备结构刚度的附加要求。

2. 焊接变形和应力的控制

工艺装备焊接骨架上的定位件,除了采用计算机辅助设计与制造的协调方法并用数控机床加工其定位面,而将带余量的定位件预先焊接在工艺装备骨架上之外,一般都是让定位件的支撑件先焊在骨架上,而定位件的安装是按协调依据并用塑造固定(浇注快干水泥或易熔合金固定)的方法进行的。对焊接变形,前者采用余量补偿法,后者采用补偿件法,使它不影响工艺装备的准确度。

低碳钢制的工艺装备,在焊后 1～2 昼夜后金属结晶组织才基本趋于稳定;而合金钢的结构,焊后很长时间内其金属结晶组织还难以稳定不变。所以,工艺装备一律不得采用合金钢制造,对低碳钢制的工艺装备焊件,为了保证其尺寸和形状的稳定性,在自然时效条件下需停放 7～15 天。为了确保标准工艺装备焊接件的质量,有的工厂规定交点量规和标准样件的焊件,一律须经焖火处理,即采用加剧热振动的办法来加速焊后的实效过程,而自然时效靠昼夜温差的微弱热振动,时效过程长。由于焖火是一道昂贵的工序,且大件焖火需有相应的大型热处理设备,受到生产条件的限制,因此,在型架和标准样件装备制造中采用机械振动消除焊接构架内应力的方法,焊后无须焖火。

振动消除焊件残余应力是利用机械振动代替热振动,在焊件共振频率下使焊件振动一定的时间,促进应力松弛而降低应力水平并使残余应力重新平衡。由于应力松弛,使金属结晶组织排列改变,当用 X 射线应力测定仪对焊接件进行检测时,X 射线的相消干涉比较振前增加,从而间接反映残余应力的减小。振动时间随工件重量的大小而定,对重量几十公斤到几十吨的工作,时间从几分钟到 30 分钟。

振动消除焊件残余应力,方法简单,过程快,无特殊操作技术要求,对工件的尺寸和形状无限制,工艺成本低,据统计仅为焖火处理的成本的 10%。从起振到找到共振频率,一般只需一分钟左右。但不能测出残余应力的可靠值,也不能测出材料内部的应力分布状态。

3. 变形的计算与修正

准确计算工艺装备的变形,涉及力学的问题较多,这里仅用一个极简单的例子来说明如何掌握变形的规律并在随后使用过程中用以修正,使它不影响制造准确度。

在用拉线测量法安装和检验型架时,首先拉一条水平主线。由于水平主线的钢丝自重作用,总是有一定的挠度。把它当作水平基准线使用时,应该给出修正用的数据。

设图 3-5-2 所示水平基准线的钢丝(一般用碳素弹簧钢丝)直径为 d (一般用 0.5 mm 和 0.2 mm 的),其质量密度为 ρ (7.8×10^{-6} kg/mm³),则由钢丝自重所产生的均布载荷 q 为

$$q = \frac{7.8 \times \pi \times 10^{-6}}{4} d^2 \quad (\text{kgf}^* / \text{mm})$$

---

* 1 kgf = 9.806 N

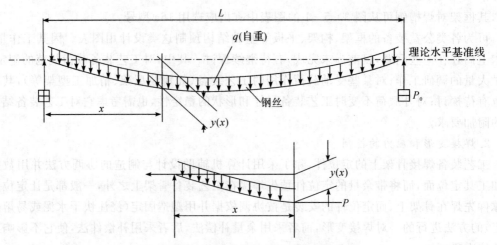

图 3-5-2 主线的自重载荷和挠度示意图

钢丝是柔性的,设它为理性的"柔线",即任意截面处的弯矩 $M_x = 0$。这一假设可能使挠度计算值偏大,但影响很小。如图 3-5-2 所示的分离体图,平衡方程为

$$M_x = Rx \times 10^3 - \frac{q(1\,000x)^2}{2} - Py(x) = 0 \qquad (3-5-1)$$

式中

$$R = \frac{qL}{2} \times 1\,000 \quad (\text{kgf})$$

式中,P 为跨距间钢丝中的拉力,kgf,它是由所加重物的重力 P_0 减去钢丝支点摩擦阻力而产生的,其极限值受钢丝抗拉能力的限制。把 q 和 R 代入式(3-5-1),可得挠度公式

$$y(x) = \frac{qx(L-x)}{2P} \times 10^6 = \frac{7.8\pi}{4\times2} \frac{x(L-x)}{P} d^2 = 3.06 \frac{x(L-x)}{P} d^2$$

设 $P = P_0/\mu$,μ 为 >1.0 的修正系数,则

$$y(x) = 3.06\mu \frac{x(L-x)}{P_0} d^2$$

根据实验结果,此处 $3.06\mu = 4.0$,则

$$y(x) = 4 \frac{x(L-x)}{P_0} d^2 \qquad (3-5-2)$$

当 $P_0 = 21$ kgf;$d = 0.5$ mm;$L = 10$ m;$x = 5$ m 时,$y_{max} = \frac{L^2}{P_0} d^2 = 1.19$ mm。

这样大的弯曲挠度对测量准确度要求在 0.1 mm 级水平的型架安装,必须予以修正。$y(x)$ 值也用来修正测量值。

4. 地基沉降及其对型架、设备的影响

地基轻度和沉降是土力学的问题,建筑物允许其地基沉降的程度在 1×10^0 mm 级到 1×10^2 mm 级之间。要使地基沉降控制在型架准确度要求的 1×10^{-1} mm 级之内,对最精密的基础工程,也是做不到的。

理论上看,地基的均匀沉降,对任何型架的准确度都无影响。实际上地基的沉降总是不均匀的,它对整体结构的型架和整体设备基座只产生整体倾斜,而不是影响使用准确度;但对分立式和组合式型架或设备,会明显影响其准确度。这时,最好采用可调支座,按地基的沉降情

况进行调平。从加强地基或加厚地坪的观点来防止不均匀沉降,很难取得有效的结果,有时还会适得其反。

3.5.2 双面蒙皮零件和型架内型板的协调准确度与容差分配

双曲面蒙皮零件与型架内型板、型架外卡板或部件骨架外形的协调,是同一类型的外形协调问题。在用标准样件工作协调时,协调误差的形成过程简单而直观,易于分析,这里不作介绍。现以某型机机身第三段所采用的模线样板-基准孔工作法为例,其双曲面蒙皮零件(Ⅰ)与型架内型板(Ⅱ)的协调路线如图 3-5-3 所示,图中示出三个典型截面 A、B 和 C。设蒙皮拉形模工作外形的控制截面(即取切面样板处)与型架内型板基准面一致。图中各符号的含义如下:

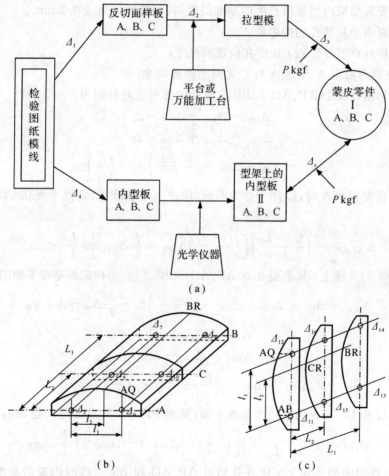

图 3-5-3 双曲面蒙皮零件与型架内型板的协调路线
(a)协调路线;(b)蒙皮拉形模;(c)内型板

Δ_1 为反切面样板相对于检验图板上对应模线的误差;在 A、B、C 三个截面上的 AP、AQ、BR、CR 四个点处这些项误差分别为 Δ_{1AP}、Δ_{1AQ}、Δ_{1BR} 和 Δ_{1CR};其标准容差为 $^{+0}_{-0.2}$ mm。因为样板的标准容差的正负号是按向体为负的原则制定的,对反切面样板而言,负差意味着样板轮廓尺寸增大,所以在计算协调准确度时令此容差为 $^{+0}_{-0.2}$ mm。

Δ_2 为蒙皮拉形模外形相对于反切面样板工作外形的误差；在 A、B、C 三个截面上的 AP、AQ、BR、CR 四个点处这些项误差分别为 Δ_{2AP}、Δ_{2AQ}、Δ_{2BR}、和 Δ_{2CR}；其标准容差为 $^{+0}_{-0.3}$ mm。

Δ_3 为蒙皮零件在拉形模上作贴模检验时，以 AP、AQ 和 BR 三点为基准，进行定位和压紧，并在中部用压力 P（一般不超过 5 kgf）对蒙皮零件加压，此时蒙皮零件与拉形模之间的不贴合误差；这项误差在 CR 点处以 Δ_{3CR} 表示之，其容差为 $^{+0.5}_{-0}$ mm（实际上往往超差）。

Δ_4 为内型板相对于检验图板上对应模线的误差；在 A、B、C 三个截面上的 AP、AQ、BR、CR 四个点处这些项误差分别为 Δ_{4AP}、Δ_{4AQ}、Δ_{4BR} 和 Δ_{4CR}；其标准容差为 $^{+0}_{-0.2}$ mm。

以上 $\Delta_1 \sim \Delta_4$ 均不包括由基准孔和坐标系的定位误差所产生的基准误差。基准误差最终将反映到外缘的空间位置上，从而影响蒙皮零件与型架板的协调。

$\Delta_5 \sim \Delta_{16}$ 为基准孔中心位置在垂直于其中心连线上的误差，它们是用基准孔和坐标系来制造拉形模和安装型架内型板所产生的基准误差，其容差可设为 ± 0.2 mm。

l_1 为各截面两个基准孔的中心距；

l_1 为所分析的典型外形点 CR 所在位置的尺寸；

L_1、L_2 分别为截面 A 与 B、A 与 C 之间的距离尺寸。

在蒙皮拉形模外缘上 AP、AQ 和 BR 三点处的外形误差分别为

$$\Delta_{AP1} = \Delta_{1AP} + \Delta_{2AP} - \Delta_5 \tag{3-5-3}$$

$$\Delta_{AQ1} = \Delta_{1AQ} + \Delta_{2AQ} - \Delta_6 \tag{3-5-4}$$

$$\Delta_{BR1} = \Delta_{1BR} + \Delta_{2BR} - \left(\frac{l_1 - l_2}{l_1}\right)\Delta_7 - \left(\frac{l_2}{l_1}\right)\Delta_8 \tag{3-5-5}$$

当蒙皮零件贴模检查时，以此三点为基准，构成一个基准平面，此平面在 CR 点处的误差 $\Delta_{CR\,I\,基准}$ 为

$$\Delta_{CR\,I\,基准} = \left(\frac{L_1 - L_2}{L_1}\right)\left[\left(\frac{l_1 - l_2}{l_1}\right)\Delta_{AP\,I} + \frac{l_2}{l_1}\Delta_{AQ\,I}\right] + \frac{L_2}{L_1} \cdot \Delta_{BR\,I} \tag{3-5-6}$$

蒙皮零件 I 的外缘上 CR 点处相对 AP、AQ 和 BR 三点所构成的基准平面的误差分别为

$$\Delta_{CR\,I} = \Delta_{1CR} + \Delta_{2CR} + \Delta_{3CR} - \left(\frac{l_1 - l_2}{l_1}\right)\Delta_9 - \frac{l_2}{l_1}\Delta_{10} - \Delta_{CR\,I\,基准} \tag{3-5-7}$$

$$\Delta_{AP\,II} = \Delta_{4AP} - \Delta_{11} \tag{3-5-8}$$

$$\Delta_{AQ\,II} = \Delta_{4AQ} - \Delta_{12} \tag{3-5-9}$$

$$\Delta_{BR\,II} = \Delta_{4BR} - \left(\frac{l_1 - l_2}{l_1}\right)\Delta_{13} - \left(\frac{l_2}{l_1}\right)\Delta_{14} \tag{3-5-10}$$

以 AP、AQ 和 BR 三点构成一个基准平面，则此平面在 CR 点处的误差 $\Delta_{CR\,II\,基准}$ 为

$$\Delta_{CR\,II\,基准} = \left(\frac{L_1 - L_2}{L_1}\right)\left[\left(\frac{l_1 - l_2}{l_1}\right)\Delta_{AP\,II} + \frac{l_2}{l_1}\Delta_{AQ\,II}\right] + \frac{L_2}{L_1}\Delta_{BR\,II} \tag{3-5-11}$$

在 C 截面处的内型外缘上 CR 点处相对 AP、AQ 和 BR 三点所构成的基准平面的误差 $\Delta_{CR\,II}$ 为

$$\Delta_{CR\,II} = \Delta_{4CR} - \left(\frac{l_1 - l_2}{l_1}\right)\Delta_{15} - \frac{l_2}{l_1}\Delta_{16} - \Delta_{CR\,II\,基准} \tag{3-5-12}$$

蒙皮零件 I 在型架 II 上定位时，以 APAQBR 中的三点为基准（使之相互贴合并夹紧），定位夹紧时允许中部加压 P（kgf），在中部 CR 点处的协调误差 ∇_{CR} 为

$$\nabla_{CR} = \Delta_{CR\,I} - \Delta_{CR\,II} \tag{3-5-13}$$

以式(3-5-3)～式(3-5-5)代入式(3-5-6),以式(3-5-6)代入式(3-5-7),以式(3-5-8)～式(3-5-10)代入式(3-5-11),以式(3-5-11)代入式(3-5-12),然后以式(3-5-7)、(3-5-12)带入式(3-5-13),得

$$
\begin{aligned}
\nabla_{CR} = {} & (\Delta_{1CR} + \Delta_{2CR} + \Delta_{3CR} - \Delta_{4CR}) - \left(\frac{l_1 - l_2}{l_1}\right)\left(\frac{L_1 - L_2}{L_1}\right)(\Delta_{1AP} + \Delta_{2AP} - \Delta_{4AP}) - \\
& \frac{l_2}{l_1}\left(\frac{L_1 - L_2}{L_1}\right)(\Delta_{1AQ} + \Delta_{2AQ} - \Delta_{4AQ}) - \frac{L_2}{L_1}(\Delta_{1BR} + \Delta_{2BR} - \Delta_{4BR}) + \\
& \left(\frac{l_1 - l_2}{l_1}\right)\left(\frac{L_1 - L_2}{L_1}\right)(\Delta_5 - \Delta_{11}) + \frac{l_2}{l_1}\left(\frac{L_1 - L_2}{L_1}\right)(\Delta_6 - \Delta_{12}) + \\
& \left(\frac{l_1 - l_2}{l_1}\right)\left(\frac{L_2}{L_1}\right)(\Delta_7 - \Delta_{13}) + \frac{l_2}{l_1}\left(\frac{L_2}{L_1}\right)(\Delta_8 - \Delta_{14}) + \left(\frac{l_1 - l_2}{l_1}\right)(\Delta_9 - \Delta_{15}) + \\
& \frac{l_2}{l_1}(\Delta_{10} - \Delta_{16}) \tag{3-5-14}
\end{aligned}
$$

设 $L_1 = 2L_2$, $l_1 = 2L_2$,则式(3-5-14)简化为

$$
\begin{aligned}
\nabla_{CR} = {} & (\Delta_{1CR} + \Delta_{2CR} + \Delta_{3CR} - \Delta_{4CR}) - \frac{1}{4}(\Delta_{1AP} + \Delta_{2AP} - \Delta_{4AP}) - \\
& \frac{1}{4}(\Delta_{1AQ} + \Delta_{2AQ} - \Delta_{4AQ}) - \frac{1}{2}(\Delta_{1BR} + \Delta_{2BR} - \Delta_{4BR}) + \\
& \frac{1}{4}(\Delta_5 + \Delta_6 + \Delta_7 + \Delta_8 - \Delta_{11} - \Delta_{12} - \Delta_{13} - \Delta_{14}) + \\
& \frac{1}{2}(\Delta_9 + \Delta_{10} - \Delta_{15} - \Delta_{16}) = \sum_{i=1}^{n} A_i \Delta_i \tag{3-5-15}
\end{aligned}
$$

式(3-5-14)和式(3-5-15)就是所设想的允许出现正、负值的总协调误差的尺寸链方程,其中 $n = 25$。

按前面所述各误差环节的容差分配,可归纳如下:

Δ_{1AP}、Δ_{1AQ}、Δ_{1BR}、Δ_{1CR} —— $^{+0.2}_{-0}$,, $\delta_1 = 0.10$,$(\delta_1)_0 = +0.1$;

Δ_{2AP}、Δ_{2AQ}、Δ_{2BR}、Δ_{2CR} —— $^{+0}_{-0.3}$, $\delta_2 = 0.15$,$(\delta_2)_0 = -0.15$;

Δ_{3CR} —— $^{+0.5}_{-0}$,$\delta_3 = 0.25$,$(\delta_3)_0 = +0.25$;

Δ_{4AP}、Δ_{4AQ}、Δ_{4BR}、Δ_{4CR} —— $^{+0}_{-0.2}$, $\delta_4 = 0.10$,$(\delta_4)_0 = -0.10$;

$\Delta_5 \sim \Delta_{16}$ —— ± 0.2,$\delta_5 \sim \delta_{16}$ —— 0.2,$(\delta_5)_0 \sim (\delta_{16})_0$ ——0。

解误差尺寸链方程式(3-5-15),有

$$
(\nabla_{CR})_0 = \sum_{i=1}^{n} A_i (\delta_i)_0 = +0.25 \text{ mm}
$$

$$
\sum_{i=1}^{n} |A_i| \delta_i = 1.75 \text{ mm}
$$

$$
\sqrt{\sum_{i=1}^{n} A_i^2 \delta_i^2} = 0.425 \text{ mm}
$$

$$
H = 1.8 - 0.8 \times \frac{0.425}{1.75} = 1.61
$$

$$
\omega_\Sigma = 1.61 \times 0.425 = 0.68 \text{ mm}
$$

$$
(\nabla_{CR})_x^s = {}^{+0.93}_{-0.43} \text{ mm}
$$

实际上负值协调误差不会呈现,这时内型板将把蒙皮零件顶出。正值协调误差表现为间隙,按计算结果约 1 mm,协调得好时大致如此,协调得不好时会比此值大。这可能有多种原因,包括:蒙皮零件在拉形模上作贴模检查时,实际的 Δ_{3CR} 超出容差范围,特别是用手工方法成形或用一次拉形法成形时,蒙皮零件的贴模情况不良。拉形模的控制截面与型架内型板的所在截面不一致,拉形模与内型板相协调部位的模具外形是靠流线加工出来的,误差控制较差,例如某型机的机身第三段试制中曾发现此现象。此外,坐标系的精度没有达到要求,如用平台或万能加工台加工拉形模的误差和光学工具安装型架的误差,均可能超出容差范围。

为了提高双曲面蒙皮零件与型架内型板或部件骨架外形的协调性,又不采用复杂的弹性回跳补偿方法,并减少手工修正和校正的繁重劳动,可采用以下的工艺措施。

(1)在零件材料强度和不出现粗晶所允许的情况下,增大成形时的变形量,以减少成形后的弹性回跳。

(2)在新淬火状态下进行二次拉形(有时是三次拉形)。

(3)在蒙皮拉形模的型面四周零件余量部位增大斜角等。

思考与讨论

(1)制造过程中会产生哪些变形? 该如何控制?

(2)简述双曲面蒙皮零件与部件骨架外形的协调准确度与容差分配。

(3)如何保证翼面类段、部件及其卡板的装配型架成套卡板工作外形上相同百分点连线上的直线度?

(4)讨论 3DCS 容差分析方法的应用。

第 4 章 装配工装快速设计

4.1 概 述

新一代飞机的研制面临更高的挑战,研制周期的缩短,研制难度的增加。国内在新机研制的过程中,研制周期在不断缩短,三代机 18 年,四代机 10 年,大型运输机 9 年,而新一代飞机的研制对研制周期提出更高要求。飞机装配由于尺寸大、形状复杂、零件以及连接件数量多,其劳动量约占整个飞机制造劳动量的 40% 左右,工装成本占总研制成本的 20%～30%,飞机装配工装在航空企业中有着极其重要的地位。飞机装配工装的设计是航空产品制造工程的重要组成部分,是新机研制的关键手段。其开发研制周期直接影响到整个飞机的制造周期,并对飞机产品的可靠性、使用寿命的提高、综合技术性能的改善、研制生产成本的降低等方面起着十分重要的作用。

快速设计(Rapid Design)也称快速响应设计、敏捷设计。快速设计技术是当前市场在对产品多样化、瞬变性等需求的形势下提出并发展起来的。产品快速设计是一种新的哲理,与计算机集成制造(CIM)、精良工程(LP)、并行工程(CE)和敏捷制造(AM)相比,产品快速设计与制造的主要目的是缩短产品的设计周期,提高产品设计质量,以及提高企业对市场的快速响应能力。

在机械制造行业中,装配技术已经历了从手工装配、半自动化装配、自动化装配到柔性装配的发展历程。伴随机械行业柔性装配技术发展,为了缩短飞机生产准备周期,开始向飞机产品的工艺装备提出了"柔性"的要求,同一型号飞机的不同部件或同类型飞机的对应部件的工装很多具备基本相同或相似的特征,这些为实现产品工装的"柔性"提供了可能,所以飞机数字化柔性装配工装也开始越来越多地应用到实践中。较传统刚性的飞机装配工装而言,飞机数字化柔性装配工装设计周期短,存储占地面积小,具有数字化、柔性可重复利用的特点,而且结构开敞性好,有利于先进自动化连接设备和连接技术的应用,该技术可以保证现代飞机结构寿命延长,提高装配效率和质量,快速实现批量生产,满足尽早交付飞机和降低装配成本需求,也是先进飞机装配技术的发展趋势。

为加快我国在装配制造领域的生产水平,必须采用先进的设计方法,实现生产设备更新换代,提高我国飞机制造行业的整体水平,增强我国航空企业的国际竞争力。以数字化、集成化、并行化、网络化为基础,以缩短产品设计开发周期为目标的快速设计技术是使企业在市场竞争中占据有利地位的关键技术。

4.2 快速设计的一般方法

当前,机械产品的发展以多样性和个性化为主要方向,产品更新换代的周期越来越短。因此,企业如何快速适时地向用户提供满意的产品,如何提高对市场的适应能力和竞争能力,已成为企业发展和生存的关键。为满足这一要求,以缩短产品设计周期为目的的快速设计技术与方法应运而生,如图 4-2-1 所示。

产品快速设计是先进制造技术发展的产物,是计算机辅助设计与制造技术的发展和延伸,针对市场和顾客需求,基于现代设计理论和方法,同时应用微电子、信息、管理等现代科学技术,以缩短产品开发周期为目的的一切设计技术与方法的总称。

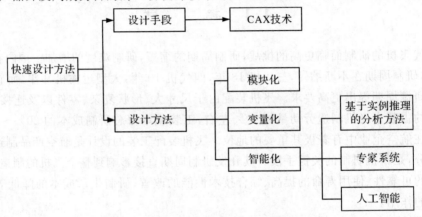

图 4-2-1 快速设计方法组成

1. CAX 技术

随着各种计算机辅助技术的不断发展,CAX 技术已成为实现产品快速设计、提升产品市场竞争力的主要方法。将以计算机辅助为手段的产品设计、分析、制造、创新技术统称为 CAX 技术,CAX 技术主要包括计算机辅助设计 CAD(Computer Aided Design)、计算机辅助制造 CAM(Computer Aided Manufacturing)、计算机辅助工艺规划 CAPP(Computer Aided Process Planning)、计算机辅助工程 CAE(Computer Aided Engineering)及计算机辅助创新 CAI(Computer Aided Innovation)等。CAX 技术的发展使设计人员从繁重的体力劳动中解脱出来,无论在产品设计的直观性、形象性还是在减少修改工作量上,都给设计人员带来了极大的方便,从而实现产品的快速设计。

2. 模块化设计

模块是模块化产品的基本组成元素,具有某种确定独立功能的、具有接口结构的单元。模块化设计是实现产品快速设计的基础,是值得研究和推广的一种产品设计方法。通过综合利用模块化设计中的标准化特征、系列化特征、匹配规则可以缩短产品的设计周期。模块化产品设计被认为是简化产品实现、减少开发成本和缩短制造周期的最有效方法和工程设计实践。

3. 参数化技术和变量化技术

参数化造型系统是一种尺寸驱动(Dimension - Driven)系统。采用预定义的办法建立图形的几何约束集,指定一组尺寸作为参数与几何约束集相联系,因此改变尺寸值就能改变图形。其主要技术特点是基于特征、全尺寸约束、尺寸驱动设计修改、全数据相关。

变量化技术是在参数化的基础上又做了进一步改进后提出的设计思想。变量化设计技术是指几何约束系统的求解不依赖于几何元素及约束关系构造过程的一种变量几何设计方法。变量化造型的技术特点是保留了参数化技术基于特征、全数据相关、尺寸驱动设计修改的优点,但在约束定义方面进一步区分为形状约束和尺寸约束。除考虑几何约束之外,变量化设计还可以将工程关系作为约束条件直接与几何方程联立求解,无须另行建模处理。

4.基于实例推理技术

基于实例的推理是通过访问实例库中的同类事物的求解,从而获得当前问题的解决方法的一种推理技术。其核心在于用过去实际中所用的实例和经验来解决新问题,融合了深度学习、强化学习和蒙特卡洛树搜索等技术。基于实例推理技术是以实例为主进行推理,直接利用以往的设计结果(实例)进行推理,从而大大减少知识获取的工作量。

通过以上分析,这些技术是在吸收了传统设计方法中的思想、观点的优点而发展起来的,各种方法并不是完全孤立的,都存在一定程度上的联系。

4.3　基于模块化的工装设计

20 世纪 50 年代,欧美一些国家正式提出了"模块化设计"的概念,从此,模块化设计越来越受到重视。机械制造业使用的组合夹具是使用较早、较成熟的模块化系统,对现有夹具模块进行匹配得到所需的夹具,而不必另行设计与制造,用后拆卸以便重用。瑞士肖布林公司在应用已有设计和制造经验的基础上,对仪表机床进行了模块化设计,使得产品具有精度高、功能多及互换性好等优点,增强了市场竞争能力。正是由于在机床行业中的广泛应用和成功经验,模块化设计越来越多地衍生到其他行业,如电子、电器、计算机及航空航天等,成为了产品设计的一种趋势。

模块化设计是实现快速设计的主要技术之一,它用功能模块组成产品,模块的可互换性和可组合性是实现产品快速设计的基础。为了提高飞机数字化柔性装配工装的设计效率和设计质量,更快更好地完成新型号飞机装配工装的设计,在装配工装设计制造中将模块化设计技术与飞机数字化装配技术相结合,能够极大地促进飞机装配工艺装备的发展。飞机上的很多部件和组件本身就具有许多相似之处,如壁板类零件、框类零件和梁类零件等,应充分研究各自的组成和连接结构特点,转变设计思想,以工装的通用性为目标,实现工程专家的领域知识和企业在长期的设计开发过程中所积累的经验的重用技术上,设计能实现快速研制,快速定位和快速拆装的工装设备,提高装配质量和效率。

4.3.1　数字化柔性装配工装结构分析

飞机数字化柔性装配工装具有占地面积小、可重复利用、结构开敞性好、装配质量和效率高等优点。为了缩短工装设计周期,降低成本,国内外一些飞机制造厂商对模块化设计技术的应用进行了探索和尝试。

国外一些飞机制造企业一直在探索研究飞机数字化柔性装配工装的模块化设计技术。如波音公司在机身壁板装配中应用具有模块化特征的多点阵真空吸盘式柔性工装,通过伺服电机驱动各模块化单元的运动,通过现场总线控制多个模块化单元的自动调形,可适应不同零部件结构和定位夹装要求,从而降低了综合成本,也缩短了工装准备周期和产品的研发周期。

在 A380 的工装研制中,采用了标准立柱、标准液压定位模块、夹紧模块、数字化定位模块等,使飞机工装的结构发生了根本的变化,提高了飞机装配型架的设计制造效率,同时对装配质量的提高起到了极大的作用,如图 4-3-1 所示。

图 4-3-1 用于 A380 的大型机翼壁板装配的间柱式柔性工装

AIT 公司建立了标准的工装模块,研究的自动柔性定位对接系统采用多个机械随动定位装置组成行列式高速柱形式,可以自由调节,广泛应用于多个型号的工装设计中,支撑飞机部件完成多机型飞机部件自动定位支撑和对接安装,取得了良好的效益,如图 4-3-2 所示。

图 4-3-2 自动柔性定位对接系统在道尼尔 728 翼身装配中的应用

洛克希德·马丁公司在 JSF 原型机 X-35 的研制中采用了先进的模块化柔性装配工艺和系统,缩短飞机装配制造周期的 2/3,由单机 15 个月缩短至 5 个月,工艺装备由 350 件减少到 19 件,制造成本降低 1/2。

在国内,飞机数字化柔性装配工装也有一定的发展,2010—2012 年,西北工业大学采用模块化的方法设计了一套用于某型飞机部件级装配的立柱式柔性工装,由 7 个三坐标机械随动定位装置配合机器人制孔单元实现了某型机内外前襟及其左右对称件 4 个部件的自动化装配,提高了襟翼的装配质量和装配效率,也减小了工装的占地面积,同时缩短生产准备周期。

浙江大学研制的飞机大部件对接柔性工装系统,针对飞机数字化装配中大部件调姿与对接问题,设计了一种三坐标 POGO 柱,在此基础之上提出了一种基于三坐标 POGO 柱三点支撑的姿态调整方法。

西北工业大学采用模块化设计方法,设计了一套适用机身壁板组件的数字化柔性装配工装,壁板组件装配柔性工装的长桁夹持机构可以实现三个方向的运动以及绕 X 轴的转动,其中绕 X 轴的转动是通过长桁夹持器上的导向槽实现的,从而使长桁与不同曲率的蒙皮贴合,完成装配,如图 4-3-3 所示。

图 4 - 3 - 3　壁板组件装配柔性工装

通过对国内外数字化柔性装配工装结构分析,发现在国外大部分数字化装配工装基本都是基于模块化设计的,具有典型的模块化特征,但由于国内航空制造业对此项技术的研究较少,飞机数字化装配工装的研究应用上仍处于起步阶段,与国外有较大的差距。柔性工装的研制和应用还缺乏相应的规范和指导,能够成功应用的柔性工装数量较少,不能形成规模。主要体现在设计方法、使能工具等方面。

4.3.2　基于模块化的工装快速设计技术的提出

模块化设计技术可以满足工装产品设计的多样化需求,实现工装的快速设计。但是通过对数字化柔性工装的结构特点分析,发现传统的模块化设计技术还存在以下问题。

(1)在数字化柔性装配工装的设计过程中,某一类功能、结构相似的工装,部分模块是共享的,可直接通用,并且在一定的时期内保持不变,具有一定的稳定性。还有部分模块虽然不能直接被这些工装所用,但是只需调整一些参数就可以实现通用。在此基础上再添加一些专有模块就可实现工装的多样性。而传统的模块化设计在新工装的设计中每次都需要对这些通用模块逐一检索,做了大量的重复性工作,降低了工装的设计效率。

(2)数字化柔性装配工装模块种类繁多,传统的模块化设计将所有的模块存储在一个模块库中,没有对模块进行很好的分类,这样虽然存储简单,但是增大了模块库的规模,不利于模块的管理,也降低了模块检索效率。

对于以上问题,这时如果能将这些相对稳定的模块集中在一个通用的平台内,在设计功能结构相似的新工装时,只需要给这些平台添加一些专有模块就能得到新工装,这样就能减少大量的重复性工作,提高设计效率。因此,在已有的模块化设计基础上将产品平台的设计思想应用进来,并对工装模块进行分类管理,这样使得传统的模块化设计更合理。不但有利于模块的管理,还有利于模块的检索,从而提高工装的设计效率。在不改变通用模块的情况下,通过调节柔性模块的参数值,并添加专有模块,得到一系列工装。

在模块化设计中可将产品平台看作一个大的通用模块,此类产品平台与一般产品族中的产品平台构成不同,如图 4 - 3 - 4 所示。一般的产品平台由零件或部件构成,如图 4 - 3 - 4(a)所示,而在模块化设计中则是由一系列模块组成,模块又由零部件构成,如图 4 - 3 - 4(b)所示。

根据产品平台的定义以及产品的构成方式,可以得到工装组成结构图,如图 4 - 3 - 5

所示。

如图 4-3-5 所示,将工装结构中各模块的定义如下。

(1)通用模块是指被一组工装所共享的、可直接重用的模块。是产品族内相关系列产品的基础,它具有产品族内所有工装的共性特征。

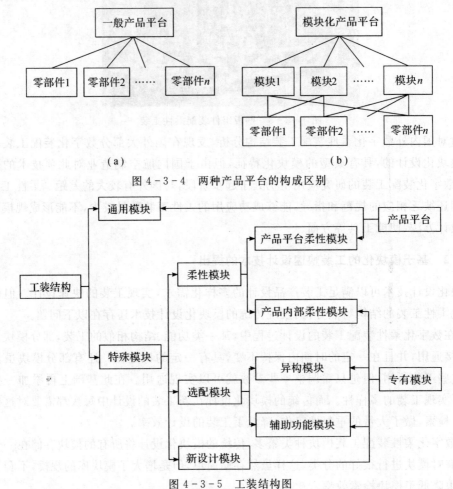

图 4-3-4 两种产品平台的构成区别

图 4-3-5 工装结构图

(2)柔性模块是指一组具有相同功能和相同原理的结构相似的模块系列,通过对模块参数的修改生成所需的一系列模块,柔性模块能够在三维建模中实现参数驱动。柔性模块包括产品平台柔性模块和工装内部柔性模块。其中产品平台柔性模块是指通过参数的修改而能够适应产品族内每个工装需要的模块。工装内部柔性模块是指单个工装内具有相同功能和相同原理的结构相似的一组模块。

(3)专有模块是指在一个给定的产品族中,每个工装都有区别于其他工装的功能或结构,以响应不同的市场需求。这些结构模块相对于产品平台的模块寿命短、多变型,往往只被一个工装所采用,称为专有模块。

(4)选配模块是指可由客户自由选择的模块,包括异构模块和辅助功能模块。

(5)异构模块是指具有相同功能、不同结构性能但可互换的模块集合,该集合中各模块结构各异,无法实现参数驱动,用户可在多种选择中做出选择。

（6）辅助功能模块是指该模块的有无都不会影响到工装的基本功能,但是一旦被选取后,就可使工装的功能得到增强。

（7）新设计模块是指为了实现特定功能的不同于其他工装而需创新设计的模块。

4.3.3　模块划分与模块集合构建

首先是从已有的工装分析入手,对一类功能结构相似的工装进行规划,对每个工装进行模块划分,建立功能结构相似工装的共享单元模块。然后在模块划分的基础上建立模块性矩阵,模块性矩阵是以矩阵的形式对工装进行的描述,根据模块性矩阵可以确定不同工装之间的通用模块、柔性模块以及不同工装各自的专用模块。从而确定不同工装之间的共享模块,以及不同工装的专用模块。其划分与构建流程如图 4-3-6 所示。

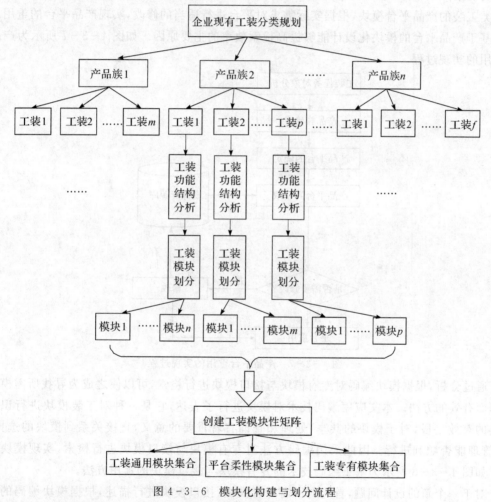

图 4-3-6　模块化构建与划分流程

4.3.4　模块的重用

模块重用是根据需求将设计资源库中已有的符合设计条件的模块重新应用在新工装的设计中,是实现工装快速设计、保证工装装配质量和降低工装成本的有效途径。要实现对已有模块的重用,就要根据设计需求在设计资源库中进行检索,得到所需模块。一般来说,通过检索得到的相似模块很少能完全符合新设计需求,这时需对检索到的模块进行必要的调整或修改,使之满足设计要求,从而实现模块的重用。

模块的检索技术是实现对已有模块重用的关键步骤。一般来说,在对模块检索的过程中,通过计算目标问题与已有模块的相似度,得到推理的结果,但是通过上一节的讨论发现,模块的种类繁多,对于不同种类的模块描述的属性不同,并且对模块的每一个属性都要有专家赋予一个权重,因此针对不同类别的模块要采用不同的计算过程。随着数据库的不断扩充,模块种类的不断增加,通过相似度的计算得到目标模块的方法越来越难以实现。

在数字化柔性装配工装模块化设计技术中,对已有模块的检索与一般的模块检索方式有所差别,包括产品平台、专有模块与接口模块的检索。其中产品平台的检索与专有模块、接口模块的检索方式不同,它是设计人员根据工装任务对象的描述,在系统界面提示下快速得到符合该类工装的产品平台模块,根据实际需求对平台进行适当的修改,实现产品平台的重用。这也是基于产品平台的模块化设计能够提高检索效率的主要原因。如图 4-3-7 所示为产品平台重用的实现过程。

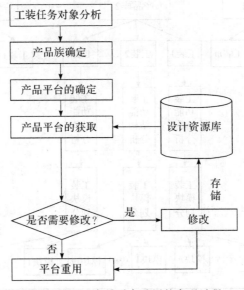

图 4-3-7 产品平台重用的实现过程

通过分析,根据模块编码对专有模块与接口模块进行检索,可以使之成为寻找所需模块的简单而有效的方法。本文应用编码技术对模块进行了表达,它是一种对工装模块进行识别和分类的有效手段,对于模块的共享、处理和查询有着重要的意义,直接关系到模块的选择、重用、管理能否顺利进行。因此采用编码方法对专有模块与接口模块进行检索,实现模块的重用。如图 4-3-8 所示为基于编码技术的专有模块与接口模块的重用方法。

对于一个新的设计问题,首先对所需专有模块、接口模块进行描述,根据模块编码的原则与方法对所需模块进行编码;然后输入编码号在设计资源库中检索相似模块,看是否有结果,如果没有结果则对所需的模块重新描述;再对检索到的相似模块进行评估,如果满意则直接重用,如果不满意则通过人工干预对检索出的模块进行修改,直至满意为止,从而实现模块的重用。

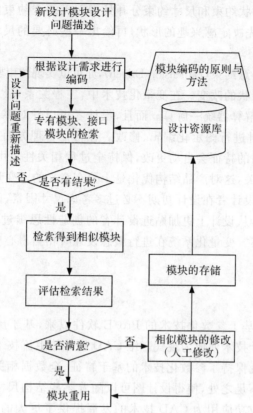

图 4-3-8　专有模块与接口模块重用的实现过程

4.4　变量化快速设计

　　三维模型是设计者表达自己设计思想的最好工具。合适的三维软件为设计者正确表达自己的设计思想提供了有效的支持。目前,三维建模技术主要有以 Pro/E 为代表的参数化建模和以 SDRC/I－DEAS 为代表的变量化建模两大流派。参数化技术解决的是特定情况(全约束)下的几何图形问题,表现形式是尺寸驱动几何形状修改。参数化系统的指导思想是:设计者必须按照系统规定的方式去操作,即对关键尺寸、形体尺寸、定位尺寸及参考尺寸进行全尺寸约束后系统才能生成正确的设计,而在非全约束时,造型系统不许可执行后续操作,造型遵循严格的"父子关系"。因此,在参数化环境下进行建模和修改,设计者不仅要准确把握零件本身的特性,还必须清晰地了解软件内部的运行机制。由于参数化技术苛求全约束,每一个方程式必须是显函数,即所使用的变量必须在前面的方程式内已经定义过并赋值于某尺寸参数,其几何方程的求解只能是顺序求解,在建模时,设计者要像程序员一样思考模型编辑的逻辑必要性,因此严重干扰和制约了设计者创造力及想象力的发挥,不适于概念设计。这是参数化技术目前存在的较大缺陷。以 SDRC/I－DEAS 为代表的变量化造型技术是在参数化的基础上做了进一步改进后提出的设计思想。I－DEAS 变量化技术的核心称为超变量化几何(Variational Geometry Extended,VGX),它是由 SDRC 公司独家推出的一种 CAD 软件的核心技术。它的指导思想是设计者可以采用先绘制实体形状后给出尺寸的设计方式,允许采用不完全尺寸约束。它充分利用了形状约束和尺寸约束分开处理而无须全约束的灵活性,由于可适应各种约束状况,操作者可以先决定感兴趣的形状,再给出一些必要的尺寸,尺寸是否标注完全并不影响后续操作。

变量化技术解决了任意约束(Dimension Driven),亦可以实现约束驱动(Constrain Driven),即由工程关系来驱动几何形状的改变。在变量化技术中,工程关系可以作为约束直接与几何方程耦合,最后再通过约束解算器统一解算。而且,设计者可以针对零件上的任意特征,直接以拖动方式非常直观地实时进行图示化编辑、修改。在特征管理方面,它采用历史树的表达方式,前一特征更改时,后面的特征会自动更改,保持全过程相关性。由于采用联立求解的数学手段,方程求解与顺序无关,这对产品结构优化是十分有意义的。变量化技术为设计者提供了更加灵活的设计空间,使设计者在设计初期不必过多考虑尺寸因素,而是先从全局现状进行考虑,再慢慢完善调节尺寸,从设计上更加贴近设计者的创造性思维过程,使其可以有更多的时间和精力去考虑设计方案。变量化系统在进行概念设计时相当得心应手,适用于新产品开发、老产品改型等创新设计。

4.4.1 基本概念

自从 PTC 公司推出基于参数化技术的 Pro/E 软件以来,基于历史的参数化特征造型技术和基于约束的装配设计技术便成为现代三维 CAD 软件的主流技术,并推动了 CAD 技术的广泛应用。变量化技术既保持了参数化技术的基于特征、全数据相关、尺寸驱动设计等优点,同时又克服了它的许多不足之处,使得设计图可以随着某些结构尺寸和使用环境的改变而自动修改。变量化技术的成功应用为 CAD 技术的发展提供了更大的空间和机遇,同时变量化设计也成为了当前 CAD 技术的重要发展方向。当所设计的零件形状较复杂时,通过尺寸来控制形状就比较困难。变量化设计是一种比参数化设计更先进的实体造型技术,它是基于用户设计层次的设计方法。变量化技术既保持了参数化技术的基于特征、全数据相关、尺寸驱动设计等优点,同时又克服了参数化设计的不足之处,使得设计图可以随着某些结构尺寸和使用环境的改变而自动修改。变量化设计的出发点是基于变量的,在设计模型图的约束方程时,不必考虑图形的全尺寸约束满足问题,可使设计者集中于模型设计。

变量化设计方法将设计对象视为一个几何约束系统,这个几何约束系统由各种几何元素以及作用于这些几何元素之间的各种约束关系构成。而约束关系主要是由尺寸约束和结构约束来表示,用户进行的尺寸标注实质上就是图形约束关系的数值体现,对图形进行尺寸驱动是变量化设计技术的基本功能。尺寸驱动变量化设计的目标是求得满足尺寸约束关系集的几何元素集,实质上就是一个尺寸约束满足问题(Constraint Satisfied Problem)。设计过程就是给定功能、结构、材料及制造等方面的约束描述,关键在于几何图形中基本元素之间约束关系的建立。尺寸约束关系一般是采用基于图论的表示方法,利用约束之间的依赖关系建立约束依赖树或约束图,从而进一步确定几何元素求解次序。

4.4.2 变量化设计的实现方法

1. 变量化设计方法

(1)变量几何法。由 Gossard 首先提出的变量几何法通常采用牛顿-拉普森迭代法来对其进行整体求解。此法将所有尺寸变量都放在一个方程组内用统一的代数方法求解,适应能力强,理论上可以覆盖任何形式的约束,但难以进行约束一致性判断和快速有效求解,可靠性与稳定性也较差。早些时候,向文等人提出了基于图论和归约的改进求解算法,并指出:

1)方程组是稀疏的。

2)大多数方程是线性或二次的。

3)方程两两之间共有的变量个数较少。

基于以上 3 个特点,先对函数与未知量进行匹配,能较为有效地实现约束一致性的检查。然后采用图论的方法,根据变量与约束函数之间的依存关系,将一个大方程组分解成若干个子方程组,并通过拓扑排序确定各子方程组的求解顺序。这样,求解整个方程组的问题就化解为求解单个子方程组,求解复杂度降低,速度也大大提高。由于每个子方程组之间没有联系,修改某一尺寸,进行一次局部排序,找出受该约束影响的方程和未知变量即可,使得算法从可靠性与稳定性方面得到了改善。

(2)几何推理法。该方法是 1986 年由 Aldefeld 首先提出的,它在求解过程中,将几何元素(必要时引入辅助线)之间的约束关系用一阶谓词描述,并进行符号处理、知识表示,最后通过专家系统进行几何推理逐步确定出未知的几何元素。这类方法强调了作图的几何概念,对于约束的一致性、稳定性、有效性方面有较强处理能力,具有较强的智能性,但存在着系统复杂、推理繁琐、无法解决循环约束等问题。葛建新、高曙明等人对这种方法进行了改进,提出了基于自由度亏损的快速有效的推理算法。将每个约束(包括与辅助线相关的约束)对应一系列的代数方程,从自由度为零的几何元素开始推理。在推理过程中,若某一约束中,仅有一个未知几何元素,则称该约束生效。通过对已生效的约束的引用将使与未确定的几何元素的自由度降低某个特定值。一旦几何元素自由度为零时,该元素变成了已知,导致若干相关的约束生效。该过程重复进行直至所有元素均为已知或发现约束不一致的情况。

(3)图形操作法。辅助线作图法是图形操作法中的一种典型算法。这一方法模拟设计人员在设计图纸过程中打样的习惯,类似手工绘图的过程,首先确定辅助线,然后连接几何元素的轮廓线。在作图过程中每一步都是确定的,每一条辅助线都只依赖于至多一个变量。修改某一尺寸值,则只需检索与其相关的辅助元素,作相应的修改。

这一方法是依靠设计人员的推断来确定约束求解顺序,由于恰当的辅助线的引入,巧妙地解决了以上两种方法中处理循环约束的难点;几何元素单个的逐步求解,不存在约束不一致性,但它过于依赖人的经验,作图过程麻烦。同时,由于辅助线过多,导致约束不易修改,在相当程度上影响了操作与显示。

2. 比较

变量化设计约束求解的核心问题在于导出正确的求解步骤与处理循环约束问题。第 1 种方法基于图匹配、强连通分量的凝聚与拓扑排序;第 2 种方法基于自由度亏损的几何推理;第 3 种方法通过设计人员确定正确的作图次序,通过辅助线的引入巧妙地解决了循环约束问题。3 种方法虽然不同,但可说是殊途同归,得到的结果是基本一致的。

基于图论、归约的变量几何法综合了代数法与人工智能方法的优点,对约束方程组进行分解,实现约束一致性判断,最后采用解析与数值法来求解分解后的约束方程组,避免了代数法对约束一致性无法检测而要求高的不足,使约束方程组的求解由繁杂变为简单而快捷。从数学模型上保证数值迭代良好的稳定性和收敛性。几何推理法主要基于专家系统或一定算法进行推理,但其中的每一个约束关系仍然是对应一系列的代数方程,其自身无法解决循环约束的问题,必须依赖于代数法的求解。改进后的代数法分解出的一系列非线性方程与强连通量正对应于基于自由度亏损的几何推理法依次推导出的几何元素及循环约束分量,它们都是全局性的算法。辅助线作图法以作图过程为依据,约束的实现同样对应着代数方程,但它们之间的关系是以辅助线为联系,辅助线决定了几何元素的实现。由于过于依赖辅助线,决定了该方法只是局部性的,实际效果与灵活性都欠佳。几何推理法中同样存在辅助线,可见适当地使用辅助线起到了恰到好处的作用。可以总结如下。

(1)恰当的辅助线设置。

(2)一系列代数方程对应几何元素(包括辅助线)的各种约束。

(3)将几何元素与几何约束符号化,进行几何推理,得出求解顺序。

(4)采用代数方法逐步求解出未知几何元素,是新的变量化设计算法的共同之处,这几种方法的统一与结合,将为变量化设计提供快捷而简单的技术手段。

4.4.3 应用实例

工程设计中的概念设计阶段即初始阶段,工程人员应快速地草拟出零件的轮廓形状,而无须考虑零件具体的定位与定形尺寸。然而在低端的 CAD 软件中,往往需要在设计之初就确定具体的尺寸,一旦在产品设计的过程中对某些尺寸进行了修改,就需要重新构造轮廓,进而重复大量繁琐的绘图工作,非常浪费时间和资源。SolidEdge、CATIA、Solidworks 以及其他的一些软件采用参数化、变量化设计,通过设置变量,利用尺寸驱动使设计和修改工作变得非常轻松,从而提高了工程设计的质量和效率。

1. 基于 SolidEdge 的变量化设计

SolidEdge 是美国 EDS 公司推出的面向中小企业的终端三维 CAD 软件,它提供了零件特征造型、曲面设计、装配和工程图设计、钣金件设计等主要功能模块,基本能够满足制造行业产品设计信息化的要求。此外,SolidEdge 应用程序接口完整,采用标准的 WindowsOLE 自动化和组件对象模型(COM)技术,设计人员可以方便地使用开发语言,如 VB 或 VC,在其之上进行二次开发,编写具有自己企业特点的应用程序。SolidEdge 的变量化设计是一种基于用户设计层次的设计方法,它将图形的尺寸关系和几何关系以变量的形式来表示,通过直接修改变量表或利用编程方法来实现对变量的赋值,以实现零件的生成或修改。在 VB 程序中可以创建、访问 SoildEdeg 模型变量,通过数值、函数、子程序等方式建立变量之间的关系。将变量表与程序开发相结合实现变量化设计是对 SolidEdge 进行二次开发的常用方法,由 SolidEdge 完成复杂的三维造型,由二次开发程序完成复杂的设计计算,把变量表作为二者之间的桥梁,最后完成模型变形。利用变量表技术时,用户首先针对一些关键尺寸定义变量名或建立数学关系式,然后只要改变关键尺寸,就可以得到不同尺寸的同类零件,并通过零件族的功能存储起来。这样,工程师设计了一个零件后,实际上等于是设计了一个系列产品。

2. 基于 Solidworks 的变量化设计

Solidworks 的变量化设计实现主要有以下三种途径。

(1)在 SolidWorks 的工具栏中提供了一个可供用户操作的方程式,使用方程式可以给任何特征的草图尺寸或参数进行控制,实现变量化设计。设计过程:

1)三维实体建模。利用 SolidWorks 的三维绘图功能,实现零件的三维实体建模。由于采用变量化功能设计模型,只需按常规方法绘制出零件模型,其尺寸不需要准确无误。

2)标注尺寸添加方程式。对草图进行尺寸标注,添加方程式进行变量化设计。

3)重建模型。所有的方程式在整个几何重建之前先全部求解出来,就可以得到不同尺寸的新模型。

在 SolidWorks 中应用方程式实现变量化设计,用户无须编程,直接在方程式列表中添加约束方程式就可以控制零件模型的形状和尺寸,既简单又方便;但该方法一般用于变量的数量较少,且各变量及尺寸之间的关系较为简单的场合,对于复杂的图形,该方法较难处理。

(2)通过 SolidWorks 的二次开发实现变量化设计。通过 SolidWorks 的二次开发接口,将零件模型的结构和尺寸全部附以变量的形式,由程序控制零件模型的设计计算和特征构建。程序设计时无须考虑零件尺寸的大小,全部用变量表示,最后通过一个用户界面获得用户输入的数据,由程序驱动 SolidWorks 得到所需的三维型。如图 4-4-1 所示装配体为例,简要说明 VB6.0 二次开发 SolidWorks 变量化设计过程。

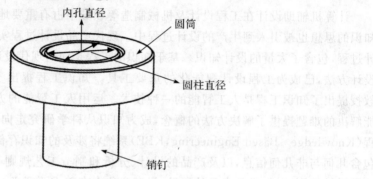

图 4-4-1　变量化设计图示

如图 4-4-1 所示的装配体由零件"圆筒"和"销钉"组成,将圆筒的"内孔直径"设置为关键变量,销钉的"圆柱直径"设置为"圆筒内孔直径",当圆筒"内孔直径"改变时,销钉的"圆柱直径"将随之改变。

启动 VB6.0,打开"引用"对话框,选中"SolidWorks OLE Automation1.0 type library",完成 SolidWorks 对象的引用,通过"对象浏览器"可方便地查阅到 SolidWorks 对象所有成员及其语法格式,然后就可以像调用 VB 自己的对象一样调用 SolidWorks 所提供的对象。首先定义对象变量如:Dim swAppAsObject,PartAsObject,通过 SetswApp = CreateObject("Soldworks. Application")引用 SolidWorks 对象,Set Part = swApp. ActiveDoc 激活文件,Set Part = swApp. NewDocument( )新建文件,Part. InsertSketch True 激活草图绘制,然后使用画圆对象 Model. CreateCircleVB 完成圆的绘制,使用拉伸实体特征 Model. FeatureEx－truded 完成圆的拉伸,即可获得设计。改变圆筒内径,可获得新模型。

采用 SolidWorks 二次开发程序进行零件设计,是一种完全的变量化设计,一个应用程序可以生成一系列相似的零件,且界面清晰、操作方便;但是编程工作量较大,图形设计全由程序驱动,不能充分发挥 SolidWorks 强大的绘图功能。

(3)将 SolidWorks 的方程式和二次开发相结合实现变量化设计。该方法是前两种方法的综合运用。首先利用 SolidWorks 的特征造型技术建立一个能够反映同类零件所有特征的三维实体模型,通过方程式对图形施加约束,再利用 VB 对 SolidWorks 二次开发,开发程序将执行以下操作:打开三维实体模型文件,激活实体,通过 SetDimension= Part. Paramete 获取需编辑尺寸对象,用 Dimension. Value 从用户界面获取需编辑尺寸的值,最后根据编辑的尺寸通过 Part. EditRebuild 重新生成实体模型。

4.5 智能化的快速设计

随着人工智能的发展,关于怎样表示知识、怎样获得知识并使用知识得到了系统的发展,推动着快速设计向自主决策的智能化方向发展。由于工装设计是一个经验知识较强的领域,因而关于知识的设计及应用是系统研发的关键技术,本节将介绍在知识系统的辅助下衍生出的快速设计方法。

4.5.1 基本概念

计算机辅助设计在工程设计及机械制造等领域中占有重要地位,作为一项高新技术,基于知识的思想也被引入到生产的设计过程中。现代产品设计过程实质是一个知识驱动的创新设计过程,包含了大量的设计知识。基于知识的工程是面向现代设计而生产、发展的创新型智能设计方法,已成为工程设计智能化的重要工具。知识工程提出于 1977 年,美国 Feigenbaum 教授提出了知识工程是人工智能的一种技术。运用人工智能的方法,对那些需要专家知识才能解决的难题提供了解决方法的概念,成为知识从科学研究走向实际应用的里程碑。知识工程(Knowledge - Based Engineering,KBE)系统将涉及的知识存储于产品模型之中,设计知识包含几何与非几何信息,以及产品的设计、分析和制造工艺规则等。KBE 系统应用这种启发式的设计规则,对促进新产品的研发,提高竞争力有着重要意义。

基于知识工程的系统,是 CAX 研究热点之一、也是人工智能中最活跃的分支之一。将知识工程与 CAD/CAM/CAE 技术相结合,实现一个先进的、智能的计算机辅助设计过程,这不仅体现了并行工程的思想,还强调了专家知识和经验的传递、继承和共享。基于知识工程系统的研发是一个综合的过程,设计者将收集的产品设计、分析、制造等方面信息和专家知识及经验集成到系统之中,使得设计人员在不同设计阶段得到不同程度的技术支持。作为一种新的、先进的设计方法,知识工程已广泛应用于国内外许多工程设计领域中。

基于知识的设计方法是将并行工程与知识管理相结合,利用计算机辅助设计实现智能化设计,有效管理设计领域中的所有知识,继承已有知识并进行传递和共享的过程,知识、知识集成设计系统和设计人员共同组成了基于知识的设计的三要素。基于知识的方法关键在于其能否自动处理形式化元数据,以便获得更加匹配的知识数据,从而解决设计中的快速响应问题。基于知识的设计包含基于知识的表达与储存、知识的检索获取、加工和重用等。

1.知识工程构建的关键技术

(1)知识的表示。知识的表示就是知识的一种描述规则。为了在计算机中处理或推理知识,必须规范一种知识的表现形式,以便计算机识别和处理。然而不管采取何种表示方法,都必须满足可读性、有效推理性、可扩充性、可访问性、知识的模块化、易于理解及管理。

知识表示的方法多种多样,然而目前比较流行的知识表示方法有产生式表示法、语义网络表示法、框架表示法、谓词逻辑表示法、面向对象表示法、人工神经网络法、基于粗糙集表示法等等。然而对于深层次以及复杂的知识,很难用一种方法来表示,常常用两种或两种以上的表示方法来表示,即根据知识的特征来决定用两种或两种以上的方式联合表示,以达到更加准确、更加合理地处理知识的目的。例如用产生式规则、框架表示法和面向对象的表示法联合表示法,其中面向对象的表示方法将知识领域 K 分成三个部分

$$K = (C, I, A)$$

其中,C 表示一组类,I 表示一组实例,A 表示一组这些类与实例的属性信息;产生式规则是一种适合表示因果关系的表示模式;框架表示法更具层次化、模块化地表达了知识的本身属性所处的状态以及关系。文中介绍采用面向对象表示法为主要方法建立规则库。

面向对象的知识表示方法是以"对象"为中心,一个对象完整的概念是指由它所属的类以及该类的一个实例组成,它完整反映了实体的静态属性及动态属性,并用一组数据表达实体特征。面向对象的知识表示借鉴了面向对象程序设计的"类"的特性,具有模块性强、结构化高等特点。在该方法中,类与对象构成了一个层次结构,通过类之间的继承、派生等反映了对象之间的关联关系。用类描述语言、描述规则及知识的一般形式为

Rule:　　　＜规则号＞
If　　　　＜前提字句＞
…
Then　　　＜结论字句＞
…

其中,［…］表示省略项,因为不同的规则有不同的＜规则号＞;＜前提字句＞用于规则的判断,判断是否符合该规则;＜结论语句＞即为如符合判断条件,则做出相应的措施或结果。

Class　　＜类名＞［＜父类名＞］
［＜类变量名＞］
Properties＜对象事实性知识定义＞
Methods＜对象过程性知识定义＞
Restraint＜对象知识的限制条件＞
END

其中,＜对象事实性知识定义＞表示该对象的属性知识,如一个标准件的名称、材料、规格等知识;＜对象过程性知识定义＞表示过程性知识,是可以实现对对象进行相应操作所需的方法定义;＜对象知识的限制条件＞表示该类所应满足的限制条件。

面向对象的知识表示方法实际是传统的产生式、框架式、过程等表示方法的集成,具有强大的知识表示能力,且与人的一般思维方式所吻合,从而给用户和设计者一个易于理解和接受的认识界面。此外,对象知识的封装、继承、派生等机制可以更方便知识的推理及维护。

(2)知识的建模。

1)基于特征的知识建模。特征建模是一种比较完整的描述几何的实体建模技术。这种技术对几何形体的定义不限于名义形状的描述,还包括了规定的公差、制造信息以及表面处理和类似的相关信息。这种包含设计及制造等信息的建模技术称为特征建模。面向设计、制造过程的特征技术,克服了以往几何模型的缺陷,因此特征建模技术被公认为几何建模发展的主流方向。

2)几何特征的分类。特征可以分为模型基本特征以及面向设计制造过程的特征。模型特征是指实际构造出零件模型的特征,而面向设计制造过程的特征是指那些与设计生产环境有关的特征,并不实际参与零件的几何建模。具体如图 4-5-1 所示。

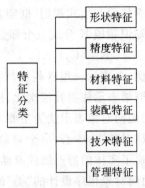

图 4-5-1 特征分类

形状特征:主要描述零件内、外表面的基本几何形状和形面要素。

精度特征:描述几何形状及尺寸的许可变动量或误差。

材料特征:描述材料的类型与性能及热处理等信息。

装配特征:描述零件在装配过程中需要的信息。

技术特征:表达零件在性能分析时所需要用到的信息。

管理特征:描述一些与上述特征无关的其他信息。

3)几何特征建模方法。

a. 交互特征定义。交互特征定义是通过对屏幕上的零件进行操作,由用户以人机交互的形式选取模型上的几何实体(边、线、面),将它们组在一起定义为特征,再通过一些非几何信息的补充,实现特征建模,如图 4-5-2 所示。交互特征定义灵活、直观,但效率低。

图 4-5-2 交互特征

b. 自动特征识别。自动特征识别即是以特征识别器遍历零件几何模型,将几何模型与已定义好的样板特征进行匹配,标示出零件特征,建立特征零件。如图 4-5-3 所示,自动特征识别中,设计人员首先通过传统实体建模建立零件,然后通过一个特定领域的自动特征识别系统从几何模型中将特征识别出来。

图 4-5-3 自动特征识别

(3)知识的获取。知识获取即指从知识源获取领域知识,并转换到计算机中,实际上是工程师与设计专家一个互通知识的过程,通过与领域专家的交流,获取相关设计知识与实践经验,是知识工程系统的基础,主要包括以下几方面。

1)设计过程相关知识:即如何进行设计的知识,它包括设计的一般原理以及专家的实践、理论经验。

2)设计对象的知识:即设计对象的结构、材料、用途等。

3)用户方知识:用户方对设计对象的要求,包括企业标准、行业标准等。

4)数据挖掘技术:是指从数据库的大量数据中揭示出隐含的、先前未知的并有潜在价值的信息的一种技术,是一种决策支持过程,高度自动化地分析企业的数据,做出归纳性的推理,从中挖掘出潜在的模式,帮助决策者调整市场策略,减少风险,做出正确的决策。

数据挖掘技术是知识获取的核心部分,是采用机器学习、统计等进行知识的学习阶段。知识获取是从数据集当中发现知识的,其中包括数据清理、数据筛选、数据转换、数据集成、数据挖掘等多步骤处理过程。多步骤之间相互影响、不断调整,形成了一个螺旋式数据挖掘过程。

2.知识工程驱动的关键技术

将知识工程应用到产品设计当中,主要从知识的推理、知识的繁衍和知识的应用来实现,如图 4-5-4 所示,表示了知识工程技术在产品设计中的路线。

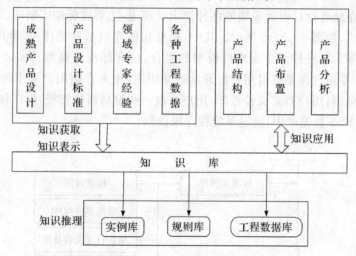

图 4-5-4 知识工程应用

(1)知识的繁衍。知识的繁衍(Knowledge Discovery and Database,KDD)技术是通过机器学习等方法来分析数据库中的大量数据,从而挖掘出潜在的知识。该方法用于信息管理、决策支持、过程控制和工程设计等领域。KBE 系统与传统专家系统的主要不同之处在于其具有"自我生成"的知识繁衍技术,知识繁衍是数据挖掘技术和知识获取的延续,同样实现了对知识的拓展。随着数值仿真技术在设计及制造中广泛应用,并与知识工程相结合,提供了知识繁衍的手段,拓宽了知识获取的途径,允许用户在系统中自动从设计实例中获取知识,从而对系统进行扩展。然而对于海量的、不完备的数据信息缺乏有效的方法进行深层次的分析,大量的有效知识流失,难以满足产品开发的创新性的需求。因此,迫切需要将数值模拟实例技术与知识工程相结合起来,挖掘潜在有用数据从而对产品进行有效的设计指导。

近年来,随着人工智能在工业设计的兴起,将机器学习方法引入人工设计过程中,通过知识繁衍有效指导了实验设计,从而降低了由代替模型引起的误差,整个设计过程中,设计人员、领域专家和知识繁衍系统之间人机交互进行,这样通过知识繁衍技术,获得可信赖的全局最优解。

(2)知识的规范化应用。知识的应用过程就是实现各种设计知识及规则在产品设计中的重用过程。将知识与系统的规范化结合,在设计过程中,使得知识能够指引或帮助设计者进行设计。在 Visual Studio 环境下,利用 CATIA 二次开发技术与数据库技术相结合的方法将知识应用到产品设计中的各个环节,实现产品的智能设计。具体实现方法为:利用 C++语言以及 CATIA 本身提供的接口开发数据访问模块,对知识库进行设计及访问,并将知识库部分与 CATIA 产品设计相结合,使得整个产品设计过程灌输于知识库当中。

知识的规范化应用主要体现在三个方面:工装名称的规范化命名、工程图的规范化生成和标准件的规范化调用。将部分知识固化存放在系统中,例如工装命名规则、工程图模板等,提供数据接口,让用户可以输入参数或其他信息,经过系统的计算公式或映射规则,将得到的结果显示给用户。用户无须面对复杂的设计算法或规则,只需输入部分信息,就能实现运算或设计,达到真正的智能化、快速设计。将知识规则融于系统中,实现知识的应用,达到真正 CAD 智能化、规范化设计。

3.产品知识库规范化的设计及管理

产品知识库存储着设计时所需要的各种知识及规则,主要由标准实例库、标准设计规则库及工程数据库组成,如图 4-5-5 所示。其中,标准实例库包括标准件库、常用零组件库和用户自定义特征库等。标准件库是标准件模型的集合,包含标准件模型、Excel 数据表格、二维示意图文件;常用零组件库是针对用户而开发的知识库,用来存储用户常用的零组件,一般只包含常用零组件模型;用户自定义特征库:用户存放一些材料属性特征、机床特征等信息,将特征信息写入 ACCESS 数据库中,通过系统程序来读取。

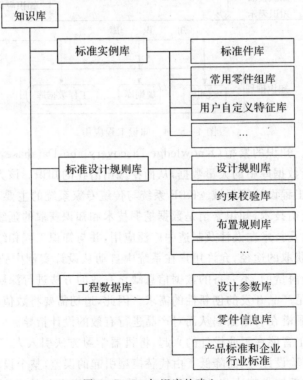

图 4-5-5 知识库的建立

标准设计规则库用于存放各种支持产品设计的规则,包括设计规则库、约束校验库以及布置规则库等。设计规则库主要包含产品构型规则、工程规则以及几何造型规则等,这些规则一般都是数学公式或条件语句,通过这些判断及推理得出产品的结构和参数从而实现产品的几何造型;约束校验库用于定义在参数化设计过程中变量的取值范围和函数之间的约束关系;布置规则库用于确定产品的布置方式,例如用户自定义特征的定位、检查等。

工程数据库用于存储产品设计所需的工程数据,包括产品的设计参数库、产品标准、零件信息库和企业标准等。由于工程数据类型繁多、结构复杂,因此必须根据数据结构、数据类型的复杂程度来确定工程数据的存储方式,如在很多企业中常用 Excel 表格来实现零件信息的存储,常用 ADO 数据库来存储零件的设计参数和属性信息。工程数据存储方式的复杂性决定了在知识的调用过程中也需定义相应的调用方式来实现知识的重用和共享。

知识库管理是实现知识管理的工具,如知识的查询、添加、删除及修改等操作。由于知识的多样性,使得知识的管理也各不相同。实例库的管理主要是针对用户自定义特征(UDF)的管理,包括自定义特征的添加、删除、修改等功能。数据库的管理主要是针对标准件及属性信息等,标准件库的建立及管理采用本地应用形式,利用文件的查找方式进行标准件库的查询,并在人机交互界面建立标准件调用和标准件添加等功能,实现标准件的添加、调用等功能。采用数据库的方式管理属性信息,利用 ADO 数据库连接方式实现对数据库的查询、编辑、删除等功能。

4. 工装标准库的建立和管理

飞机工装标准件库是把工装设计中的标准件、企标件和航标件实体模型集成在一起,并配有相应的管理系统和与 CATIA 交互的软件模块。设计人员在飞机工装设计时,可以通过索引标准件库中的内容,调用所需要的标准件,并在调用的基础上修改标准件的规格和相关约束,大大减少了设计时间,提高了设计效率,并减少了设计的出错率以及由此带来的纠正错误工作量。

实践表明,工装设计中若采用大量的标准件来代替自制件,不仅利于工装的改错、修正,对于设计及生产制造来说也提供了方便。从工装设计到工艺规划、零件制造的过程,飞机零部件的成本急剧增加。要从根本上解决减少设计制造周期、设计返工等现象,应尽可能使用标准件。在设计阶段,大量使用标准件能减少设计者的三维实体模型建模时间,并减少出错率。在制造阶段,大量使用标准件能减少工程师的图纸研究时间,并且标准件一般工厂会有很多存货,极大程度上增加了制造效率,同样使得工装设计更具规范化。

在当前通用的三维建模软件中,都只能提供一些通用标准件库。但是通用标准件库不能满足各行各业不同的专业需求。因此,针对飞机工装设计中,设计了本地应用模式的建库方案,通过软件交互界面,即可实现标准件库的扩充和调用,体现了系统的柔性和便捷性。相对普通标准件库,一些标准件做到了建库是以本地应用模式为基础,将标准件库建立在本地机器上,无须借助服务器,可以实现标准件的快速、方便调用;对标准件的调用,并不会对标准件库中的原始模型进行修改;所开发的环境都是在 CATIA 的装配环境下,是完全面向装配的规范化设计,完全符合设计标准。

(1)飞机工装标准件建模。飞机工装标准件库是多个工业领域的标准件的集成,其中主要包括国标件、机床夹具零部件、通用航标零组件、飞机装配夹具零组件、冷冲模具等。飞机工装标准件是整个工装设计的基础,标准件的建模方式直接影响整个库设计效率,基于特征的参数化建模可以实现建模的规范化,可以很大程度上提高设计效率。

标准件实体模型是标准件库的基础,是标准件调用的源头,标准件的模板。标准件建模方法的好坏,直接影响后续标准件库的设计与调用情况。在标准件建模技术中,有两种不同的建模方式。

1)静态建模。这种建模方式是对零件的所有规格都进行建模,调用时直接根据所选用的规格无须进行任何修改即可实现标准件的实例化。类似 CATIA 本身的 Catalog 功能,将零件所有规格都进行了实例化,调用时直接选定所需要的规格即可。这种建模方式,在建立标准时需要建立大量零件,占用大量空间,不易于扩充,并且 Catalog 功能不能进行组件的建模,只能针对零件。

2)动态建模。动态建模建立标准件的模板文件,将该标准件中的所有规格数据尺寸信息都写入到数据表格中,关联零件尺寸约束和参数数据表格中的数据,并通过表格参数与三维模型中用户参数映射来实现标准件的实例化。这种建模方式工作量小,并易于标准件的扩充,占用的空间小,标准件模板与数据表的参数映射通过 CATIA 即能够实现,特别适合标准件的建模。

a.标准件的主参数定义。一个零件的主参数即一个零件的所有主参数赋值后,零件的所有参数和拓扑结构及其尺寸都确定,并且一个零件的主参数是唯一的。据一般经验,二维示意图中的零件名称包含零件的所有主参数,即可以从名称中确定零件的所有主参数。主参数主要有三种类型,分别是系列值、自定义值以及范围值。具体含义如下:

(a)系列值,即主参数的值是一个不连续的有限集,例如 $P(D) = \{D, D = 1, 2, 3\}$。

(b)自定义值,即取值可以是符合要求的任意值。

(c)范围值,即主参数的取值是一个区间,例如 $P(D) = \{D, 1 \leqslant D \leqslant 2\}$。

在标准件中,相对于主参数的其他尺寸参数是固定的,或者可以由主参数通过数据表映射关系来确定。在实际应用中,用户只需设定几个主参数,而不用面对大量的其他尺寸参数,主参数的定义实现了对零件大量数据信息的封装,使得设计更简单化,设计界面更清晰化。同时,基于主参数的标准件设计只需处理标准件中的主参数,从而实现了标准件参数统一处理。通过添加参数表格中的数据,而不需要对三维模型进行操作即可实现标准件的离线编辑和动态扩充,提高了标准件库的动态扩充性能。

b.基于主参数的标准件零件建模。基于主参数的标准件建模主要分为两个部分,一个是标准件三维实体的建模,一个是数据表格的建立。由于主参数封装了标准件的所有参数,因而用户只需设定零件的主参数就得到了零件的唯一实例,从而简化了标准件的参数模型。基于主参数的零件建模主要步骤如下。

(a)建立参数表,写入零件的所有规格参数。根据要求建立 Excel 表格,将零件的所有规格尺寸都写入数据表格中,其中表格的第一行为数据的名称,且表格有一列数据必须为 Part Number,即为零件的名称,因此标准件的每个规格都对应一个名称,即可实现标准件的规范命名。

(b)绘制三维模型,建立用户参数,并与几何特征关联。用户参数为零件中的主要参数,一般与表格参数一一对应,而零件的其他参数一般由这些主要参数以及其数学表达式可以确定。并且将用户参数与三维模型相关联,即可以通过用户参数驱动整个三维模型。

(c)设定主参数,将用户参数与参数表关联。根据主参数的定义设定零件的主参数及类型,实现三维模型数据信息的封装。将所有的用户参数与数据表格相关联,即可通过数据表格驱动整个三维模型的尺寸。

c.基于主参数的标准件组件建模。组件由多个零件装配或固定各个零件的相对位置而成,相对于零件,它的尺寸参数数量更多,参数之间的映射关系更复杂,并且各个零件都有其自身的主参数及参数表,因此组件的主参数模型是由零件主参数组合而成。组件主参数模型的建立主要分为三个部分,一是组件中的零件三维模型及其参数表的建立,二是各个零件间的装配,三是组件的主参数及其参数表的建立。根据标准件零件建模步骤建立各个零件的三维模型及其参数表,之后通过装配约束或位置约束建立组件的三维模型。在组件中依照类似零件的参数化的步骤建立用户参数及参数表,设定组件的主参数与各个子零件的主参数之间的关联关系。若确定组件的主参数的值,通过主参数与各个子零件的主参数之间的映射关系确定了各个零件的主参数,从而确定了整个组件的所有几何尺寸及结构。具体通过组件数据表中的映射关系,实现驱动整个组件中零件几何尺寸信息,实现数据的封装,简化了设计流程。

(2)飞机工装标准库的建库分析。如今主流的标准件库建立及管理方式主要有两种:一种是服务器的连接方式,将标准件库建立在服务器上,当设计人员需要时,通过交互界面从数据库中选择所需的标准件,然后系统将标准件从服务器下载到本地供用户使用,这种管理方式更加规范、严谨,但是使用不方便,对标准件库的扩充及修改也必须经过管理员申请,可能会延长设计周期;第二种是本地应用模式,即每台机器上都建立一个标准件库,用户直接选取所需要的标准件,则系统会直接将该标准件调用出来,这种管理模式方便了用户使用,但是管理不严谨,缺少专业的人员来管理,并且每台机器上都建立一个标准件库,占用了大量的空间。

1)C/S 应用模式。C/S(客户机/服务器模式)即是客户端和服务器分别在不同的计算机上,客户端程序的任务是将客户的要求提交给服务器程序,再将服务器返回的结果显示给客户,服务器的主要任务是接受客户程序发出的请求,进行相应的处理,将结果返回给客户。C/S 系统开发的主要任务集中在客户端,客户端不仅要完成用户界面的设计和数据显示的工作,还要完成对数据逻辑处理的工作。而服务器端设计主要是设计信息数据的存储以及读取。C/S 应用模式应用于各自的客户机与服务器之间,分隔界面和数据。在数据应用中,服务器进程和客户进程是分别独立进行的,并且客户端通常不能修改服务器中的数据,只能由管理员来操作,客户只能访问服务器中的内容,如图 4-5-6 所示:

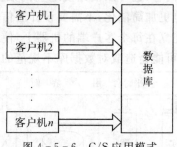

图 4-5-6　C/S 应用模式

若采用 C/S 应用模式设计数据库,将标准件库建立在服务器上,在客户端上设计用户选择查询标准件界面,根据选择的标准件从服务器下载到本地,之后在客户端上设计数据处理程序,将调用之后的标准件进行相应操作。但是不能对服务器上的标准件库进行扩充或修改,只能向管理员提出申请,之后由管理员来进行操作。C/S 应用模式使得管理更加规范,但是数据库的扩充性能差,管理员维护量较大,成本高,对网络的要求也比较高,不利于协同设计,且不能够实现动态扩充,不能真正达到快速设计的目的。

2)B/S应用模式。B/S应用模式即浏览器/服务器模式,是互联网兴起后的一种网络模式,客户端的应用软件即为 WEB 浏览器。这种模式统一了客户端,将系统的全部功能都集中在服务器上,简化了系统的开发和使用。客户端只需安装一个浏览器即可实现与服务器的交互,浏览器通过 WEB 服务器同数据库进行交互,如图 4-5-7 所示。

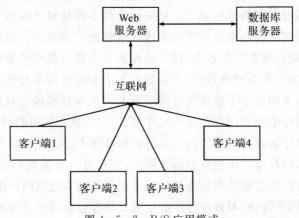

图 4-5-7 B/S 应用模式

B/S 应用模式最大的优点就是无须在客户端安装任何软件,直接通过内部网络就可以实现操作,优化了系统开发过程,用户使用更为方便,但是将所有压力都集中在服务器上,服务器运行数据负荷较重。更为主要的是,很多企业现有的标准件库模板就是基于 B/S 结构。有一定的基础,系统开发起来更为方便,但是由于现有的标准件库的标准件较少,总类不多,使用也不方便,因此很少有人使用。并且 B/S 与 C/S 结构相同,不利于协同设计,不能实现动态扩充,不能达到快速设计的目的,再由于服务器的要求更高,成本也将提高。

3)本地应用模式。本地应用模式是将标准件库建立在客户机上,实现标准件库及系统设计的一体化,如图 4-5-8 所示。客户调用标准件无须从服务器上下载,减少了对网络性能的需求,直接从本地数据库中调用。本地应用模式将所有程序都设计在本地上,从前台的客户界面到后台的数据处理,使得客户机的设计使用更加全面。本地应用模式使得数据库更加透明化,用户可以自由修改数据库的内容,也可以很方便地查询数据库,并对数据库里面的内容进行扩充或修改。客户端的设计也更加简洁化,不需要设计通信传输等问题,使得数据库的使用更具实时性。但是由于数据库建立在每个客户端的机器上,使得数据库的管理不方便,管理人员不能对数据库进行统一管理,可能会造成对数据库不规范的修改。

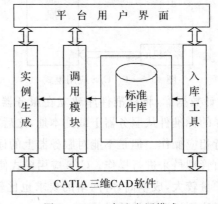

图 4-5-8 本地应用模式

若采用本地应用模式建立标准件库,使得系统的设计更简单化,用户可以直接实现标准件的预览,用户的调用即用另存为就能实现,将标准件从标准件库中另存为到飞机工装文件夹下。这样设计更具有时效性,对用户而言,无论调用还是入库自己都能很方便地实现,使得每个设计人员都能进行标准件库的扩充,每个人的标准件库都有各自的特色。但是相反,这种设计不利于管理,没有统一的管理方案。

(3)飞机工装标准库建库的实现。根据用户需求分析,工装设计人员调用标准件时需要简单方便快速,并且根据以往的设计经验,设计人员习惯于从本地调入使用。工装设计是一个很大的部门,其中包含了装配型架设计、焊接夹具设计、机床夹具设计、模具设计等,每个子部门的常用标准件都不一样,并且每个人都有自己常用的标准件,如若做成一个服务器,个人的常用标准件可能很难,或要花很长时间才能放入数据库中,造成了使用的不便,并且数据库的针对性不好,无法针对个人设计。根据上述标准件库建立的研究以及用户需求,选择了本地数据库建库方案。

利用特征参数化建模可以建立标准件的参数化实体模型,其中包含如下信息:

1)几何信息,即产品的几何实体建模过程的相关信息,它包含零件的构造几何特征、实体模型的几何和拓扑关系。

2)参数信息,标准零组件的主参数和用户参数,它们之间分别与参数表格的数据映射并与特征约束相关联,共同驱动整个零部件模型。

3)属性信息,即与标准零部件相关的属性信息,具体包括标准件的名称、材料、代号等技术要求。

4)装配信息,其中包括标准组件中装配零件之间的约束关系、定位关系、装配的层次和装配基准特征,如参考点、线、面等。

为了方便设计人员了解标准件的模型细节和约束参数所对应的特征,标准件库中除了标准件的实体模型与参数表格之外,还应包含其对应的二维示意图。标准件库从本质上来说是一个以大量信息数据为核心的系统,信息数据组织极其重要。信息数据的组织是指数据以何种方式结构来组织,方便查询和设计,从而达到高效有序的目的。通常这是对标准件库设计人员提出的要求,设计人员应找出一种优良的、抽象的数据组织形式来构架整个系统中的数据。这种数据组织结构应该抽象出信息数据之间的内在联系,并且容易存储、扩充。从文件类别上分为标准件三维模型、参数表格文件、图形文件等。

a.标准件库的分类。标准件库分为标准件组件库、标准件零件库、二维示意图库以及标准件信息库四个部分,如图 4-5-9 所示。标准件组件库是标准件组件的集合,即 CATIA 中的后缀为 Product。标准件零件库是标准件零件的集合,即 CATIA 中的后缀为 Part。二维示意图库包含标准件的二维图,图片的格式都为 BMP,用来展示标准件的细节及特征参数。标准件信息库包含属性信息和规格参数信息两大类。属性信息包含标准件的名称、代号、材料等信息,规格参数即是标准件所关联的参数表格。

b.标准件的分类。标准件的分类是将标准件库进一步细化,将标准件库分为国标紧固件、通用航标零组件、钳焊夹具零组件、飞机装配夹具零组件,将标准件进行分门别类,方便用户查找,便于设计人员管理。

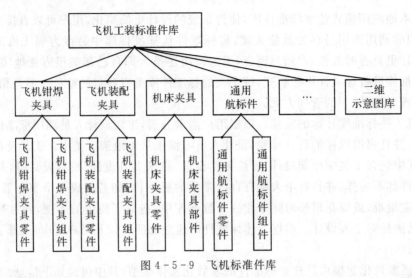

图 4-5-9 飞机标准件库

c.标准组件的建模。标准件组件也是基于特征的参数化驱动,即多个形状相同或相似的尺寸不同的标准件组件可以从同一个实体模型通过参数驱动获得。每一个具体的标准件组件都对应一个相应的原始模型。参数驱动可以大大减少标准件库模型的容量,同一个标准件号或者 A、B 型号的都可以用同一个标准件来建模。

三维 CAD 标准件的建库平台,依托于 CATIA 软件平台,根据工装快速设计系统的研究,标准件库的管理系统主要分为三个模块,分别是标准件库的建立、标准件库的扩充和标准件的调用,各个模块之间划分清晰,各自有不同的任务,如图 4-5-10 所示。标准件库的建立负责标准件的建立及分类,并放入标准件库中,成为一个初始的标准件库。标准件库的扩充主要任务是标准件入库,从系统交互界面中即可完成标准件库的动态扩充,无须进入标准件库文件夹进行操作。标准件的调用是标准件库实施的主要功能,这不仅关系到标准件规格的选取,还涉及标准件调用之后实例的文件名称,是标准件库设计最关键的步骤,它体现了标准件的规范化调用和生成,可以很大程度上解决设计人员调用之后的一系列问题,大大提升了设计效率。

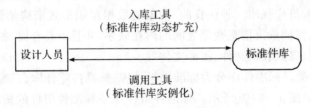

图 4-5-10 标准件库的扩充与调用

(4)飞机标准件库的管理。飞机标准件库的管理实际是对库中各种数据文件的管理,与数据类型有着直接的关系。标准件库中的数据大致可以分为下面四种。

1)描述实体模型的信息数据。这类信息数据的结构由支撑标准件库的 CATIA 平台所决定,包含零件的建模信息和属性信息两部分,这两部分信息都存储在零件模型中。

2)记录名称、标准件号等属性信息的数据及参数规格中尺寸参数值的数据,这类数据一般采用 Excel 数据表格存储。

3)用来表示标准件细节说明和特征约束尺寸的数据,这类二维示意图一般采用 BMP 格式来存储。

4）用来记录标准件库层次关系的数据信息。标准件库中的数据是有层次关系的，这类层次关系通常用 CATIA 平台和系统来记录。

每个标准件都有上述这几种信息，这几类文件在飞机标准件库中处于同一个层次，可以将每个标准件的上述几种信息采用相似的文件名放入同一个文件夹中，则每个标准件都对应有一个文件夹。将这些文件夹进行归类，将同一类型的文件放入相应的大类文件夹下。因此，标准件库的相关数据的存储就体现了标准件库的层次关系，只要记录下标准件库最上层的目录地址，系统就能完成对各层文件夹的访问和实现对库文件不同层次的访问，最终获取最下层文件的标准件。用户添加或删除相关标准件原始模型后不需要再对其他标准件进行操作即可完成对标准件库的添加或删除，大大优化了标准件库的操作和维护。

4.5.2 基于实例推理的快速设计

基于实例推理（Case - Based Reasoning，CBR）是目前研究较多的智能问题解决方法之一。它是在近十几年来人工智能中发展起来的区别于基于规则推理的一种推理方式。它是通过访问知识库中过去同类问题的求解从而获得当前问题解决的一种推理模式。数字化技术在工业领域经过多年的应用和发展，积累了大量的设计制造经验知识，这些有关产品、工装等的设计制造数据为实例库的建立和 CBR 的应用推广建立了基础。

1.基本原理

机械产品设计知识内涵丰富，具体到工装设计时会有包括来自各种设计文献资料的方法规定、各种工业标准、设计经验、设计公理、公式和专利等诸多知识来源，但更重要的是在生产过程中长期积累的设计经验和技能。有的知识是可以明确表达的，比如有些力学公式、国家标准件选用标准，等等，但是更多的知识不能明确表达，比如产品的美学特性、人机工程学结构特性、机构工艺性，等等。如何将这些设计知识合理地组织在设计系统中并及时地传递给设计人员是实现快速设计的关键。

CBR 起源于 1977 年 Schank 和 Abelson 所做的工作。1982 年 Schank 在《Dynamic Memory》一书中提出了 CBR 的认知模型，并在此基础上开发了一个 CBR 的应用系统，该系统是一个问答式的专家系统，它成为以后的许多 CBR 系统的基础。1989 年 Bruce Porter 提出并发展了机器分类学习的概念，提出要把领域知识和特殊的实例综合成为一个统一的表达方式。

作为人工智能发展的一个重要分支典型，基于实例推理问题模型，即 4R 模型主要包含四个部分：检索（Retrieve）、重用（Reuse）、修正（Revise）和保存（Retain）。当求解新的问题时，可以对实例库进行搜索，找到合适的实例作为参考。如果对找到的实例不满意，可以进行修改以适应当前情况，修改后的实例将再次被存入实例库，以便下次使用时作为参考。基于实例的推理模型如图 4 - 5 - 11 所示。

2.CBR 的实现方法

（1）实例描述。实例的描述本质是知识的描述，将积累的知识通过一系列专有的符号语言描述成人工智能可以识别的模式。一个完整的实例至少应该包括问题的描述和相应解的描述，可用二元组＜问题的描述；解的描述＞的形式表示；若实例还包含相应解的结果描述，则可用三元组＜问题的描述；解的描述；结果的描述＞的形式描述。Gebhardt 等指出，复杂实例包含如下特征：

1）复杂实例是从大型数据模型中分离出来的。

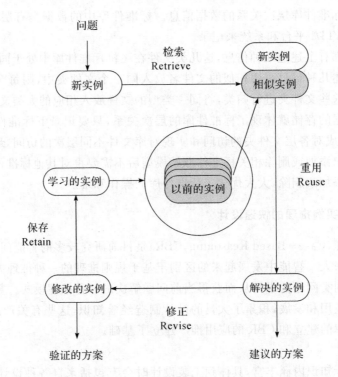

图 4-5-11 CBR 的 4R 模型

2）采用属性表达的方式描述实例是不够的，因而必须采用结构化的表示方法。

3）复杂实例中的问题和解决方案的描述状态不一定是静态的。

在实际情况下，针对不同的描述对象采用合理的实例描述方法能够提高 CBR 解决问题的能力。常见的实例描述方法有框架描述法、基于 XML 描述法、面向对象描述法、神经网络描述法等。根据不同的问题有不同的实例表达方法，这里主要说明 XML 描述法。

XML 具有条理性强、支持高效检索和多样化数据表示等优点，适合不同应用系统之间的数据交换。作为一种元标记语言，XML 的提出可以使用户根据自身所在的应用领域的特点，创建自己的标记语言，制定不同领域的实例标记语言，实现各自领域中信息的交互。由于 XML 可以充当不同数据之间数据交换的中间媒介，因此可以用来解决相同设计领域内不同 CBR 系统的实例资源共享问题，因而可以实现分布式的实例存储与检索，大大加强了 CBR 系统的求解能力；其次，XML 将处理过程与数据结构相分离，使实例成为一种单纯的数据描述形式，方便其被其他 XML 应用程序进行处理，从而实现了 CBR 系统与其他应用系统之间的信息传递。因此，XML 的优点保证了采用 XML 语言实现复杂实例表示的可行性。

但 XML 标准还不能直接对实例信息进行系统的描述，需要依据特定领域制定对应的实例标记语言，使 CBR 系统能够提取用这种格式所表示的实例信息。1998 年，Hayes 提出了一种基于 XML 并适用于所有 CBR 系统的，能在 Internet 和网际网内实现信息交换的描述性语言 CBML，让 CBR 系统在通用平台上创建进行实例数据存储和交换的标准。它充分利用了 XML 文档数据和结构样式分离的优点，通过创建自己的文档类型定义（DTD），将实例转化为一种数据表示形式（见图 4-5-12）。这样，无论该实例数据是否属于 CBR 系统，其他 XML 应用程序都可以对其内容进行解析和处理，从而实现 CBR 系统和其他应用系统之间信息的交互与集成。

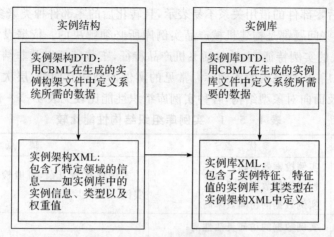

图 4-5-12　CMBL 中表示数据的四种文件的相互关系

实例表示方法和模型主要采用了知识工程领域的知识表示方法,包括产生式、语义网络、框架、谓词、面向对象等,如框架表示模型理论、记忆网模型、面向对象的知识表示模型、层次化映射模型等。这些表示方法和模型在产品模型信息表述方面,侧重于产品几何信息的描述,未包含产品技术参数、性能要求等信息。然而,描述工程机械产品的信息类型复杂多样,单纯采用静态框架及面向对象的方法表示机械产品实例还存在一定的局限性,当出现新的设计需求时,通过调整实例结构,修改现有表述模型或产品定义类的方法十分繁琐,且不一定能够满足要求;另一方面,待求实例并非结构固定的多种数据的简单集合,还包含许多非结构化的设计信息(如设计文档、设计经验等),框架模型结合数据库的实例知识表示方法缺乏灵活性,采用编码方式表示内部实例也不够直观,在学习系统中,尤其是在 CBR 这种类比学习系统中难以完成既定的要求,因为实例的表示不仅要使实例成为有结构和有组织的体系,还应该保证表示的实例易于检索、存储和学习。此外,由于机械产品信息的多样性和复杂性,采用单纯的层次映射模型和面向对象方法很难处理信息修改和基于网络化协同设计的信息传输问题。因此,合理的机械产品实例表示方法必须解决以下问题:

1)支持多样化数据类型的表达。

2)支持非结构化信息的表示和快速检索。

3)实例结构便于调整和管理。

4)支持系统之间的数据通信。

5)支持实例信息的网络化传输与操作,便于网络化协同设计的实现。

(2)动态实例库的设计及维护。目前对于实例库的构建模型研究,主要方法有指针-模板法、层次结构模型法,基于 E-R 模型和关系模型的构建方法等。如"实例模板＋实例关键特征属性＋设计历史"的存储形式,通过抽取实例关键特征,归纳形成实例模板,然后通过存储表的指针管理模板中的实例。或者通过 E-R 模型表达产品结构树,然后将 E-R 模型向关系模型转化,以关系数据库的形式实现实例库的构建。这些构建方法在特定领域的应用中具体较好的效果,如三层宝塔型实例库适用于夹具设计领域。但对于机械产品而言,由于实例的类型、特征属性众多,层次结构固定的实例库设计不足以进行完整描述。采用指针-模板法进行机械产品实例库的构建时,实例的关键特征提取是很棘手的问题,当新的特征属性不能用已有模板描述时,修改模板会对实例库的结构产生很大影响,且不易操作。而 E - R 模型和关系模型法中,模型转化后零部件的借用关系不易表示,且转化后的零部件种类繁多,库的数目巨大,难以管理维护。这些问题都是构建机械产品实例库所必须解决的。依据设计对象,提取符合CBR 解决问题方法的实例特征,大致包括飞机产品特征,工装特征以及非结构特征等,制定对应的提取规则。之后,构建完善的实例库。常见的实例库结构有四种:层次型结构、网状型结构、关系型结构以及面向对象型结构,各种实例库组织性能比较见表 4 - 5 - 1。

表 4 - 5 - 1 实例库组织结构性能比较

组织结构	优 点	缺 点
层次型	实例检索效率高; 便于实例数据管理; 实例数据的访问效率高	实例库更新复杂,可能检索不到所有匹配的实例
网状型	实例数据的访问灵活性高; 适用复杂的检索算法; 实例访问速度快; 便于实例库维护	实例库结构修改困难,用户必须完整了解实例库的结构
关系型	适用于复杂的检索算法; 容易实现数据完整性; 实例数据准确性高; 实例对象具有继承性	实例库查询时必须将多个数据表关联起来,必须熟悉数据表之间的关联关系
面向对象型	实例对象具有继承性; 实例库智能程度高; 实例数据容易管理	必须理解面向对象技术,并且面向对象实例模型没有统一标准,其稳定性有待考证

(3)实例的检索。基于实例推理系统中的关键是实例检索技术,相似度计算是实例检索的核心,其有效的计算模型保障了 CBR 系统的可靠性和高效性。

1)检索技术。实例检索模型与检索算法研究一直是 CBR 领域的研究热点,传统的检索方法有最近相邻法、归纳法和知识引导法,此外还有学者结合其他理论解决传统检索方法存在的不足,如引入模糊度函数描述实例属性的模糊信息,从而解决传统检索模型无法处理不精确实例的缺点;引入了神经网络理论,提出了基于耦合神经网络的混合实例检索模型,利用神经网络算法实现实例的分类与索引构建;提出了基于线索和改进最近相邻法的实例检索算法。这些算法与检索模型在实例索引的构建问题上没有给出详细的解释,此外,对于具有大量设计属性和设计特征的机械产品而言,传统的"权重值法"往往使各个属性的区分度降低,难以分清主次因素,因而影响检索结果的精确性,最后,针对不同检索模型的检索算法效率和精度并没有给出确切的数据分析结果。目前,实例检索技术包括最近邻居法、归纳法、知识引导法和人工神经网络法。

最近邻居法(K - Nearest Neighbor),是指给定一个训练数据集,对新的输入实例,在训练数据集中找到与该实例最邻近的 K 个实例(也就是上述的 K 个邻居),这 K 个实例多数属于某个类,就把该输入实例分到这个类中。该算法本身简单有效,其计算复杂程度和训练集中的文档数目成正比,也就是说如果训练集中文档总数为 n,其计算的复杂程度为 $O(n)$。由于该方法主要是靠周围有限的邻近样本,而不是靠判别类域的方法来确定所属类别的,因此非常适用于类域的交叉和重叠较多的待分样本集。该算法的三个基本要素为 K 值的选择、距离度量和分类决策规则。该算法在分类中存在两个不足

a.当样本不平衡时,如一个类的样本容量很大,而其他类样本容量很小时,有可能导致当输入一个新样本时,该样本中的 K 个邻居中大容量类的样本占大多数。

b.计算量较大。归纳法就是根据一类事物的部分对象具有某种性质,推出这类事物的所有对象都具有这种性质的推理。它是一个从特殊到一般的过程。提取实例间的差异,并根据这些成分将实例组成一个类似判别网络的层次结构。检索时采用决策树搜索策略。归纳法能够自动、客观、严格地分析实例,确定能够区分这些实例的最佳特征,案例可以组织分层结构供检索使用。但是,为了完成归纳,系统需要相当数量的实例来生成判别特征,归纳分析时间较长。通常采用一套规则进行索引控制,根据已知的知识来决定实例中的哪些特征(或信息)在检索中是重要的;并通过这些特征来组织和检索,使实例的组织和检索具有了动态性。但对大型系统的建设而言,将足够的解释性知识代码化,建立完备的基于知识的检索是有一定困难的。

运用人工神经网络法进行 CBR 实例检索时,首先根据实例特征属性将系统实例库分成 N 个子实例库,然后在各子实例库中建立各自的人工神经网络系统,输入目标实例属性信息,最后检索得到和检索目标最接近的实例。利用该方法检索具有良好的非线性映射能力、自学习和自适应能力以及泛化和容错能力。但随着应用范围不断扩大,其缺点也越来越明显,暴露出神经网络算法的收敛速度慢,目标函数优化复杂以及神经网络样本依赖性等问题。

2)相似度计算。在进行相似度计算时,首先根据精确属性相似度计算模型和模糊属性相似度计算模型,计算出实例之间各类属性的相似度矩阵;其次,利用主观权重和客观权重组合得到组合权重;然后,根据相似度矩阵和组合权重得出每个实例的全局相似度;最后,将新实例的相似度值与数据库中已有实例的相似度值进行比较,从而检索出最相似的实例。

目前,常用的合成方法包括加权线性和法、乘法合成法、混合法和代换法。从各属性之间数据差异以及各属性对检索结果影响程度的差异来看,一般可采用如下原则选取合成方法:

a.当各属性对检索结果的影响程度差异较大,且各属性之间数据差异不大时,采用加权线性和法。这是因为加权线性和法中权重系数作用较明显,可以反映出属性影响程度的差异。

b.当各属性对检索的影响程度差异不大,而各属性之间数据差异较大时,应采用乘法合成法为宜。这是因为一方面乘法合成法中权重系数作用不大明显,另一方面,乘法合成法对属性间数据差异较为敏感,可以更好地反映被评价对象间相对地位上的差别。

c.当各属性对检索的影响程度差异较大,且各属性之间数值差异也较大时,应采用加乘混合法为宜。这是因为加乘混合法兼有加法和乘法的优点,但计算相对复杂。

d.当各属性对检索的影响程度较小,且各属性之间数据差异也不大时,采用加法合成法或乘法合成法皆可。

一般情况下,我们比较实例之间的相似度之前,是通过细化实例的所属范围后计算其相似度的,在面向对象描述的实例库中,就是在相同父类或祖父类的情况下进行的,因此不需要考虑实例在类的层次结构之间的相似度(此时二者的结构相似度为 1)。然而这种实例比较的信息是不完备的。比如两个相似度不高的对象其属性相似度可以完全相同,其原因在于对象还包含不同属性的内容。此外,当无法确定问题实例所属的实例类时,利用目前计算实例特征属性相似度的方法则不能计算实例的相似度,然而现实生活的经验告诉我们,两个表面上并不相

似的实例由于在结构上具有相似性，它们之间仍然具有可比性。例如，原子和太阳系涉及不同的领域，表面看上去并无本质的联系，然而深入的研究表明，二者具有十分相似的空间结构。所以还应该考虑实例在类的层次结构上的相似性。在类的继承层次关系结构中，类的继承层次越深，类的实例对象之间所具有的相同特征属性就越多，因此可以通过比较实例对象之间共有的特征属性数量来衡量二者的类间相似度大小。

（4）设计知识的重用。在 CBR 系统中，实例本身是设计知识和经验的载体，实例的重用就是对设计知识的重用。有关设计知识的重用方法研究一直是当前知识工程领域人们的研究热点，也被认为是提高机械产品快速设计的关键性因素。新的研究趋势旨在从各种学科角度分析、构建知识表示与重用模型，实现对设计过程知识的重用，以支持产品的创新工作。CBR 系统之所以能够在应用中不断扩大自身的问题求解能力，关键在于系统能够将新的设计知识以实例的形式加以重用，并存储到实例库中。对于具有强经验弱理论特点的机械设计领域，如何构建合理的知识重用模型，实现设计经验与设计知识的有效获取与规范化表示是构建基于 CBR 的快速设计系统必须解决的基本问题之一。

1）产品设计知识模型。知识模型是指描述某一领域产品相关专家知识的信息模型，它将专家知识、产品设计过程知识和环境知识等明确地表示于产品信息模型中，支持设计系统中推理模块的信息表达和传递。知识模型就是形式化和结构化的知识，并将不同领域的专业知识按照其推理方式的不同分类为不同的知识模型。例如，在 Common KADS 建模方法中，一个知识模型通常由三部分组成，每一部分包含一组相关的知识结构，通常称之为知识范畴。这三个知识范畴分别为领域知识、推理知识和任务知识。如图 4-5-13 所示给出了三个知识范畴的基本概念及其内在构成元素。

2）任务结构模型。产品在设计过程中应用了大量的设计知识和设计经验，这些知识和经验贯穿于设计流程的始终。设计过程中设计知识应用的典型特征可概括如下：

a. 常规机械产品的设计任务的分解知识一般是确定的。

b. 产品设计从方案设计到详细设计均具有设计任务的典型特征，即产生设计建议解、建议解评估和设计修改，且具有很强的领域特征。

c. 设计知识的应用与设计任务的领域有关，复杂的设计任务可分解为一系列子任务，而子任务可迭代分解，任务求解过程需要大量的选择、计算、分析、推理、评估、决策、修改等知识要素。

d. 设计知识的表现形式和存储形态具有多样性和动态性，很难采用单一的知识表示方法表示。

e. 设计过程是设计知识应用和产生的过程。

f. 设计知识的重用，尤其是对过去设计实例的重用（包括成功设计和失败设计）是实现快速设计的关键。

在知识建模的"任务结构"模型中，问题的描述与解决问题的方法是分开描述的。一个任务包含了对需要求解问题的描述以及完成该任务的目标性描述，包括任务类型、输入输出结果及说明等，它主要用来表示问题是什么（What）；而任务求解方法则说明如何去求解任务（How），它包括求解步骤及完成求解任务所需的知识等。通常情况下，同一个任务往往有多种求解方法，不同的方法需要不同的知识。每一种方法又可被分解为不同的子任务，这种分解一直进行到每个子任务可以直接用已知知识求解为止。

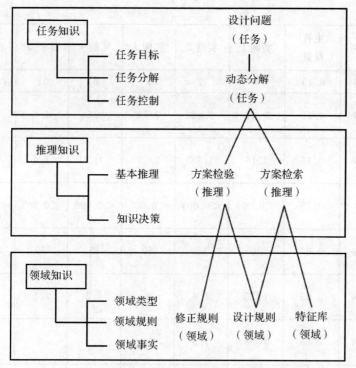

图 4－5－13　三个知识范畴的基本概念及其内在构成元素

3)产品设计知识重用模型。一般来说机械产品设计任务分解是基于产品树状装配关系的。为支持变形产品设计及系列产品设计,在标准型(基型)产品设计任务分解结构的基础上建立统一产品设计任务分解结构及相应的分解知识。统一产品设计任务分解结构的任务节点有整机节点、部件节点、零件节点、可选节点及配套件节点。可选节点为适应变形产品(或不同配置设计)及系列产品需要,在标准型产品基础上增加可选件,这些可选件构成可选节点;配套件节点是指需要选用的标准件或外购件。统一产品设计任务分解结构采用树状与或图表示,"与"表示必选项,"或"表示可选项,图的节点有整机节点、部件节点、零件节点、可选节点及配套件节点。与或图的根节点为整机节点;可选项构成的节点为可选节点;配套件节点不再分解为叶节点。

3. 基于实例推理的数控刀具的快速设计

以数控刀架的设计为例,将相似度计算模型和组合权重的计算方法应用到此设计方案中。表 4－5－2 为数控刀架设计实例属性,属性类型包括确定型数值 CN、确定型符号 CS、模糊型数值 FN、模糊型区间 FI、模糊型符号 FL,因此可利用全局相似度模型来求解。

表 4－5－2　数控刀架属性实例库

属性	类别	主管权重	实例 1	实例 2	实例 3	实例 4	实例 5	实例 6	新实例
刀架型号	CS	0.05	ELT	ELT	ELT	HLT	HLT	SLT	SLT
中心高/mm	CN	0.15	63	80	125	63	100	80	125

续表

属性	类别	主管权重	实例1	实例2	实例3	实例4	实例5	实例6	新实例
刀位数	CN	0.15	8	12	8	8	12	8	8
转30°并紧锁时间/s	FN	0.15	0.41	0.48	0.78	0.5	0.6	0.3	0.3
转180°并紧缩时间/s	FN	0.15	1.16	1.38	2.23	1.3	1.4	0.6	0.6
重复定位精度/mm	FI	0.15	<0.005	<0.003	<0.005	<0.003	<0.005	<0.003	<0.003
最大不平衡力矩/(kN·m)	CN	0.05	10	12	60	15	30	20	50
最大切向力矩/(kN·m)	CN	0.05	0.75	1.6	6	1.2	2.5	1.5	3.6
最大轴向力矩/(kN·m)	CN	0.05	0.85	1.9	10	1.5	3	1.6	3.4
净重(不带刀盘)	FL	0.05	轻	中等	重	轻	重	中等	中等

下面以新实例 X 与实例库中实例 1（Y_1）为例，进行相似度分析，其中，$n_1 = 1$，$n_2 = 5$，$n_3 = 3$，$n = 10$。$X = \{x_1, x_2, x_3 \cdots, x_{10}\}$，$Y_1 = \{y_1, y_2, y_3 \cdots, y_{10}\}$，且各元素依次对应表 4-5-2 中新实例和实例 1 从上至下的各个属性。

针对属性类型 CN 的相似度计算中，x_1 和 y_1 表示刀架型号，分别为 SLT 和 ELF，其相似度为 sim CS(SLT, ELF) = 0。

针对属性类型 CN 的相似度计算中，$x_2 = 125$，$y_2 = 63$，中心高的最大值和最小值分别赋值为 160 和 0，则可计算得到相似度为 sim CS(125, 63) = $1 - \dfrac{|x_2 - y_2|}{|m_2 - n_2|} = 0.612\,5$。

针对属性类型 FN 的相似度计算中，$x_3 = 0.3$，$y_3 = 0.41$，则根据模糊相似度计算方法 FSM 可得相似度属于类型 1，且 sim(x_3, y_3) = 0.445。

针对属性类型 FI 的相似度计算中，新实例（X）与实例库中实例（Y_1）的重复精度属性值依次为"<0.003""> 0.005"，则根据模糊相似度计算方法 FSM 可得出此相似度属于类型 4 或 5，且 sim(x_6, y_6) = 0.700。

若两个实例重复定位精度的属性值都为"<0.003"，得出的相似度为 1。

针对属性类型 FL 的相似度计算中，将"轻"定义为 20～80 kg，"中等"定义为 80～160 kg，"重"定义为 160～220 kg，则根据模糊相似度计算方法 FSM 可得"轻"和"中等"的相似度属于类型 3，且 sim(x_{10}, y_{10}) = 0.0537。同理，"中等"和"重"的相似度为 0.103 2，"轻"和"重"的相似度为 0。

基于以上的相似度计算方法，利用 Matlab 软件的矩阵计算，可以算出相似矩阵为

$$S = \begin{bmatrix} 0 & 0.612\ 5 & 1.000\ 0 & 0.445\ 0 & 0.406\ 7 & 0.700\ 0 & 0.600\ 0 & 0.715\ 0 & 0.745\ 0 & 0 \\ 0 & 0.718\ 6 & 0.666\ 7 & 0.410\ 0 & 0.370\ 0 & 1.000\ 0 & 0.620\ 0 & 0.800\ 0 & 0.850\ 0 & 0.103\ 2 \\ 0 & 1.000\ 0 & 1.000\ 0 & 0.260\ 0 & 0.228\ 3 & 0.700\ 0 & 0.900\ 0 & 0.760\ 0 & 0.340\ 0 & 1.000 \\ 0 & 0.612\ 5 & 1.000\ 0 & 0.400\ 0 & 0.383\ 3 & 1.000\ 0 & 0.650\ 0 & 0.760\ 0 & 0.810\ 0 & 0 \\ 0 & 0.843\ 6 & 0.666\ 7 & 0.350\ 0 & 0.366\ 7 & 0.700\ 0 & 0.800\ 0 & 0.890\ 0 & 0.960\ 0 & 1.000\ 0 \\ 1.000 & 0.718\ 8 & 1.000\ 0 & 1.000\ 0 & 1.00 & 1.000\ 0 & 0.700\ 0 & 0.790\ 0 & 0.820\ 0 & 0.103\ 2 \end{bmatrix}$$

根据组合权重计算公式计算的值得{0.146 2,0.058 5,0.078,0.183 3,0.195 2,0.007 1, 0.011 9,0.003 1,0.040 4,0.212 3}。

计算结果表明,原本针对刀架型号和净重给的主观权重为 0.05,综合考虑属性值数据之间的差异及其对相似度结果的影响后,将其赋予了较大的权重,这是符合实际情况的。

最后,利用属性相似度的加权求和法,求得新实例和实例库中各实例的相似度为 $\mathrm{sim}(x, y) = \omega S^{\mathrm{T}} = \{0.364, 0.378, 0.517\ 6, 0.375\ 9, 0.550\ 2, 0.781\ 7\}$。

根据计算结果可得,与新实例最相似的是实例 6,将此实例作为新实例的建议解,并根据设计经验修正及验证,最终得到新实例的设计方案,便可达到快速设计的目的。

4.5.3　基于专家系统的快速设计

专家系统是人工智能的一个重要分支,它是一种模拟人类专家解决领域问题的智能计算机程序系统,其内部具有大量专家领域知识与经验,能够利用人类专家的知识和解决问题的方法来解决该领域的复杂问题。它具有逻辑推理和判断决策能力,能够把许多事实和有关专业内的启发规则(经验法则)结合在一起,依据这些知识或经验法则,不断地缩小搜索范围,引导问题的解决。一般的机械设计专家系统都采用了"设计－评价－再设计"的处理过程,其中评价部分是机械设计专家系统的关键。

专家系统大部分是基于知识的智能计算机系统,主要包括知识库、综合数据库、推理机、解释器和人机接口等部分。专家系统把那些指出如何进行问题求解的每一条经验知识通过产生式规则等知识表示方式显式地表示出来,并组织在一种称为知识库的独立模块中,而把关于知识库知识如何使用的控制性知识以某种比较通用的模式编制在称为推理机的执行程序中,再通过逻辑决策,解决特定领域内只有人类专家才能解决的具有一定难度的问题。专家系统一般的系统结构框图如图 4-5-14 所示。

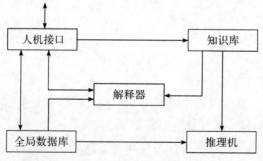

图 4-5-14　专家系统结构框图

由于每个专家系统所需要完成的具体任务不同,因此专家系统结构也不完全相同。其中知识库和推理机是专家系统中最基本的模块,是所有专家系统应该包含的。知识表示的方法不同,知识库的结构也就不同。推理机是对知识库中的知识进行操作的,推理机程序与知识表示的方法及知识库结构是紧密相关的,不同的知识表示有不同的推理机。在实际应用中需要根据实际情况进行设计。良好的知识库和推理机的设计是保证专家系统运行的基础。专家系统与机械 CAD 结合所要实现的目标是根据设计环境中提出的设计准则、规范、规则以及设计经验,针对某个具体设计对象的特定要求进行推理,选取设计规则和标准,提出设计方案,设计人员利用交互式的使用环境只需要输入少量数据系统就自动完成设计工作。

智能设计在推理机制、人工神经网络等技术的发展推动下,与人工智能领域相结合,将机械设计过程中诸多非数据计算性的工作,例如设计方案的拟定、工艺过程及参数的设计、材料或机械零件类型的选择以及机械结构设计等,它们不以数学公式为核心,只能依靠思考、推理和判断来解决,可交由人工智能环节进行决策处理。

思考与讨论

(1)简述快速设计的一般方法。

(2)什么是模块化的工装设计? 简述模块化设计的特点。

(3)什么是变量化快速设计? 实现变量化快速设计的方法有哪些?

(4)简述智能化快速设计的基本概念和它的基本内容。

(5)智能化快速设计的实例有哪些?

(6)讨论工装快速设计功能需求。

第5章 常用工装结构

5.1 标准工艺装备

标准工艺装备是具有零件、组合件或部件的准确外形和尺寸的刚性实体,它作为制造和检验生产工艺装备外形和尺寸的依据。生产工艺装备则直接用于制造和检验飞机零件、组合件或部件。生产工艺装备之间的外形和尺寸是通过标准工艺装备来保证它们相互协调。标准工艺装备必须具有足够的刚度,以保持其尺寸和形状的稳定性;同时,它应比生产工艺装备具有更高的准确度。

5.1.1 标准工艺装备的定义

标准工艺装备以1:1的真实尺寸来体现产品某些部位的几何形状和尺寸的刚性实体,它作为制造、检验和协调生产用工艺装备的模拟量标准,是保证生产用的工艺装备之间、产品部件和组合之间的尺寸和形状协调与互换的重要依据。

标准工艺装备必须具有足够的刚度,以保持其尺寸和形状的稳定性。同时,它应比生产用工艺装备具有更高的准确度,用标准工艺装备模拟量进行传递的协调方法和用数字量进行传递的协调方法是飞机制造工艺中保证协调互换的重要方法和手段,尽管在不同的技术发展阶段有所侧重。

5.1.2 标准工艺装备的基本技术要求

(1)协调性高。因为标准工艺装备是保证成套工艺装备和产品的协调准确度与制造准确度的依据,必须保证成套标准工艺装备之间具有良好的协调性和必要的准确度。在有协调要求的标准工艺装备之间,使用前必须对其进行协调性检查。未经协调性检查或协调性检查不合格的标准工艺装备严禁用于生产。标准工艺装备上的交点(接头)应尽量采用固定式结构,而避免采用活动式结构。若使用上有要求,也可设计成活动式结构。

(2)长期的稳定性。这也是一项重要的技术要求。凡是用焊接、铸造和冷轧钢材制造的标准工艺装备构件(如焊接的标准工艺装备骨架、用冷轧钢板或铸件制造的标准平板等),在加工或安装工作交点之前,都必须进行用于消除内应力的热处理。对工作交点、工作孔、基准孔等,都必须进行淬火处理或压淬火衬套,以提高耐磨性。对于骨架材料,除钢材外,有条件时还应尽量选用与产品材料的热膨胀系数相同的铝材或玻璃钢,以减小热膨胀引起的误差。

(3)刚性好。标准工艺装备结构的刚性是保证其长期稳定性的基础,因此,它必须具有足够的结构稳定性。其自身重力所产生的挠度在任何方向上都不得大于产品准确度的 1/3。要特别注意重要交点的骨架连接部位的局部刚度(如杯套与骨架连接部位的局部刚度)。要注意采用合理的结构布局,以减轻其结构重量,增加刚度。对于标准工艺装备的骨架,可采用由壁厚小、断面尺寸小的管材焊接成的空间桁架式结构。

(4)合适的精度和表面粗糙度要求。标准工艺装备工作部位的精度,一般应为产品公差的 1/4~1/3。工作部位的表面粗糙度 Ra 应不大于 1.6,其工作和配合部位一般应采用 H7/f7 配合。在 100 mm 长度上,交点(接头)上孔轴线对工作面的垂直度偏差不应大于 0.05 mm。

(5)防止变形和便于搬动。为防止变形和在搬运过程中被损坏,对尺寸较大的标准工艺装备,应设有专用的支撑和吊运装置,其位置可布置在距端头约 1/4 全长的地方。

5.1.3　标准工艺装备的种类

根据保证互换与协调的内容,标准工艺装备的种类可分为三类:

(1)保证对接分离面协调的标准工艺装备,如标准量规和标准平板。

(2)保证外形协调的标准工艺装备,如外形标准工艺装备。

(3)保证对接分离面与外形综合协调的标准工艺装备,如安装标准样件、反标准样件和表面标准样件。

在按相互联系制造原则进行协调时,标准工艺装备是保证生产工艺装备之间相互协调的重要手段。因此,标准工艺装备在重要协调部位应具有较高的制造精度。

1. 标准量规

如图 5-1-1 所示,标准量规是组合件或部件间一组叉耳式对接接头的标准样件,它们是成对制造的。

由于接头之间必须保证非常高的协调准确度,因此成对的标准量规不宜分别按图纸单独制造,而是采取配合制造,即首先根据对接接头的结构图纸制造其中一个,与其成对的另一个则按照已制造好的量规来制造,如图 5-1-2 所示。

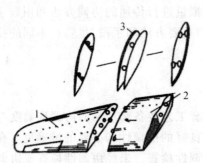

图 5-1-1　中外翼对接接头标准量规
1—外翼;2—中翼;3—标准量规

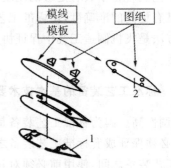

图 5-1-2　成对标准量规制造过程
1—中翼标准量规;2—外翼标准量规

在工艺装备制造中,凡是与这对接头有关的工艺装备,如标准样件上的接头,用于安装各装配型架上接头定位件及精加工台上的接头定位件的安装量规等,都按照这个成对的标准量规安装,从而保证在分离面处具有很高的协调准确度。

因为标准量规是协调的依据,其结构要有较大的刚度,一般是用钢管焊接成立体构架作为标准量规的骨架,以避免标准量规在使用中或存放时变形。

2. 标准平板

标准平板即部件围框式凸缘多孔对接面的标准样件。标准平板的用途:若部件、段件间的结合部位是用多个螺栓连接的,则采用标准平板,采用标准平板用以保证相应工艺装备对应的螺栓孔和销钉孔的协调一致,不但能保证两个接合部件之间对接孔的互换协调,而且能保证孔相对于分离面处气动外形之间的协调,因此标准平板还带有所在对接面处的外形,如图 5-1-3 所示。

构造:平板上有准确的对接孔,用以协调对接零件的钻孔夹具、组合装配夹具、部件和板件装配型架上的型架平板以及部件精加工台的钻模等。基本结构有以下几方面:

(1)一般采用厚度为 20~30 mm 的低碳钢板制成。

(2)对于大尺寸的标准平板,为保证其平面刚度,将平板固定在用钢管焊接成的加强框架上。

(3)标准平板是成对制造的,事先可以把两块平板重叠在一起钻出孔,然后再分别压入经淬火的衬套。

(4)平板平面度一般为 ±0.1 mm,标准平板上的孔相对于平面的不垂直度为 0.2/100 mm。标准平板带有所在对接面处的外形,可以保证孔相对于分离面气动外形之间的协调,如图 5-1-3 所示。对于标准平板上的孔,在精密坐标镗床或数控机床上进行加工,以保证准确度。当标准平板带有切面外形时,其外形按模线样板加工。

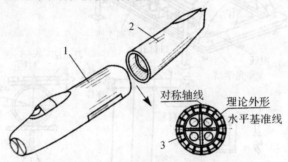

图 5-1-3 前后机身分离面标准平板
1—前机身;2—后机身;3—标准平板

3.外形标准样件

外形标准样件是保证飞机部件上外形比较复杂部位的有关工艺装备曲面外形协调的标准工艺装备,作为制造带复杂曲面外形的各有关成形模的原始依据。根据型面复杂程度与协调方案不同,采用正外形标准样件或反外形标准样件。如图 5-1-4 所示为利用外形标准样件协调工艺装备的一个例子。

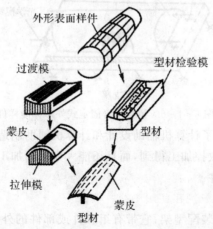

图 5-1-4 外形标准样件协调作用示意图

外形标准样件的结构形式取决于它的尺寸,一般是固定框架式或固定平台式。

固定框架式(见图5-1-5)用于尺寸较大的外形标准样件。它由底座(钢管和钢板焊接的或水泥的)、样板构架、表面层及表面划线所构成。样板构架可通过基准孔用光学仪器测量,并调整到准确位置,然后用螺栓、角材等固定于底座。样板之间充填泡沫水泥或掺有麻刀的石膏,再用刮板进行流线加工,表面喷以保护漆,最后在表面上划线(如基准线和有关零件位置线)。

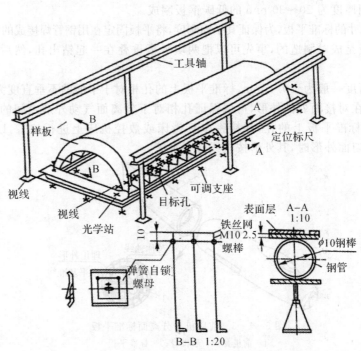

图5-1-5 固定框架式外形标准样件

固定平台式主要用于中等尺寸的外形标准样件,与固定框架式不同的是,它的底座多为铸铝平台,也有用钢管和钢板焊接成的,并用千斤顶支撑,如图5-1-6所示。

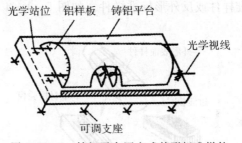

图5-1-6 铸铝平台固定式外形标准样件

由于在飞机生产中使用了计算机辅助设计和计算机辅助制造技术,复杂的曲面外形(不论零件还是模具)可以直接用数控加工得到,而且还能大大提高加工准确度,保证较高的协调性。因此,可以不用外形标准样件。

4.安装标准样件

安装标准样件用于安装装配型架,它带有组合件或部件的外形(一般只带局部外形)和接头,由于装配型架上只需控制主要切面处的外形,因此在安装标准样件上只是在装配件的纵、横向骨架处才加工出实际外形。

安装标准样件是模线-样板工作法中保证互换协调的重要工艺装备,除了用于安装装配型架,还保证有关装配工艺装备之间的协调,如图 5-1-7 所示。

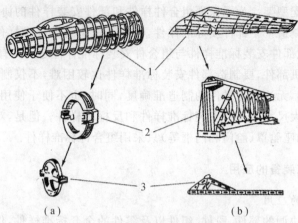

图 5-1-7 标准样件的协调

(a)机身样件协调;(b)机翼样件协调

1—安装标准样件;2—反标准样件;3—组合件标准样件

为了保证部件及其各段件、板件和组合件装配型架之间的协调准确度,可将部件安装标准样件做成可分解的,即所谓组合式安装标准样件,如图 5-1-8 所示。当制造部件装配型架时,样件作为整体使用;当制造各段件、板件和组合件装配型架时,就将样件作为相应的分解,分别制造各部分装配型架。

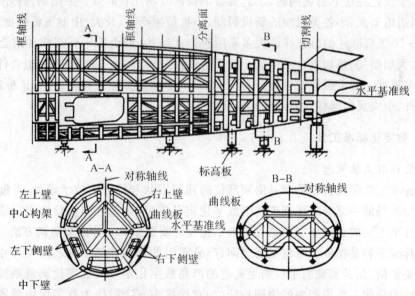

图 5-1-8 某歼击机后机身安装标准样件

5.反标准样件

反标准样件是保证部件标准样件与其组合件标准样件之间相互协调的标准工艺装备。例如,机翼安装标准样件,其制造准确度要求很高,但样件结构刚度小而尺寸又较大。如果将它分解出一个梁架样件作为安装机翼梁架装配型架用,显然,因梁架样件刚度不足而影响准确度。又如机身安装标准样件上某些重要隔框,其上带有较多的接头,若将其分解出隔框样件,也会因刚度不足而影响准确度。在这些情况下,需要单独制造一个有足够刚度的组合件标准样件来安装组合件装配型架。为了保证组合件样件和部件安装样件的协调问题,在生产中常常根据部件安装样件制造一个部件反标准样件,以此制造组合件标准样件。由于是采用相互联系制造的原则,因此部件安装标准样件与组合件安装标准样件之间具有较高的协调准确度。

对于大尺寸的飞机部件,要制造部件安装标准样件比较困难,不仅制造周期长,制造费用高,而且容易产生变形,无法保证样件的制造准确度,同时,也不便于使用。因此,飞机制造的发展趋势是不再采用大尺寸的部件安装标准样件和反标准样件。但是,对于那些结构和形状比较复杂的组合件(如座舱罩、舱门和门框等)只采用组合件标准样件。

5.1.4 标准工艺装备的应用

1.整体标准样件的应用

采用能相互对合协调的部件、段件、组件以及零件的全套标准样件,作为制造与协调各类生产用工艺装备的主要依据,其特点是协调互换性好,可提前发现不协调问题,便于过程的协调与工艺装备的复制;但成套标准样件的制造周期长,成本高,大型样件使用不便。因此,它适用于新机研制和小批量生产。

2.局部标准样件的应用

采用局部标准样件、量规、样板配合型架装配机和光学工具的综合协调法,与整体标准样件法相比,具有结构简单、标准工艺装备少等特点,因此其生产准备周期较短,成本较低;但协调环节多,难于预先发现不协调问题,工艺装备的检修复制比较麻烦。采用局部标准样件的协调方法,特别适用于大、小各类机型的新机研制,小批量生产,以及大、中型飞机的批量生产。

例如苏-27飞机部件的标准样件大多采用组合式结构,即由若干局部样件组合成整体样件,作为安装大型型架、精加工台的依据。这样把样件分解后,又可作为段件、组合件及零件工艺装备的协调依据。其全机标准样件分为5大部分,即前机身标准样件、进气道标准样件、后机身标准样件、中央翼标准样件和外翼标准样件。

5.1.5 数字化标准工装

1.数字化标准工装概念

数字化标准工装是包含相关产品协调部位的几何形状和尺寸的数学模型,可能是产品数字化定义模型本身的一部分或标准工装的数字化定义模型,是制造和检验生产工装的数字依据。数字化标准工装的定义与应用是飞机数字化设计制造中的一种新型协调方法。

数字化标准工装是保证工装与工装之间、产品零组件和部件与工装之间的尺寸和形状互换协调的重要依据,而其实现的手段则是先进的产品数字化定义及数字化测量系统。其实质是利用产品或工装的三维模型中的协调特征(如对接接头、孔等)作为数字化协调依据进行工装和定位器的协调设计与制造,以及工装检验等,是产品、工装之间相协调的重要依据,在工装的设计制造中的作用与实物标工一样。与实物标工不同的是不再制造标工的实物,而是依据数字化标准工装定义数据,利用计算机辅助光学测量系统将工装上的定位器等装配于工装上(装配工装)或设计制造零件工装,完全取代实物标工的同时,又要保证产品与工装和工装与工装之间的协调准确度。

数字化标准工装的定义有几种形式:三维数学模型(如起标准样件作用的 MDS,即飞机理论外形)、数字化标准工装的定义模型(部段对接时起标准平板作用)和数字量规等。

2. 以数字标工为协调依据的生产工装的设计和制造

在数字化协调方式中,零件工装和装配工装的设计方法是拾取相应数字化标准工装定义的关键协调特征,作为这两种工装相互协调部位的设计特征,零件工装的设计结果存入零件工装数据集,装配工装设计结果存入装配工装数据集。例如蒙皮壁板成形模和装配工装上的卡板或定位器的数字化设计协调依据为数字化标准工装定义 MDS,与蒙皮壁板相协调的骨架零件,如长桁和隔框及翼肋等成形模和装配工装定位器的设计依据显然也是同一 MDS(减去一个壁厚)或蒙皮壁板内表面。这里 MDS 完全取代了表面标准样件。但是有的部位的表面标准样件由于产品材料的特殊性仍然设计制造成实物标工,如座舱玻璃成形模采用座舱表面标准样件协调制造,但这时的实物标工是以 MDS 协调数字化设计制造的,是传统协调方式与数字化设计制造相结合的产物,与传统的模线样板协调法有根本区别。

零件检验工装如检验模的设计制造与成形工装方法相同,都是以数字化标准工装 MDS 为协调依据,检验工装设计结果存入零件工装数据集。

交点的传统协调方式是以相协调的一对实物量规进行,相协调的一对产品(如机翼与中机身)各自装配工装的交点定位器,分别以各自的量规协调定位到各自的装配工装上,而交点的数字化协调是以数字量规进行的,数字量规实质上是交点处产品协调特征(一组交点孔)的数字化定义,相协调的一对数字量规就是相协调的一对产品的各自本身交点孔的数字化定义,交点定位器协调特征(产品交点孔定位销)的设计取产品协调特征(交点孔数字化定义)进行,交点处需要的具有不同直径的装配工装用检验销棒同时进行设计,作为工装检验用,属于标准工装范畴,设计结果存入装配工装数据集。为了将交点定位器准确安装到装配工装上的理论坐标位置,进而保证产品协调特征(如协调孔)的准确装配位置,需要在定位器上设计制造出基准工具球孔,每个定位器需要三个不在同一直线上的工具球孔,工装安装时以数字化测量系统(如激光跟踪仪)测量工装框架上三个工具球孔,建立飞机坐标系(或局部坐标系)。然后用激光跟踪仪将交点定位器上的三个工具球孔准确定位在飞机坐标系中的理论坐标位置,就可完全限制定位器的六个自由度,从而使得交点孔定位销准确处于其理论坐标位置。

如图 5-1-9 所示为某型号飞机发动机吊挂装配工装上后梁定位器的安装。若以传统协调方式进行,则须以前后梁协调量规来定位后梁定位销,而在数字化协调方式中则是以框架工具球孔建立坐标系,并以后梁定位器工具球孔将后梁定位器安装于工装上,并且工具球孔与定位销的相对位置关系是以数控加工来保证的。在协调交点处相互协调的一对产品各自皆有一套装配工装,其装配工装的交点定位器的设计制造及安装按相同方法进行。激光跟踪仪所用的标准工具球,球体直径为 12.7 mm,工具球柄直径为 6.35 mm,与内孔直径为 6.35 mm 的工具套配合,每个基准工具球孔都要压入工具套。在用激光跟踪仪进行数字化测量时,工具球放入工具套,工具球上有反射镜反射来自激光跟踪仪的激光束,以此测出工具球所在位置的坐标值,工装定位器上三个基准工具球孔可限制定位器的六个自由度,并将定位器准确定位到飞机坐标系中定位器的理论位置,其定位误差一般为 0.05 mm。

图 5-1-9 某型号飞机吊挂装配工装后梁定位器

3.数字化标准工装的数据流

数字化标准工装数据流的源头是产品数字化定义形成的工程数据集(当数字化标准工装需要建模时存入装配工装数据集,与以此为协调依据的装配工装一起存储),然后数字化标准工装的关键协调部位协调数据指导设计零件工装和装配工装,即流向零件工装数据集和装配工装数据集;接着将关键协调数据传递到工装制造阶段,制造零件工装(如钣金件成形模)和装配工装定位器;最后由数字化测量系统依据工装定位数据安装工装定位器到装配工装。如图5-1-10所示为数字化标准工装的数据流图。

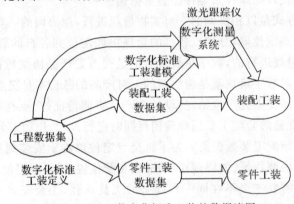

图 5-1-10 数字化标准工装的数据流图

5.2 装配型架

装配工艺装备(简称"装配工装")是指在飞机装配过程中,特别是在完成飞机产品从组件到部件装配或总装配过程中,用以保持产品的空间位置,控制产品的几何参数,具有支撑、定位、压紧等功能,为操作者提供良好工作条件的专用装备。

装配工装的种类多种多样,根据其用途大致可分为铆接装配类工装、检测类工装和精加工类工装等主要类型。铆接装配类工装又可分为装配型架、装配夹具、安装夹具、安装量规、钻模、钻孔样板、补铆夹具等。其中,装配型架是用于飞机机体的组件、部件等装配单元,在铆接过程中,对飞机产品零件、组件进行定位夹紧的工艺装备,它是目前飞机装配行业中最主要的,也是数量最多的工艺装备。在飞机装配厂房里,到处都可以见到各式各样的装配型架。

5.2.1　装配型架的功用与一般要求

1. 装配型架的功用

（1）保证产品的质量。通过对飞机产品的主要零、组件进行支撑、定位、压紧，保证各产品零、组件处于正确位置，符合产品图纸和技术要求，满足产品的协调和互换要求。

（2）提高工作效率。装配型架便于操作者实施铆接、螺接等装配连接，改善劳动条件，提高劳动生产率。

2. 装配型架的一般要求

（1）使用性。

1）满足产品的装配工艺要求，使装配工作在最有利的工作姿势下进行。

2）定位合理、压紧可靠、操作简单。

3）工作开敞，便于操作人员施工。

4）便于产品的上架和出架。

5）便于制造安装和定期检修。

（2）协调性。

1）符合产品装配协调方案。

2）基准设置合理，便于各个环节的协调统一。

3）保证与相关工装的协调性。

（3）稳定性。

1）结构合理，具有足够的刚性。

2）重要构件应消除应力。

3）活动定位件使用位置应稳定。

4）应充分考虑温度变化及地基变形对工装的影响。

（4）安全性。

1）在产品的定位和压紧过程中，应有必要的保护措施，以防止划伤产品。

2）结构上采取必要的防范措施，保证人员安全。

3）承力较大的构件，必须经过强度校核。

4）较重的可卸构件，应设置起吊装置和置放支撑。

（5）先进性。

1）引入工装工程概念，注重工程化、美观化。

2）关注和引进国内外先进技术和设计理念。

3）使用新材料和高性能的成品件。

4）采用先进的结构和工艺方法。

（6）经济性。

1）在满足使用要求的前提下，工装结构应尽量简单，降低制造成本。

2）选择合理的制造公差，并具有良好的制造工艺性。

3）优先选用常用材料和有储备的标准件。

4）标准化、模块化，最大限度地采用标准元件。

5.2.2 装配型架种类

1.按装配产品类型分类

按装配产品类型,装配型架可分为以下几种。

(1)机翼类装配型架。机翼类装配型架包括机翼壁板装配型架(见图5-2-1)、垂尾总装型架(见图5-2-2)、副翼装配型架(见图5-2-3)、机翼后缘装配型架(见图5-2-4)、翼尖装配型架(见图5-2-5)等。此外还包括翼盒总装型架、平尾总装型架、扰流板装配夹具、方向舵装配型架、升降舵装配型架、前缘与前梁对合型架、内外襟翼装配型架、缝翼装配型架、后缘与后梁对合型架等。

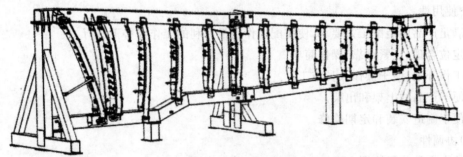

图5-2-1 机翼壁板装配型架

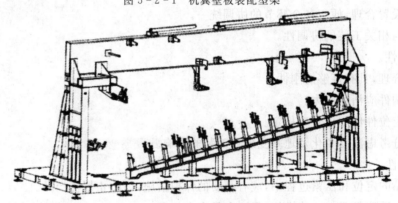

图5-2-2 垂尾总装型架

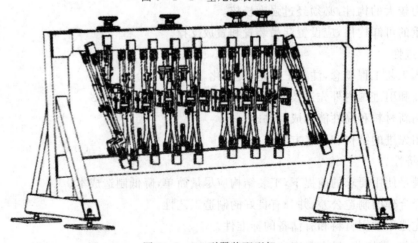

图5-2-3 副翼装配型架

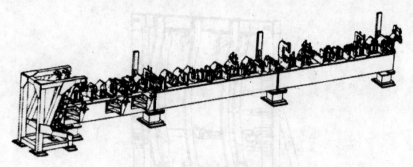

图 5 - 2 - 4　机翼后缘装配型架

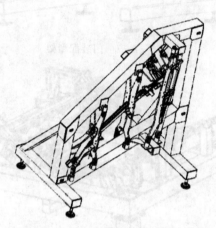

图 5 - 2 - 5　翼尖装配型架

（2）机身类装配型架。机身类装配型架包括框装配型架（见图 5 - 2 - 6）、门装配型架（见图 5 - 2 - 7）、门框装配型架（见图 5 - 2 - 8）、机身中段总装型架（见图 5 - 2 - 9）等。

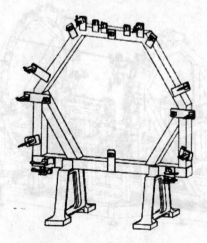

图 5 - 2 - 6　框装配型架

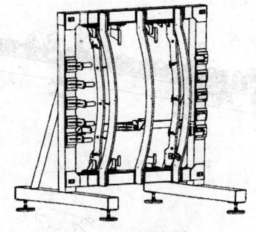

图 5-2-7　门装配型架

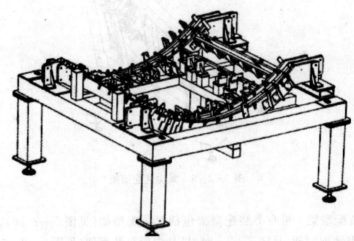

图 5-2-8　门框装配型架

图 5-2-9　机身中段总装型架

　　此外机身类装配型架还包括整流罩装配型架、壁板装配型架、地板装配型架、天窗骨架装配型架、雷达罩装配型架、尾罩装配型架、机身上下部装配型架、机身上下部对合型架、机身前段总装型架、机身后段总装型架、机身总装型架、口盖装配型架、梁装配型架等。

2. 按工作状态分类

按工作状态,装配型架可分为以下几种。

(1)固定式装配型架(见图 5-2-10)。

图 5-2-10 固定式装配型架

(2)转动式装配型架(见图 5-2-11)。

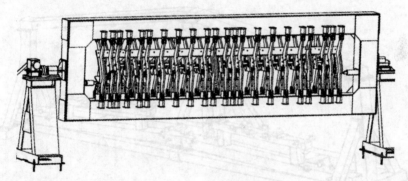

图 5-2-11 转动式装配型架

3. 按骨架类型分类

按骨架类型,装配型架可分为以下几种。

(1)单梁式装配型架(见图 5-2-12)。

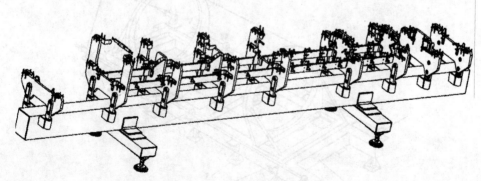

图 5-2-12 单梁式装配型架

(2)框架式装配型架(见图 5-2-13)。

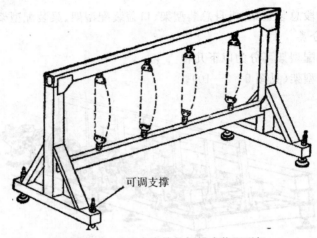

图 5-2-13　四点支撑的框架式装配型架

（3）组合框架式装配型架（见图 5-2-14）。

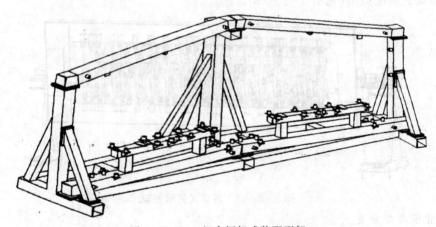

图 5-2-14　组合框架式装配型架

（4）整体底盘式装配型架（见图 5-2-15）。

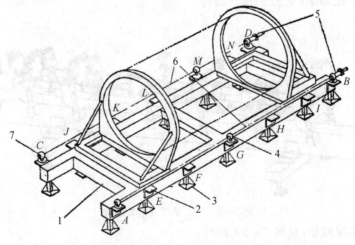

图 5-2-15　整体底盘式装配型架

1—底座；2—角铁；3—可调支撑；4—光学站；5—准直望远镜；6—基准视线；7—基准光学站

(5)分散式装配型架(见图 5 - 2 - 16)。

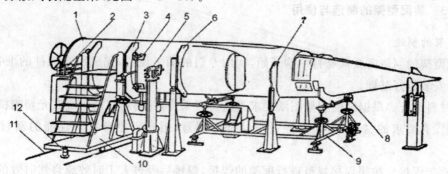

图 5 - 2 - 16 分散式装配型架

1—型架平板;2,5—接头定位器;3,4—架车上的卡板和接头定位器;

6,7—卡板;8—横向调整手轮;9,10—架车;11—导轨;12—架车定位插销

4. 按支撑方式分类

按支撑方式分,装配型架可分为以下几种。

(1)固定支撑。固定支撑是指用地脚螺栓固定在厂房地坪上,如图 5 - 2 - 17 所示。

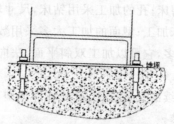

图 5 - 2 - 17 固定支撑

(2)可调支撑。采用可调机构时,将其直接置于厂房地坪上,可以进行高低调平,如图 5 - 2 - 18 所示。

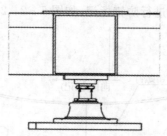

图 5 - 2 - 18 可调支撑

(3)一般支撑。一般支撑可直接放置在厂房地坪上,不需要进行调平,如图 5 - 2 - 19 所示。

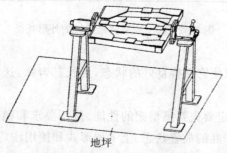

地坪

图 5 - 2 - 19 一般支撑

5.2.3 装配型架的制造与使用

1. 型架的制造

装配型架的制造需要从材料采购开始,利用专门的加工设备,完成所有元件的准备工作,为最终的安装打好基础。

(1)材料准备。根据装配型架图纸要求进行材料采购,并利用切割锯或激光切割机等进行下料。当没有要求的材料时,允许经过设计部门同意,用高于原有材料性能的新材料代料加工。

(2)框架焊接。按照焊接规范进行框架的焊接,焊接后经过人工时效或自然时效的方法消除应力。

(3)型架零件加工。装配型架的精度要求确定了制造方法和需要采用的加工设备。

1)选择合适的加工设备,确定合理的加工基准。

2)需要时进行原材料的组合焊接,焊后消除应力。

3)机械加工。平面大多采用铣床和刨床加工,当平面较大时采用龙门刨和立车加工,精度要求高的平面需要使用高精密磨床;孔的加工采用钻床,尺寸较大的孔可以利用铣床加工,精度要求高的孔需要采用精密镗床加工;型面的加工大多采用数控机床。目前在机械加工制造过程中,数控机床的应用越来越多,它可以加工双斜平面、法向孔、复杂型面等,同时它也能够大大提高工作效率。

(4)组件装配。为了方便后续的安装过程,需要将部分型架零件预先装配到一起,最终以组件的形式整体参加最终的安装。

(5)其他元件的准备。型架的安装还需要用到大量的紧固件、标准件和成品件等。

(6)标识标记。对于加工好的型架零件、组件需要正确标记,包括对称件、航向、上下、左右等,容易混淆的零组件,还要特别进行防错标记,如图5-2-20所示。

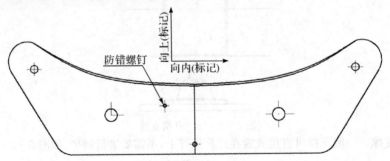

图5-2-20 安装防错螺钉的外形托板

2. 型架的使用

正确使用装配型架可以使它保持良好的状态,延长其寿命,这对保证产品质量,提高生产率是很重要的。

(1)初次使用的型架一定要先熟悉型架的性能、使用要求和操作方法,特别是型架的工作原理、关键定位件的作用、产品的放置状态、上下架形式和使用注意事项等。

(2)工作前应检查型架上的定位件、压紧件等是否处于良好的工作状态卡板型面,有无损伤活动部位,是否灵活,以前的故障是否排除等。

(3)使用中不允许强迫装配。例如,定位件与接头孔在定位夹紧或松开的过程中,一般用手进行,如果确实很紧,允许用木榔头轻轻敲打;工作中为了保证施工通路,打开一块卡板,铆接一个肋,铆完后合上卡板,再打开另一块卡板进行铆接,目的是保证产品外形,卡板要轻取轻放,防止变形;当使用转动夹具时,产品零件应定为可靠,翻转后立即锁紧夹具;夹紧件应压在产品零件的中间部位,压紧后使产品零件与定位面贴合,不允许产品零件单边接触,压紧要牢固,在钻孔铆接过程中不会因振动而松动,但也不能力量过大,以免使飞机零件产生变形。

(4)工作梯上不得随意放置工具,防止高空坠物伤及产品和操作人员。

(5)产品上架、出架过程中,注意松开产品部件的全部约束,确保畅通无阻,防止撞伤产品或其他意外事故发生。

(6)初次使用的型架需要经过产品的试用验证、稳定性验证,并经过现场返修和完善更改后,方能进行产品正式生产的装配制造。

5.2.4　装配型架的发展

随着不同飞机机型产品设计的特殊要求和快速发展,装配型架也不是一成不变的。例如,某些产品为了达到连接孔的高强度、长寿命和气密性,产品部件对接区设计采用的是高干涉紧固件连接,数量多,夹层厚度大。如果仍采用传统的手工制孔方式,对接孔与壁板的垂直度和孔精度不能保证。同时,为满足长寿命连接的需要,人工用铆枪压入大直径高干涉量的螺栓近乎不可能,必须采用自动化加工设备进行制孔和压钉工作,因此对应的装配型架设备化的倾向也越来越明显。另外对于大型飞机,装配时采用工艺分离面,需要对部件进行姿态调整,达到设计参数要求后,才能制孔并连接。由于各部件尺寸大、质量大,对接协调部位较多,对接时需要监测的点位较多,采用传统的对接型架的调整定位方式难以实现。传统工装调整方式效率极低,主要靠操作者的水平和经验,难以保证生产进度。因此,必须要求装配型架设计成为包括对接面自动制孔设备、对接支撑设备、激光跟踪仪、控制系统等部分组成的自动化系统,使部件姿态的调整在可监测、可控制的条件下进行,既能提高机身部件姿态调整的精度,又能提高生产效率,同时还能降低操作者的劳动强度。基于以上几种主要原因,为了适应自动化制孔要求,打破常规工装的限制,出现了机电一体化工装。

机电一体化工装是在航空产品制造过程中,为了实现数字化、自动化生产制造,确保产品质量、提高生产效率而设计制造或采购的,在产品制造中以支撑、定位、夹紧、成型、部件加工等功能为主,包含辅助的机械、电器、自动控制、设备、照明、动力(装备用的风、水、电、气连接部分)等集成一体的装备。

目前先进的航空制造公司如波音、空客等均采用了大量的数字化、柔性化等机电一体化工装,已经彻底改变了传统的手工装配工艺方法,提高了飞机的整体装配质量和寿命。例如欧洲空客公司某机型机身对接系统采用了典型的机电一体化工装,包括机身对接调姿系统(见图 5-2-21)和自动制孔系统(见图 5-2-22)。

图 5-2-21　机身对接调姿系统

图 5-2-22　自动制孔系统

5.3　定位与夹紧机构

使用装配型架时,首先需要保证所定位的工件处于正确、可靠的位置,把它们夹紧在这个位置上,这就是定位件、夹紧件完成的任务。定位是指工件被夹紧后所占有的位置,所以定位与夹紧虽然作用不同,但它们是密切相关的。因此在结构上常常合为一体,称为定位夹紧件。对夹紧件的要求是夹紧可靠、操作方便迅速、不损伤工件。压紧力作用的方向应保证外形或零件间贴合可靠,避免压紧力破坏定位件的正确位置。型架的各种定位件和夹紧件,可按其所定位和夹紧的工件特点分类。

5.3.1　型材零件定位夹紧机构

对于带弯边的隔框、翼肋、梁的钣金零件及它们的型材缘条、直线和曲线形状的长桁等零件采用常用的弹簧式、螺旋式、杠杆式等定位夹紧件;对于刚度较小,外形较复杂的零件,可采用具有连续定位的定位件(如曲线板),反之,则采用多个单独的定位件,仅定位与控制零件的局部外形。

5.3.2　外形零件定位夹紧机构

型架的外形定位件是用于确定飞机部件的气动力外形,一般可分为三类:卡板、内型板和包络式定位面板。

1.卡板

卡板的工作表面可以是飞机的蒙皮外形,也可以是骨架外形(蒙皮内形)。在一些以骨架为基准的装配型架上,有时要求卡板既能定位骨架外形,又能在装配蒙皮时起夹紧蒙皮的作用,从而又要求卡板带蒙皮外形。为兼顾两方面,将卡板的工作表面加工成蒙皮外形,而在卡板表面上分布一些局部的活动垫板。垫板的工作面就是骨架零件的外形。侧面还有靠板,以确定骨架零件(如隔框或翼肋)的位置。当用卡板夹紧蒙皮时,必须把靠板退出,同时把垫板置于旁边的槽内,不与蒙皮相碰。卡板的侧平面应在骨架零件的平面上。如果蒙皮与骨架不是用埋头铆钉而是用半圆头铆钉铆接,则钉头要突出蒙皮外表面,为避免与卡板工作表面相碰,需在卡板与铆钉头接触处局部钻出孔来。

当卡板用于以蒙皮为基准的装配型架时,骨架零件(如补偿片)是按蒙皮内形定位,因此只要求卡板能确定蒙皮的外形面,即其工作面为蒙皮外形,卡板上不再需要有骨架定位件。为了保证蒙皮能紧靠住卡板工作面,蒙皮的夹紧方式有以下几种:

(1)当使用内外卡板时,在内卡板上有橡皮垫或螺旋式夹紧件。

(2)当不用内卡板时,可在卡板侧面装上角片,用工艺螺栓把蒙皮夹紧,如图 5-3-1 所示。螺栓是通过蒙皮与桁条的一个铆钉孔拉紧的,此孔暂不铆上铆钉。

(3)临时装上的螺旋式顶杆从蒙皮内部顶紧,如图 5-3-2 所示。

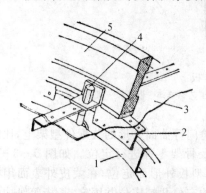

图 5-3-1　带蒙皮加紧装置的卡板
1—机身隔框;2—补偿片;3—蒙皮;
4—工艺螺栓;5—卡板

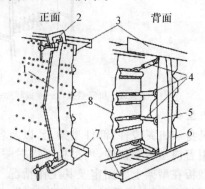

图 5-3-2　用螺旋式顶杆从内部顶紧蒙皮
1—卡板;2—弓形夹;3—翼前梁;4—松紧螺套;5—木柱;
6—翼肋;7—翼后梁;8—板件蒙皮

卡板的位置及数量,主要决定于装配件构造、铆接工作内容及工件的刚度等因素。例如当卡板是用来定位板件时,蒙皮表面上的铆钉已经铆好,在型架上只进行补偿片与骨架零件的铆接,如图 5-3-3 所示,卡板在任何位置都不妨碍铆接工作的进行,图中卡板的位置就取在框平面上。但在某些板件型架上,要进行补偿片与蒙皮的铆接,这时卡板就需与钢缝错开,以免妨碍钻孔。

卡板的数量与所定位的工件刚度和准确度有关。当定位部件、段件时,因其刚度较好,没有接头定位器,一般可在两处设卡板,使用接头定位器后,还可适当减少。部、段件长度大的,则应适当增加卡板数量,板件刚度一般较差,故卡板数量较多。

采用外卡板定位,由于卡板尺寸较大,重量较重,使操作不便,型架也庞大复杂。尤其是中、大型飞机的装配型架,卡板长度可达 4～5 m 左右,这对型架的设计、制造和使用都带来许多问题。因此,外卡板的应用逐渐有所减少。对外形准确度要求高的翼面类部件,在要求以蒙皮外形为基准进行装配时,一般仍采用外卡板,但另一种形式的卡板称为"活动卡板",它不固定在型架骨架上,而是直接固定在所装配的工件上,一般是固定在比较强的飞机骨架上,如机翼的前后梁等。如图 5-3-3 所示是客机康维尔 880 机翼装配型架用的活动卡板。

在机翼板件装配完成后，预先将卡板固定在板件上，每隔两三个肋距固定在一块。通过卡板上附有的许多耳片，用工艺螺栓穿过铆钉孔与板件相连接。这种卡板的工件外形不取全部翼剖面外形，仅取在耳片附近的局部与蒙皮外形接触处，以控制板件外形。板件出架时连同卡板一起吊运到架外进行压铆，把带有卡板的板件送入段、部件装配型架。由此可见，活动卡板即可作为外形定位件，又增强了板件的工艺刚度，有利于控制铆接变形和保证气动力外形。此外，由于卡板不固定在型架上，无须开启，从而简化了型架结构。我国某运输机机翼总装型架采用了一定数量的活动卡板，效果良好。

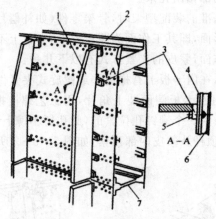

图 5-3-3　活动卡板

1—卡板；2—机翼后梁；3—卡板耳片；4—蒙皮；5—工艺螺栓；6—桁条；7—机翼中梁

2. 内型板

在机身和机翼段件、部件型架上，以及各种板件、舱门等曲面外形的装配件型架上，比较广泛地采用着内型板定位件，内型板可以对蒙皮内表面及骨架零件进行定位。如图 5-3-4 所示为内型板在型架上的固定及其工作情况。蒙皮靠内型板外形面定位，在蒙皮外表面用橡皮绳将其压紧。隔框、翼肋是由内型板侧面（基准面）上的定位孔销定位并固定，长桁等纵向骨架零件可按内型板上的缺口定位。

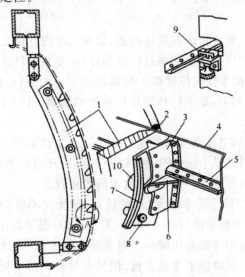

图 5-3-4　内形板的工作状态

1—内型板；2—橡皮绳；3—补偿片；4—蒙皮；5—桁条；6—角片；7—隔框；8—隔框定位件；9—桁条夹紧件；10—开孔

以骨架为基准装配的部件,在板件装配时,一般只进行桁条与蒙皮的铆接,不铆隔框,这时板件装配型架的内型板可以简化:内型板可不加工出蒙皮内形,而只装长桁的定位夹紧件,蒙皮按已定位好的长桁定位,用尼龙绳夹紧。这种板件铆好后,送到部件或段件型架,铆接隔框。此时,隔框的定位常用定位孔定位件,而不用内型板,以使铆接通路更为开敞,型架更为简化。

内型板与卡板相比,它的主要优点是型架结构简单、重量轻、定位操作和工件出架都较为方便。

3. 多点阵

图 5-3-5 所示为多点阵真空吸盘工装平台总体机械结构图。该柔性工装平台机械结构主要由定位夹持系统、传动系统、支撑系统三个部分组成。定位夹持系统主要作用是使飞机壁板在空间中的位置固定,以进行后续加工或者装配;传动系统主要作用是为了使支柱能够上下运动,能够将吸盘送到应有的高度;支撑系统主要作用就是支撑、固定传动系统,使得每套传动系统都有自己的固定位置,使结构稳定且牢靠。

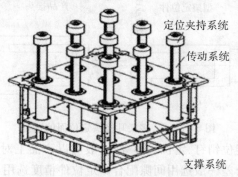

图 5-3-5　多点阵真空吸盘工装总体机械结构

其中定位夹持系统由顶端带有球面凹槽的中空支撑体、吸盘、定位件、不完整球体等组成。不完整球体与顶端带有球面凹槽的中空支撑体构成球副连接结构,进而可以自由相对运动,实现不完整球体±26°的转动,吸盘可以随着球体的转动而到达合适位置,使其中心法矢量与飞机壁板件定位点的法矢量重合,解决了自适应定位夹持机构设计的问题,使该工装可以满足不同曲率、不同形状的飞机壁板装配需求;传动系统主要由支柱、固定块、滚珠丝杆、支筒、联轴器、伺服电机等组成。伺服电机产生的动力通过联轴器传送给滚珠丝杠,并带动支柱上下运动,将吸盘送到需要的高度;为保证支柱组件只发生直线运动,支柱两侧设有滑道,确保支柱只进行上下直线运动;支撑系统主要由上板盖、下板盖、钢条组成,起到了支撑固定作用。

5.3.3　框梁类的定位夹紧机构

为保证各部件的互换和对接接头的协调,在装配型架上要有接头定位件,用于叉耳接头的称为叉耳式接头定位件,简称"接头定位件",用于围框式接头(凸缘连接接头)的则称为型架平板。

1. 叉耳式接头定位件

叉耳式接头定位件包括固定式、折动式和导杆式三种形式。

叉耳接头定位件的定位面应与飞机部件上叉耳接头的配合面一致,如图 5-3-6 所示。若为多耳片叉耳接头,配合面较多,则应只选取其中精度最高的配合面进行定位,其余的则不须进行定位,如图 5 - 3 - 7 所示。

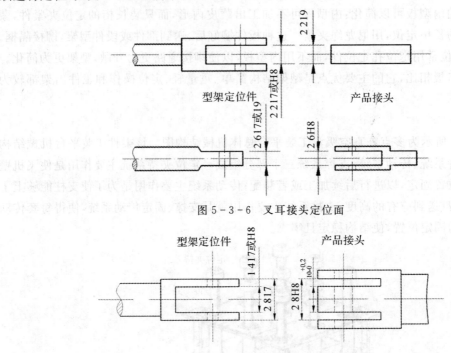

图 5 - 3 - 6 叉耳接头定位面

图 5 - 3 - 7 多叉耳接头定位面的选择

定位件上定位用孔、定位销钉、定位叉耳等,一般应以产品上对应的界限尺寸为其公称尺寸(指以此定位而言),其公差一般选用间隙配合。定位件精度选用与产品同级或适当地略高。

2.型架平板

型架平板如图 5 - 3 - 8 所示,其工作面一般可用 20~50 mm 厚的钢板制成,为保证其刚度,又把它连接在钢管焊成的加强框上,钢板上有和部件的围框式接头协调的相应的对接孔。另一种型架平板是用铸铝制成的工字型剖面的框架,这种结构的刚性好、重量轻,又与工件的热膨胀一致,铸铝式型架平板对大型部件很重要。也可把平板分块,以减少平板支架所承受的弯矩。

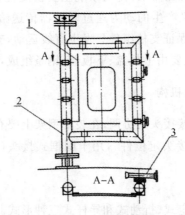

图 5 - 3 - 8 型架平板
1—架型平板;2—加强框架;3—定位件

型架平板的对接孔和基准孔按标准平板协调制造,孔内镶有淬火的钢衬套(压入或用胶泥固定)。型架平板应具有足够的刚度,平板的不平度,在 1 m 长度内不大于 0.05~0.1 mm,工作面的表面粗糙度 Ra 不大于 3.2。

考虑到两端平板关上(处于工作状态)的情况下,产品(如板件)要便于放入型架,应将一端平板同部件端面留出间隙(一般为 10 mm)并配用一套活动垫片。

型架平板在型架的安装形式可以是固定式的、可移动的和转动式的。这取决于工件出架的方式、方向和方便程度。固定式型架平板一般是通过叉耳接头安装在型架上,在使用过程中不须打开,但必要时也可用吊车整个取走。移动式型架平板可沿导轨滑动一定的距离,其纵向位置(即移动方向定位)由产品确定,也可用刻度指示。燕尾槽式导轨适于较小的平板,装配式导轨适用于大、中型平板。转动式型架平板,大小型架都可采用。小型型架平板可用铰链式转动机构,大中型型架平板则用转轴式的转动机构。一般在产品采用纵向出架方式时,多用转动式型架平板。

5.3.4　部件类的定位夹紧机构

1.“十字架支臂式”数字化装配定位平台

该平台以“十字架支臂式”机械随动定位装置为定位机构。在装配过程中,蒙皮的位置及外形由内型卡板来定位,辅助蒙皮挡件;长桁的位置由机械随动定位装置的末端执行器夹持然后带动其运动,完成定位。该定位平台有以下特点。

(1)蒙皮的外形及位置由内型卡板和蒙皮挡件控制,因此在装配过程中蒙皮的定位数据是由内型卡板这个模拟量来传递的,即蒙皮的定位数据不是依靠数字量传递的,是模拟量传递。所以,蒙皮的定位过程没有实现数字化。

(2)长桁的定位由机械随动定位装置来完成,而机械随动定位装置的运动是靠定位系统的控制模块控制的。其接收工艺系统生成的工艺信息,将信息转换为控制信号驱动伺服机构,伺服机构发出脉冲控制机械随动定位装置运动。因此,长桁的定位运动数据来自工艺系统生成的工艺信息,即长桁的定位过程实现了数字化。

(3)由于蒙皮是靠内型卡板来定位的,因此当该平台要装配其他曲度的蒙皮时,需要更换相应的内型卡板。

(4)长桁的定位是靠机械随动定位装置来完成的,而一个平台中有两套或两套以上的机械随动定位装置,因此该平台定位的长桁不仅可以是直的,也可以是有一定曲度的。

(5)该定位平台在装配过程中模拟量传递和数字量传递并存,蒙皮的定位过程是模拟量的传递过程,长桁的定位过程是数字量的传递过程。并且该平台实现了一定的柔性和自动化,可以定位不同形状长桁,更换内型卡板可以装配不同曲度的蒙皮,并且长桁的定位过程实现了自动化。

总之,“十字架支臂式”数字化装配定位平台没有完全实现数字化,具有一定的通用性,并且装配过程实现了一定自动化。

2.“立柱组合式”数字化装配定位平台

该平台的定位机构为“立柱组合式”机械随动定位装置。该平台在装配过程中,蒙皮由蒙皮夹持装置夹持,长桁由长桁夹持装置夹持,在机械随动定位装置的带动下实现零件的定位。该平台的特点如下。

（1）蒙皮和长桁的定位由机械随动定位装置来完成，其定位数据来自工艺系统的工艺信息，因此蒙皮和长桁的定位都实现了数字化。

（2）该平台上蒙皮由蒙皮夹持装置夹持，没有内型卡板控制蒙皮的外形，因此该装置适应蒙皮曲度较小，近似平板的蒙皮。长桁由长桁夹持装置夹持来完成定位，而一个平台中有两套或两套以上的机械随动定位装置，因此该平台定位的长桁不仅可以是直的，也可以是有一定曲度的。

（3）该平台在装配过程中全部实现了数字化，蒙皮和长桁的定位信息都实现了数字量传递。该平台也实现了一定的通用性，可以装配不同大小的曲度较小蒙皮和不同形状的长桁，并且蒙皮和长桁的定位过程都实现了自动化。

3. 基于六足定位的柔性固持装置

在型架与飞机翼盒之前的柔性固持部分，采用六足定位装置满足其柔性需求。六足定位装置如图 5-3-9 所示。

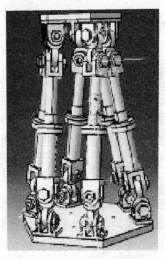

图 5-3-9　六足定位装置

六足定位装置底板通过盒式连接安装在型架上，顶板与需要固持的翼盒相连。其顶板的移动通过连接顶板和底座的六个脚腿实现。事实上可以通过任意改变脚腿长度来使顶板移动到它工作空间内的具有任意角度的任意一个位置。六足定位装置的一个重要特点就是顶板在空间的任意一个位置都有相应的六条腿的长度设置来对应。当六足定位装置进行重新设置时，这种连接方式可以方便地调节以达到新的位置。

4. 工艺接头

工艺接头是为了装配时定位和夹持工件的需要而加在飞机结构的较强部位上的暂时性接头，用于部件装配或对合过程中的补充定位或转化定位。它可以突出于部件气动力表面，当飞机装配完成后，即可卸下。补充定位是当产品的可定位部位不足或因组件的刚度较差时，对合理定位的补充；转化定位主要是为了简化型架结构。例如，将外形定位转化为接头定位，或采用某种工艺件来建立产品组件之间的定位关系等。工艺接头是近年来新发展的一种定位件形式，为了能起到其定位的作用，也为了能承受和支持板件，甚至整个大型部件的重量，它应具有一定的精度和足够的刚度和强度。

工艺接头的工作情况有如下几种。

（1）在段件或部件装配型架中，工艺接头仅对工件起支撑作用。如图 5-3-10 所示为某强击机机身侧壁通过工艺接头安装在调整机构上，侧壁的全部重量由四个工艺接头支撑，侧壁的准确位置则由两块卡板确定。装配时，转动调整机构的手轮，指导侧壁外形与卡板符合为止。

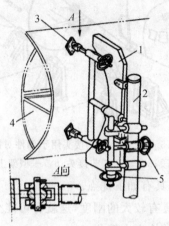

图 5-3-10　支撑板件用的工艺接头

1—卡板；2—支柱；3—工艺接头；4—侧壁；5—调整机构

（2）在段件或部件装配型架中，工艺接头对板件或段件既起支撑作用，又起定位作用。如图 5-3-11 所示为波音 747 机身前段装配型架，各板件及组合件、小段件全部采用了工艺接头定位和支撑，这个型架的骨架是整体底座式的，由多支点支撑，其材料大部分采用的是铝焊接构件。

（3）在端架或部件的对接型架中，工艺接头起支撑及定位作用。如图 5-3-12 所示为客机 L-1101 机身前段与中段对接时的情况。中段通过工艺接头定位和支撑在型架上，前段把工艺接头作为吊挂点正在吊运中。

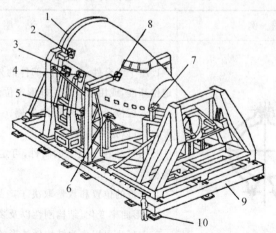

图 5-3-11　工艺接头用于段件装配

1—型架平板；2～8—工艺接头；9—型架底座；10—可调支撑

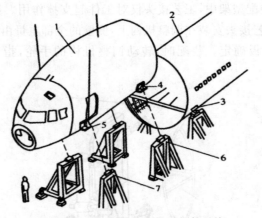

图 5-3-12　工艺接头用于部件对接

1,2—机身前端和中段；3,4,5—工艺接头；6,7—型架上的工艺接头定位件

工艺接头作为一种定位方法具有如下优点。

(1)一般板件、段件、部件都具有较大的刚度，这就有可能少数几个小面积的"点"定位来代替卡板的"线"定位，从而使型架结构大大简化。

(2)工艺接头可以在段件装配、部件装配和部件对接等各个阶段共同使用，更好地保证定位基准不变和提高定位及协调准确度。

(3)工艺接头是定位孔和接头定位件相结合的进一步发展。它具有定位孔定位方法的简便，又具有接头定位的刚度及精度。它的位置选取比较灵活，一般都位于部件的外表面，选择安排在最有利的位置上，因此比用内定位的内型板、定位孔定位件等更为方便，既保证了支撑刚度，又利于内部结构的装配和部件的对接工作。

装配型架(夹具)定位是通过定位件实现的，其定位件的形式见表 5-3-1。

表 5-3-1　定位件的形式

形　式	图　例	说　明
卡板		1.用于组合件、分部件、部件的外形定位，以蒙皮外形作为定位基准，或用作骨架的外形定位件； 2.卡板位于部件外形的外侧。卡板工作面可以是蒙皮外形，也可以是骨架外形； 3.通过装在卡板上的附件，可定位骨架零件，如梁、框、肋、隔板等； 4.卡板的位置和数量取决于产品结构形式、外形准确度要求、外形曲率变化、结构刚性以及装配工装的内容等因素； 5.卡板也可以作为结构件外形的压紧件

续表

形　式	图　例	说　明
内形板		1.用于壁板、分部件、部件的外形定位,以蒙皮内形作为定位基准; 2.内形板位于部件外形内侧,其工作面为蒙皮内形; 3.同其上布置的元件一起定位框、肋、隔板、长桁等; 4.分部件、部件总装时,内形板用来定位壁板,并保证部件外形; 5.内形板位置和数量的选用与卡板的相同; 6.模型框、模型肋是内形板的一种形式,它固定在产品结构上或型架上,起到定位壁板和保证外形的作用
托板		1.用于平面型组合件的外形定位; 2.托板一般位于组合件下面,多为固定式,并起支托作用; 3.托板位置与数量的选择与卡板的相同
包络定位件		1.用于某些双曲度壁板组合件和外形复杂的立体组合件的外形定位,以蒙皮外形为定位基准。例如整流罩、整流包皮等; 2.包络定位件取结构件的整个外形,也可以确定内部构件的位置。在包络皮上还有钻制铆钉孔的钻模
叉耳接头定位件		1.用于各类叉耳接头的定位。例如部件对接接头、结构连接接头、设备成品安装接头、系统构件安装接头及工艺接头等; 2.以叉耳配合面和对接孔作为定位基准,能保证接头装配的准确位置和互换协调
凸缘接头定位件		1.凸缘(围框式)接头定位件一般称为型架平板,用于以平面结合形式连接的各类接头的定位,如机身、机翼各段对接面上的围框式接头,主要受力构件连接接头等; 2.以对接平面和对接孔作为定位基准,能保证接头装配的协调互换; 3.可以兼作对接孔精加工钻模

续表

形　式	图　例	说　明
定位孔定位件	蒙皮　压紧带（缓冲绳） 长桁　角片　定位销榫　框缘　内形板	1.用于以定位孔为定位基准的零件、组合件的定位,并确定在型架内的装配位置; 2.定位孔定位件由平面、孔、定位销组成。两个或两个以上的定位孔可以控制结构件的六个自由度,简化了型架结构; 3.定位孔定位件上的孔位于结构件上,定位孔需要按一定的协调路线协调
工艺接头定位件	3 A 1 2 4 5 A向	1.用于刚性比较大的组合件、分部件、部件对合时在工装内的定位。工艺接头一般在组合件装配时安装,带到下道工序作为结构件的定位基准; 2.工艺接头还用作部件架外对接时相互定位的基准; 3.工艺接头一般借用结构上的连接件孔固定,装配完毕再装上正式产品紧固件; 4.工艺接头与工装之间的定位与叉耳接头定位件相同; 5.工艺接头还可起到支撑产品、调整产品位置、吊运产品的作用; 6.采用工艺接头定位可以减少协调环节并能简化工装结构
模型定位件	B A A B 滑轮架　滑轨　模型　A-A（放大）B-B（放大）	1.它是模拟产品外廓形状、尺寸的一种过定位件,用来协调定位与该产品相关的结构件的装配位置; 2.通常适用于复杂立体型面的产品有协调安装要求的结构件的定位。例如,按舱门模型协调安装门槛;按成品模型协调安装管路; 3.模型定位件一般以产品结构定位,也可安装在型架上。图例为安装在型架上的滑轨模型定位件,用来定位滑轮架
定位安装量规	主起接头　机翼　定位安装量规　主起短舱舱门接头	1.用于在架外(或架内)安装、定位带有对接孔或外形的零件、组合件、部件的一种构架式定位件; 2.量规以已装产品上的接头孔为定位基准,无须复杂的工装伸出件,从而大大简化型架结构,同时协调性好; 3.多数用于架外安装,从而减少总装型架内的工作量,用作定位的产品结构时必须有足够的刚性

思考与讨论

(1)在传统的飞机制造中,工艺装备的作用和分类有哪些?

(2)什么是标准工艺装备? 在飞机制造中常用哪些标准工艺装备? 它们各自的功用有哪些?

（3）简单介绍数字化标准工装。

（4）简述飞机装配型架的功用和特点。

（5）简述飞机装配型架制造流程。

（6）飞机型架定位件有哪些？各有何特点？

（7）讨论如何反求获取传统型架的设计结构和获取相关设计知识。

（8）针对翼盒典型结构及其工装形式，讨论其设计相关问题。

第6章 飞机装配数字化测量

6.1 飞机装配过程中的测量类型与特点

数字化测量技术是现代飞机数字化装配技术的重要组成部分,是以各种数字化测量设备为实施工具,利用数字化测量系统高精度的测量、控制和分析能力,对待测对象实施快速、精确、自动化的测量,获取其准确的形状尺寸或空间位姿信息。数字化测量设备的应用使装配能够实现"闭环"控制,不仅保证了飞机装配准确度,提高了生产效率,同时也实现了飞机产品从零件设计、制造到装配过程的全数字量传递。

为提高飞机装配质量,确保飞机装配精度,利用先进的测量技术和方法进行装配过程控制,使产品最终几何特征达到设计要求是现代飞机数字化制造的重要环节。飞机几何特征的多样性、装配流程的复杂性以及装配协调与准确度的要求,使得飞机装配测量具有多种要求,但其类型主要为两大类,即空间点位测量及复杂曲面测量。

6.1.1 空间点位测量

在飞机数字化装配过程中,经常需要将工件和零部件上的某些特征点作为定位基准或质量评价要素,通过用测量手段获取它们的空间坐标数据来进行定位和评价。常见的应用有以下几种。

1. 装配定位与调整

飞机的装配定位就是要确定零组件之间的相互位置,如果用零件的结构特征定位,就要准确地确定这一特征的空间点位,以此来保证零件处于准确的空间位置。在飞机数字化装配中,为了提高装配精度、简化工装结构,可在装配过程中测量零组件上的结构特征,进行零组件的定位或调整,也可以在组合件上安装光学目标件作为组件安装定位基准,便于应用激光跟踪仪等测量设备。

通常,定位特征一般都选择主要结构件的K孔、交点孔、叉耳断面等,这些都是在飞机装配中需要严格控制的关键特征点。虽然这些关键特征点的测量精度要求较高,但是由于其几何要素比较简单,通常都非常易于测量。这种测量结果直接用于零组件定位的工艺方法,使得测量设备成为飞机装配工艺过程的工具和手段。

目前零组件装配定位一般都选择激光跟踪仪作为测量设备(见图6-1-1),测量精度较高,适用性和通用性好。

图 6-1-1　利用激光跟踪仪进行装配定位

2. 部件对接

飞机总装过程中,采用数字化柔性对接工作是提高对接精度和效率的有效手段。在大部件对接过程中,测量系统对各部件上已标记出的对接装配控制点进行实时测量,将测量数据传递给对接工装的分析计算系统,分析计算系统将实测值与理论值进行分析比对,然后将结果反馈给控制系统,进而驱动柔性对接工装运动实现部件的自动对接,如图 6-1-2 所示。

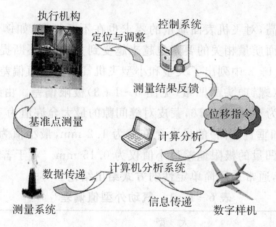

图 6-1-2　典型数字化测量辅助装配系统实施流程

对接测量一般可以采用室内空间测量系统或者激光跟踪仪,也可以将两个测量系统组合应用。为提高对接效率,有效控制装配精度,对接过程中可以依靠室内空间测量系统进行实时动态引导,部件到位后再应用跟踪仪进行坐标精确测量和定位精度确认可有效地提高对接系统的运行效率。

3. 全机水平测量

全机水平测量是飞机制造阶段最后的综合性检验工序,反映了飞机总体装配后各个部件的相对位置及各个部件的安装质量,是确保飞机整机质量及安全性的重要环节。传统的飞机水平测量检查方法是在对全机调平的前提下,利用水准仪与标尺等配合进行高度方向基准测量,利用铅锤和卷尺等对飞机上的水平测量点进行测量,再将各测量数据向全机坐标轴系投影并计算各部件的安装角度,通过与水平测量公差进行比对,评价飞机的装配质量。由于测量工具自身的精度较低,加之飞机调平精度难以保证,全部测量过程都是人工实现,给测量结果造成较大误差;而且实施过程较为复杂,工作量很大。先进测量设备与技术的采用,使飞机水平测量变得更加简单、高效与准确。利用激光跟踪仪或室内空间测量系统可以直接获取水平测量点的三维坐标,无须进行飞机调平操作,实现自动测量。与传统方法相比,全机水平测量的测量精度与效率均得到大幅提高。

4. 工装使用监测

装配工装是飞机装配的重要装备和手段,其质量与可靠性直接影响飞机的装配质量。目前对工装使用过程中的质量状态采取定期检查方式进行控制,若在定检周期内没有采取有效的方法进行监控,可能会总造成部件装配不协调,产生装配质量问题。因此需要对关键工装的关键定位器位置进行使用监控,进而及时发现问题,采取纠正措施。

工装监测可以在工装的关键定位器上设置目标点,通过检测目标点位置的一致性和稳定性来评价工装质量。这种使用过程中的监控测量是一种长时间的动态测量,可采用室内空间测量系统进行自动化测量,以便在无人操作情况下长时间工作,自动记录目标点的实测值,工作效率高。

6.1.2 复杂结构形貌测量

飞机部件结构形貌检测是产品质量评定的一项重要内容,主要为了评定部件结构外形和表面质量。

随着飞机性能的提高,对飞机表面质量的要求也在不断提高,如铆钉钉头的凸凹量、蒙皮对缝间隙与阶差等和表面质量相关的要素也越来越受到关注,并不断提出严格的控制要求。

表6-1-1~表6-1-3中列出了大型和小型飞机气动外型值偏差、蒙皮对缝间隙及阶差的极限偏差和沉头螺栓(螺钉)头凸凹量(见图6-1-3)极限偏差。由表可见,基本外形偏差最大为±3.0 mm,最小为+0.4/−0.6,蒙皮对缝间隙的最大允许值为1.5 mm,最小值为1.0 mm,阶差(包括顺航向和垂直航向)的最大允许值为1.2 mm,最小值为0.3 mm;而不同区域中沉头螺栓(螺钉)头凸凹量的极限偏差最小值仅为0.15 mm。对于普通的测量手段而言,难以精确地显示测量结果,通常采用简单定性的方式给出结论。

表6-1-1 气动外型值偏差[①] 单位:mm

类 型			大 型		小 型	
			一类	二类	一类	二类
机身类	Ⅰ区	基本偏差	±1.5	±2.0	+0.5 −0.8	±2.0
		局部偏差	±2.5(15%)	±3.0(15%)	+0.5/−1.2(20%)	±2.5(15%)
	Ⅱ区	基本偏差	±2.0	±3.0	+0.5/−1.2	±2.5
		局部偏差	±3.0(15%)	±4.0(15%)	+0.5/−1.7(20%)	±3.0(15%)
翼面类	Ⅰ区	基本偏差	±1.0	±1.5	+0.4/−0.6	±1.5
		局部偏差	±2.0(15%)	±2.0(15%)	+0.4/−1.0(20%)	±2.5(15%)
	Ⅱ区	基本偏差	±2.0	±2.0	+0.5/−0.8	±2.0
		局部偏差	±2.5(15%)	±3.0(15%)	+0.5/−1.2(20%)	±3.0(15%)

注:①Ⅰ区、Ⅱ区的划分见各机型设计技术条件

表 6 - 1 - 2 蒙皮对缝间隙及阶差的极限偏差　　　　　　　单位:mm

类型		大　型				小　型					
		一、二类				一类			二类		
		对缝间隙	垂直航向对缝阶差		顺缝航向阶差对	对缝间隙	垂直航向对缝阶差		顺缝航向阶差对	对缝间隙	垂直航向对缝阶差		顺缝航向阶差对
			逆差	顺差			逆差	顺差			逆差	顺差	
机身类	基本偏差	+1.0	+0.5	+0.8	+1.0	+1.0	+0.5	+0.8	+1.0	+1.0	+0.8	+1.0	+1.0
	局部偏差	+1.5 (20%)	+0.8 (20%)	+1.0 (20%)	+1.2 (20%)	+1.5 (20%)	+0.8 (20%)	+1.0 (20%)	+1.2 (20%)	+1.5 (20%)	+1.0 (20%)	+1.2 (20%)	+1.2 (20%)
翼面类	基本偏差	+1.0	+0.5	+0.5	+1.0	+0.5	+0.3	+0.5	+0.5	+0.5	+0.5	+0.8	+0.8
	局部偏差	+1.5 (20%)	+0.8 (20%)	+0.5 (20%)	+1.0 (20%)	+0.5 (20%)	+0.5 (20%)	+0.5 (20%)	+0.8 (20%)	+1.0 (20%)	+0.8 (20%)	+1.0 (20%)	+1.0 (20%)

注:①表中偏差均指基本间隙和基本阶差为零时的偏差。

②表中百分数是按每条对缝长度计算的(机身类按周长计算,翼面类按上下翼面分别计算)。

③对于厚度大于 3 mm 的壁板,建议采用大间隙对缝 a_{-1}^{+2},缝中涂胶填平。

表 6 - 1 - 3 沉头螺栓(螺钉)头凸凹量极限偏差　　　　　　　单位:mm

区域	凸凹量偏差		备 注
	基本	大曲率部位	
Ⅰ区	±0.15	±0.20	可卸口盖(上翼面除外)按±0.25
Ⅱ区	±0.20	±0.25	

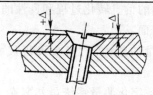

图 6 - 1 - 3 沉头螺栓(螺钉)头凸凹量示意图

长期以来,飞机装配的外形都依据装配型架上的外形卡板用塞尺等进行检查,蒙皮对缝间隙及阶差、紧固件钉头的凸凹量也都是用塞尺进行检查,测量手段落后,测量精度低,难以进行全面的质量评定。但是近年来,随着数字测量技术的发展,激光雷达、数字近景摄影扫描仪等开始应用于部件气动外形的检测,如摄影测量应用于大型整体特征测量,激光扫描应用于一般形貌测量,光栅投影结合立体视觉应用于局部形貌高精度测量等。数字化光学测量设备的采用,不仅在精度上满足了测量需求,同时极大地提高了测量效率。

6.2 数字化测量技术与系统在飞机装配中的应用

6.2.1 数字化测量综述

随着计算机技术、信息技术和自动化技术的蓬勃发展,数字化、自动化、柔性化成为当前国内外飞机装配环节发展的主流趋势。与此同时,以模线、样板、标准样件、外形卡板等为代表的传统模拟量测量检测手段在功能、准确度和效率上已逐渐无法满足现代飞机装配测量的需求。激光跟踪仪、室内GPS(iGPS)、工业近景摄影测量等高精度数字化测量技术应运而生,在飞机装配型架定位、部件对接装配以及飞机整体装配的准确度的检测中得到越来越普遍的应用,成为飞机数字化装配关键支撑技术之一,在提高飞机制造、装配质量和效率方面发挥了重要作用。

飞机数字化装配中采用的数字化测量技术是若干种高精度、高效率、具备一定实时反馈特征的数字化测量技术与系统的统称,它涵盖了数字化协调、关键零件质量控制、部件装配、总装对接、装配质量评价等多个方面的测量内容,扩展了传统模拟量测量的检测范围,实现了从对产品实物的制造后检测向测量、协调、控制的"在线"检测转变。

波音、空客、洛克希德·马丁、罗尔斯·罗伊斯、中航工业等飞机制造公司已经普遍采用基于数字化测量设备的产品三维检测与质量控制手段,开发并部署了相应的计算机辅助三维检测规划与数据分析系统,制订了三维检测系统规范,形成了较完整的数字化测量技术体系。同时,国内外航空制造部门也越来越多地以便捷高效的制造现场数字化检测技术为支撑,发展新的、高效率的制造流程和工艺(如通过现场检测定位减少或简化装配工装等),并应用于飞机产品质量控制、加工现场的制造数据反馈与自适应补偿、柔性自动化装配定位等,直接推动了相关技术和工艺水平的大幅提升。

采用数字化测量技术与系统不仅可以大幅度提升现代飞机数字化装配的质量和效率,而且更能适应上游的飞机数字化设计,从而打通从设计、制造到装配的数字化、一体化流程,改变传统的模拟量传递模式,形成连续的信息转化过程和良性的循环反馈,达到高效生产组织的目的,其主要作用和优势包括以下方面:

(1)具备可进行大型工件测量的能力,对当今飞机尺寸不断变化的情况更具价值与适应性。

(2)与传统的测量手段相比,数字化测量系统虽然复杂、昂贵,但其应用范围广、使用周期长,因此,按整个周期成本计算,反而会节约成本。

(3)能够简化工装,使之更具通用性和柔性。

(4)能完成更加复杂的形位测量任务,数字化测量系统具备的动态实时测量能力可以完成多目标点位置数据的同时反馈和控制。

(5)能够进行离线测量标定,或者通过网络进行异地并行工作。

(6)数字化测量系统可以与机电控制系统、机械随动装置等组成一套完整的数字化装配体系,根据测量分析结论通过计算机发出运动的指令,从而容易实现对机电结构运动的控制。

6.2.2　常见的数字化测量系统

飞机数字化装配的飞速发展,对配套的测量检测系统提出了多样化、全面化、更高层次的要求,单一的数字化测量技术与系统已无法满足整个飞机装配环节的需求,测量目的已从单纯解决飞机产品装配精度评定问题发展到解决如何全面辅助飞机装配过程、控制装配质量等一系列问题。现代飞机制造领域常见的数字化测量技术与系统主要包括激光跟踪仪、电子经纬仪、电子全站仪、室内 GPS(iGPS)、自动制孔系统中的孔位找正与法向找正工业近景摄影测量、激光雷达等,表 6-2-1 为飞机制造企业广泛使用的 5 种数字化测量系统对比。

表 6-2-1　飞机制造企业常见数字化测量系统对比

数字测量系统	使用条件	测量精度	优缺点
电子经纬仪	2 台或 2 台以上,需要基准尺定标,需要操作人员人眼瞄准	20 m 内: 角度精度 0.5′; 测量精确度 0.05 mm	转站时需要重新定标;在中、短距离内具有极高的测量精度;测距通过测角计算得到
电子全站仪	可单台工作;开机后输入温度和气压,仪器自动校正距离	测程 0.9~1 800 m; 测量精度: ±(3 mm+2 ppm)	不能完全代替水准仪;对准时稳定性和安全性更好;高精度测距能力不足
激光跟踪仪	可单台工作;开机 30 min 预热;一次性初始校准,转站无须定标。	绝对精度: 非运动目标 5×10^{-6}; 运动目标 10×10^{-6}	用于高精度的大尺寸测量;自动跟踪,实时测量,携带方便;需手持靶球,对工人技能要求较高
近景摄影测量	测量前需要定标,贴片;多角度多次照相	2 000×3 000 像素; 精度小于 0.05 mm	携带方便,环境适应力强,多点跟踪,转站容易;技术要求高、价格高,对目标光源有一定要求
室内 GPS	合理布置被测目标周围空间的脉冲发射器(数量/位置)	最高精度可达 0.2 mm	超大尺寸测量,无须转站,支持多用户,不受温度影响;测量精度不高

各种数字化测量系统的适用范围与精度等级均不相同,而飞机装配是一个多工序、多模式的综合性制造活动,单一的测试技术必定无法满足完整的飞机装配测量需求,因此现代飞机制造企业针对不同装配环节及测量需求,综合考虑各测量系统的优缺点,选择不同的数字化测量技术与系统,实现飞机装配数字化测量的优化布局,提升飞机装配精度,控制飞机装配质量。

按照一般的测量原理可将上述数字化测量技术分为接触式测量与非接触式测量两种类别,但本章将针对飞机产品的数字化装配过程,以装配过程为线索,按照装配定位,对接装配中的误差检测与控制和装配准确度三大环节介绍各种数字化测量技术与系统。

如图 6-2-1 所示,按照上述划分标准,对飞机装配中采用的数字化测量技术与系统进行了分类。但是,在飞机制造企业的实际生产中,各种数字化测量系统的应用范围并非局限于装配过程的某一环节,例如激光跟踪仪与室内 GPS,它们的实际服役情况贯穿了飞机装配的完整过程,从最初的工装定位到最后的装配质量检测。本章仅针对每一装配环节中最具代表性的数字化测量技术与系统,描述它们的原理与应用情况。

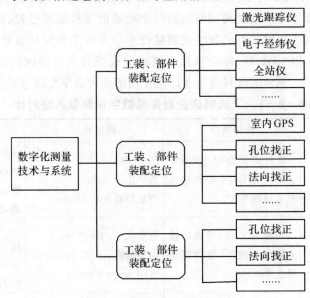

图 6-2-1　数字化测量技术分类

1. 关节臂测量机

关节臂测量机是一种多自由度便携式测量机,如图 6-2-2 所示,它仿照人体关节的结构,将一系列长度固定的杆件和一个测头通过可旋转的关节串联连接,具有机械结构简单、体积小、重量轻、空间可达性好、灵活便捷等优点。自推出以来,迅速在模具设计、产品质量在线检测、设备维修、飞机装配、医疗等领域得到应用。

图 6-2-2　柔性关节臂测量机

通过模拟手臂灵活的运动方式,关节臂测量机可实现对空间不同位置目标点的测量,并能够以最灵活的形式满足复杂空间内的测量需求。关节臂一端固定于基座上,末端测头的自由运动范围构成一个球形测量空间。关节臂测量机运动灵活,操作简单,无须测量平台,便于携带,甚至可以安装在被测工件或机器上,非常适合现场测量和被测工件不便移动的场合,具有很好的测量柔性和适应性。但由于关节臂测量机采用旋转关节和长杆件的串联结构,稳定性不高,且关节臂测量机测量误差和被测点空间位置有关,距离越长则误差越大,使得测量空间范围和测量精度受到明显限制。

此外,可以在关节臂测量机的测头上附加小型结构的激光扫描仪来实现非接触快速三维扫描测量功能,称之为激光扫描测量臂,它集接触式和非接触式测量系统于一体,在性能上具有一定的优势,可用于检测、逆向工程、快速成型、三维建模等测量场合。例如某型关节臂测量机将接触测头和激光扫描测头结合,可以利用接触式测头测量简单点坐标,再利用激光扫描测头采集曲面上的数据,两种测量数据转换方便,可以通过大量的点云数据获取被测物的详细参数。

2.经纬仪测量系统

电子经纬仪是基于角度测量的光学仪器,可以较为精准地测量水平角和竖直角。多数经纬仪的测角原理均基于动态测角技术,本小节以 T3000 型电子经纬仪为例来阐述其在装配定位中的应用。

(1)电子经纬仪的原理。电子经纬仪的核心部件是编码度盘,如图 6-2-3 所示,度盘直径为 52 mm,上刻 1 024 条分划线,刻度线宽是刻线间隔的 2 倍,分划线之间的角值为 $\varphi = 360°/1\,024 = 21'6''$,刻线的分划误差为 4″。度盘除一般刻划线以外,还刻有 4 组比较特别的刻划线 A、B、C、D,各组刻划线的宽窄和排列顺序不相同,起始位置依次相隔 90°。识别线 A 用于测量,其余 3 组(B、C、D)用于检验。

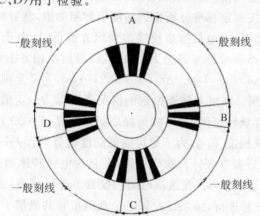

图 6-2-3　T3000 电子经纬仪编码度盘

T3000 电子经纬仪将编码度盘与光栅结合起来进行测角。如图 6-2-4 所示,在光栅度盘的内外两侧分别安装有一对光电扫描系统 R 和 S(两组对径安装)。

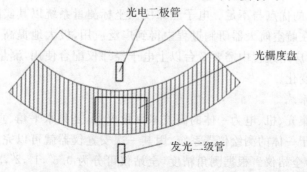

图 6-2-4　T3000 电子经纬仪的光电扫描系统

R 和 S 的结构相同,都是由一个发光二极管和一个光电二极管组成,若发二极光管、指示光栅和光电二极管的位置固定不动,当度盘随经纬仪照准部转动时,由发光二极管发出的光信号通过莫尔条纹落到光电二极管上。度盘每转动一条光栅刻线,莫尔条纹就移动一个周期,通过莫尔条纹的光信号强度也变化一个周期,所以光电二极管输出的电流就变化一个周期。当望远镜照准零方向后,使仪器中的计数器处于 0 的状态,当度盘随着照准部转动到第二个目标时,流过光电二极管的光信号的周期就是两个方向之间的光栅数,可用输出电流的周期来表示。由于光栅之间的夹角是已知的,所以经过处理显示就可得到两方向之间的夹角。如果在电流波形的每一个周期内再均匀内插 n 个脉冲,用计数器对脉冲进行计数,则相当于光栅刻线增加了 n 倍,即角度分辨率提高了 n 倍。因此,对于任意角度 φ,可将其表示成 $\varphi = n\varphi + \Delta\varphi$,即 φ 角的测量包括 $\Delta\varphi$ 的测量和 n 个 φ_0 的测量,分别称为粗测和精测。下面分别叙述其实现过程。

1)粗测。角度 φ 中的整数部分 $n\varphi$ 就是靠实粗测来实现的,度盘上的 4 组识别刻线 A、B、C、D 就为测量 n 值而设置的。在测角时,度盘每旋转一周,A、B、C、D 标识刻线各经过 R、S 一次,R、S 发出信号 RA、SA、RB、SB、RC、SC、RD、SD。A 由 R 转到 S 所对应的时间记为 t_A,则 $n_A = t_A / t_0$。同理,对于其他 3 个标识刻线有 $n_B = t_B / t_0$,$n_C = t_C / t_0$,$n_D = t_D / t_0$,度盘旋转一周可测量 4 个 n 值。以 A 的结果为准,其他 3 个 n 值用于检验。如微处理机检验后发现有差异,仪器会自动重复测量一次。在实际测角过程中,$\Delta\varphi$ 和 n 的测量是同时进行的。度盘扫描完毕后,微处理机按一定标准分析得到精测值和粗测值,然后将其组合得到测量结果。

2)精测。当度盘转动时,光电扫描系统输出两组方波信号,由于 $\Delta\varphi$ 的存在,它们之间存在一个时间延迟,使该两路信号经双稳态 RS 触发器,得到检相方波信号,用 1.72 MHz 的脉冲填充即可得到精确角 $\Delta\varphi$:$\Delta\varphi = \Delta t_i / \Delta t_0$($i = 1, 2, \cdots, n$,为度盘刻线总数)。式中,$T_0$ 为度盘转过角度 φ_0 所用的时间。在度盘转速恒定的情况下,T_0 为一定值。但由于在测量过程中,测量人员不可能完全使度盘转速恒定,所以为提高测量精度,T3000 经纬仪采用了同步校准技术和电机转速控制技术来校准 T_0。为了尽可能消除度盘分划误差的影响,在测出每一个 Δt_i 所对应的 $\Delta\varphi_i$ 后,角度处理器立刻计算获得结果,并且对电机转速做必要的实时控制,大约需要一个 T_0 的时间,即约为 325 μs。在这段时间内仪器不进行测量,这样光电扫描系统对度盘上 1 024 条刻线的扫描交替进行,结果是对每一个观测角 φ 共测量了度盘上 512 条刻线,几乎实现了全刻划测角,该测量结果消除了度盘刻划误差的影响。在于 R 和 S 光电扫描系统对应的位置上安装有另一对光电扫描系统,取两对系统的平均值作为最后测量结果,以消除度盘偏心带来的影响。

(2)电子经纬仪的优点与不足。电子经纬仪三坐标测量系统以其实时性、非接触、机动性及高精度的优势已在航空航天器研制过程中得到广泛应用,极大地提高了产品检测的速度和精度。然而,在实际应用过程中需要 2 台以上电子经纬仪配合使用,测量的精度取决于标尺,会随条件的变化而变化。

3.全站仪测量系统

全站仪是一种集光、机、电为一体的高技术测量仪器,是集水平角、垂直角、距离(斜距、平距)、高差测量功能于一体的测绘仪器系统,因其一次安置仪器就可以完成该侧站上的全部测量工作,所以称之为全站仪。根据测角精度,全站仪可分为 0.5″、1″、2″、3″、5″等几个等级。全站仪主要包括电子测角系统、电子测距系统、数据存储系统、自动补偿设备等,还有与测量数据相连接的外转设备及进行计算、产生指令的微处理器。

利用全站仪能够测量得到方位角、俯仰角和距离信息，通过坐标转换后计算得到被测点的空间坐标。极坐标到直角坐标的转换计算公式为

$$\begin{cases} x = R\cos A\sin E \\ y = R\sin A\sin E \\ z = R\sin E \end{cases}$$

式中，x、y、z 分别代表 X 轴、Y 轴、Z 轴 3 个方向的坐标值；R、A、E 分别代表测量的斜距、方位角、仰角。

在实际装配测量过程中，往往需要在待测部位周围布置 3 个以上的控制点（见图 6-2-5 中的 C1，C2，C3，C4）利用全站仪在机体周围架设若干站（S1，S2，S3，…，S7），对所有标志点（J1，J2，J3，…，Jn）进行测量，最后采用多测站数据拼接技术对数据进行处理。

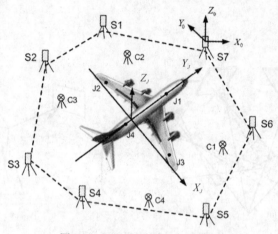

图 6-2-5　多测站测量示意图

4. 摄影测量系统

摄影测量（photogrammetry）是一门通过分析记录在胶片或电子载体上的影像，来确定物体的位置、大小和形状的技术，它包括很多分支应用，比如航空摄影测量、航天摄影测量和近景摄影测量等，其中的近景摄影测量指的是测量范围小于 100 m，相机布设在被测物附近的摄影测量。摄影测量在工业测量和工程测量中的应用一般称为近景摄影测量或非地形摄影测量，它经历了从模拟、解析到数字方法的变革，硬件也从胶片相机发展到数字相机。

（1）工业近景摄影测量的发展历程。1964—1988 年是数字化近景摄影测量技术奠定坚实基础的时期。一系列的研究成果，包括图像处理算法、CCD 感光元件的应用、模板匹配算法、误差理论与多张相片的同时处理技术等，为数字近景摄影测量奠定了理论基础。随后，伴随着基础理论的日趋成熟，在系统的设计、开发、标定等多方面逐步出现了数字近景摄影测量的雏形。

1988—1996 年是数字近景摄影测量技术飞速发展的年代，相关技术的拓展与深入，商业化平台的开发与应用，使数字近景摄影测量技术迅速实现了由理论到实际应用的跨越。美国 GSI（Geodetic Systems，Inc）、挪威的迈卓诺测量系统有限公司（Metronor）、德国 AICON 3D 等公司纷纷推出针对不同测量领域的商业化工业近景摄影测量系统，一系列的会议论文集相继公开出版，表明数字近景摄影测量技术的研究已趋于成熟。

1996 年至今,数字近景摄影测量研究及应用已步入成熟期。它已能满足医学领域对图像实时性、几何高精度方面的要求,可用于外科、人体测量学、人类行为动作的监控测量等。研究的重点从几何量测精度转为实时性、全自动化和测量结果的深加工(三维建模与虚拟现实)等,尤其是激光扫描技术的发展,使得多传感器数据采集及数据融合等问题备受关注,从而也使数字近景摄影与计算机视觉的关系越发密切。

(2)摄影测量基本原理。三维数字摄影测量的基本原理是通过一台(或者多台)高分辨率的数字相机对被测物摄影,采用回光反射标志得到物体的准二值数字影像,经过计算机图像处理后可以得到反射标志点精确的 X、Y、Z 坐标。它是应用不同位置的相机对多个目标同时测量,从而可以解算出相机间的位置和姿态关系,以及目标点的三维坐标。设测量点 P_j 处有 j 个摄站(j 条光线)相交,如图 6-2-6 所示,则共有 j 个共线方程,如式(6-2-1)所示。根据最小二乘原理,将多个光线(束)的共线方程联立求解(光线束法平差)可以求得目标点的空间坐标 (X,Y,Z)。

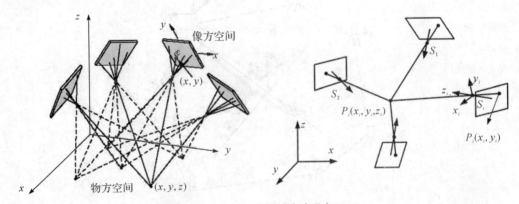

图 6-2-6 多摄站交会几何

$$\left.\begin{aligned}
x_{ij} - x_{0j} + \Delta x_{ij} &= -f_j \frac{a_{1j}(X_i - X_{Sj}) + b_{1j}(Y_i - Y_{Sj}) + c_{1j}(Z_i - Z_{Sj})}{a_{3j}(X_i - X_{Sj}) + b_{3j}(Y_i - Y_{Sj}) + c_{3j}(Z_i - Z_{Sj})} \\
y_{ij} - y_{0j} + \Delta y_{ij} &= -f_j \frac{a_{2j}(X_i - X_{Sj}) + b_{2j}(Y_i - Y_{Sj}) + c_{2j}(Z_i - Z_{Sj})}{a_{3j}(X_i - X_{Sj}) + b_{3j}(Y_i - Y_{Sj}) + c_{3j}(Z_i - Z_{Sj})}
\end{aligned}\right\} \quad (6-2-1)$$

(3)工业近景摄影测量的应用。工业数字摄影测量系统一般分为单台相机的脱离测量系统和多台相机的联机测量系统,具有易于携带与移动,适合于大尺寸测量,受温度、振动的环境因素影响小,精度高等优点。飞机产品外形曲面复杂多变,传统模拟量检测手段一直存在无法满足装配质量检测需求的问题,尤其是针对大尺寸飞机部件装配后的外形尺寸检测,一直缺乏有效的手段,而工业近景摄影测量技术的出现很好地解决了这一问题。

目前飞机制造企业所采用的数字摄影测量系统,配合相应的人工标志,可以以密集点云的形式,快速获取飞机部件或整机外形曲面、尺寸、特征等信息,实现外形曲面整体检测,如图 6-2-7 所示为美国捷赛集团(GSI)公司的 V-STARS 在波音 737 飞机外翼外形测量中的应用,通过双相机联机测量,配合激光投点器,获得了波音 737 飞机外翼外形的密集点云,为飞机外形的准确度检测和逆向重构提供了数据基础。

图 6-2-7 工业近景摄影测量技术在波音 737 飞机上的应用

5.激光扫描测量系统

采用非干涉法测距方式可以不需要合作目标实现距离的绝对测量,可与二维精密扫描运动结合构成激光扫描测量系统。激光扫描仪的测量原理分为 3 种,即脉冲法激光测距、激光相位法测距、激光三角法测距。

脉冲法测距的精度较低,一般为毫米级,但其测程较长,效率高,如莱卡公司的 HDS3000 型激光扫描仪(最大测程 100 m,测距精度 4 mm,曲面建模精度优于 2 mm,见图 6-2-8),主要应用于大型结构整体特征测量领域。

相位法测距精度和调制频率有关,常规测距频率为 50~100 MHz,新发展的高调制频率可达 100 GHz 以上,测量精度可达亚毫米,如 Surphaser 激光扫描仪 30 m 距离的测量精度可达到 0.3 mm,测量范围为 0.2~140 m(见图 6-2-9)。

图 6-2-8 HDS3000 地面激光扫描仪　　　　图 6-2-9 Surphaser 激光扫描仪

基于三角法测距原理(见图 6-2-10)的扫描测量系统又称结构光扫描仪(Structured Light Scanner)。以半导体激光器作光源,光束照射被测表面,经表面散射(或反射)后,用面阵 CCD 摄像机接收,通过分析图像特征,结合测量模型,解算出表面的三维形貌。

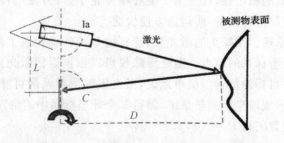

图 6-2-10 激光三角法测距原理示意图

激光扫描仪可以获取海量的点云数据,尤其适用于实体的三维建模,其不足之处在于无法对某一特定的点进行精确测量(难以精确瞄准特征点)。目前,世界上各种型号的结构扫描仪很多,如 GOM 公司的 ATOS 系列、Steinbichler 公司的 Comet 系列、Breuck - mann 公司的 opto - TOP - HE 系列,以及 Mensi 公司的 S10/S25 系列等。

6. 激光跟踪仪测量系统

激光跟踪仪测量系统指的是一套以激光为测距手段,由激光跟踪头、反射标靶、控制器、测量附件和用户计算机等功能部件组成的测量系统,它同时配有绕两个轴转动的测角机构,形成一个完整球坐标测量体系,可以用来测量静止目标、跟踪和测量移动目标或它们的组合。

(1)激光跟踪仪的组成。激光跟踪仪的实质是一台兼具激光干涉测距和自动跟踪测角测距功能的组合体,它类似于全站仪,二者的区别在于激光跟踪仪没有望远镜。跟踪头的激光束、旋转镜和旋转轴构成了激光跟踪仪的三个轴,三轴相交的中心是测量坐标系的原点。系统的主要硬件部分包括传感器头、控制器、电动机和传感器电缆、带 LAN 电缆的应用计算机以及反射器。

1)传感器头。传感器头用于读取角度和距离测量值。激光跟踪器头围绕着两根正交轴旋转。每根轴具有一个编码器用于角度测量和一个直接供电的直流电动机来进行遥控移动。传感器头包含一个测量距离差的单频激光干涉测距仪和一个绝对距离测量装置。激光束通过安装在倾斜轴和旋转轴交叉处的一面镜子直指反射器。激光束也用作仪器的平行瞄准轴。挨着激光干涉仪的光电探测器接收部分反射光束,使跟踪器跟随反射器。

2)控制器。控制器包含电源、编码器和干涉仪用计数器、电动机放大器、跟踪处理器和网卡。跟踪处理器将跟踪器内的信号转化成角度和距离观测值,通过局域网卡将数据传送到应用计算机上,同理从计算机中发出的指令也可以通过跟踪处理器进行转换再传送给跟踪器,完成测量操作。

3)电缆。传感器电缆和电动机电缆分别用来完成传感器和电动机与控制器之间的连接。LAN 电缆则用于跟踪处理器和应用计算机之间的连接。

4)应用计算机。经过专业人员的配置后,应用计算机加载了工业用的专业配套软件,用来发出测量指令和接收测量数据。

5)反射器。反射器采用球形结构,因此测量点到测量面的距离是固定的。本系统中采用三面正交镜的三重镜反射器。

6)气象站。气象站记录空气压力和温度。这些数据在计算机激光反射时是必需的,并通过串行接口被传送给联机的计算机应用程序。

7)测量附件。测量附件包括三角支架、手推服务小车等。支架用来固定激光跟踪仪,调整高度,保证各种测量模式的稳定性,且三角支架底座带轮子,可方便地移动激光跟踪仪。手推服务小车则可以装载控制器等设备,使运送方便快捷。

(2)激光跟踪仪的原理。跟踪头的激光束、旋转镜和旋转轴构成了激光跟踪仪的三个轴,三轴相交的中心是测量坐标系的原点。激光跟踪仪可以根据返回激光束连续地瞄准、跟踪并确定移动或稳定的反射目标的位置。简单地说,激光跟踪测量系统可静态或动态地跟踪一个在空中运动的点,由此形成球坐标测量系统,测得 3 个球坐标系中的位置参量 α、β、γ 即可确定目标在直角坐标系的位置矢量 $P = (x, y, z)$,其中

$$\begin{cases} x = OP\sin\beta\cos\alpha \\ y = OP\sin\beta\cos\alpha \\ z = OP\cos\beta \end{cases}$$

两个角编码器根据旋转部件转动的角度自动计算靶标相对于跟踪仪的水平方位角和垂直方位角 α 和 β；靶标和激光跟踪仪之间的距离 OP 由激光干涉仪测量，干涉信号经整形、放大后输入可逆计数器计算出总脉冲数，再由电子计算机按计算公式计算出位移量 OP，如图 6-2-11 所示。

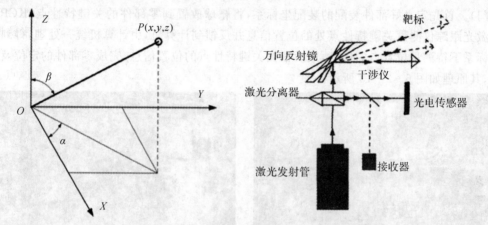

图 6-2-11　激光跟踪仪的角度与直线距离测量

干涉仪是激光跟踪仪的核心部件，从激光器发出的光束经扩束准直由分光器分为两路，并分别从固定反射镜和可动反射镜反射回来会合在分光镜上而产生干涉条纹。当可动反射镜移动时，干涉条纹的光强变化由接收器的光电转换元件和电子线路等转换为电脉冲信号，经整形、放大后输入可逆计算器计算出总脉冲数，再由计算机按预设算式算出可动反射镜的位移量。使用单频激光干涉仪时，要求周围大气处于稳定状态，因为各种空气湍流都会引起直流电平变化而影响测量结果。

（3）激光跟踪仪的应用原则。

1）激光跟踪仪编制的选择。在大型工装的精密装配中，选择激光跟踪仪的编制非常重要，如果选择单机工作，则在工装上的隐藏点、面就很难用仪器一次站位测完，通常需要几次或数次转站才能完成，而在每次转站过程中不可避免会有不同程度的精度损失，再加上数日装配周期中周围环境的变化引起的测量误差，最后累计起来会使装配精度损失很大，从而使整个工装精度不好。所以在这种大型高精度的工装装配中应选择至少 3 台激光跟踪仪联机工作测量，这样就可以保证整个被测体系处于一个稳定的测量体系中，避免了转站误差并使装配时间缩短，从而尽量减少环境因素带来的误差影响。

2）测量坐标系的统一。在基于跟踪仪坐标系下，测出实际工装基础上数个工艺工具球坐标值，用"最小平方转换"使其与工装数字化设计坐标系统一，这样就建立了工装的飞机坐标系。

3）安装工装定位器。典型工装定位器依据"3-2-1"原则，由三个分布在定位器上的控制点（工具球）控制它的 6 个自由度，所有工具球值都可以从工装设计数据集中获得，利用激光跟踪仪软件的"建点"命令获得正确位置。与飞机坐标系有角度的定位器可用"轴对准"对零件坐标系做出调整。定检或检修某损坏的定位器时,只要用一台跟踪仪按工装设计数据集中此定位器的数据重新装配调整即可,其他定位器则不必变动。

(4)测量结果处理及应用实例。测量所得信息经传感器电缆传给激光跟踪仪控制机,跟踪仪控制机整理计算后,一部分信息经马达电缆反馈回激光跟踪仪,控制伺服马达,使激光跟踪仪分辨率为 0.001 26 mm,角编码器分辨率为 0.14″。理论上,在不超过 10 m 测量范围内,激光跟踪仪系统误差不超过 0.01 mm。但随着测量距离增大,系统误差也将增大。

如图 6-2-12 所示为激光跟踪接触测量定位法在飞机部件装配过程中的典型应用(机身和舱门)。首先定义好部件装配的装配坐标系,将靶球放置到零部件的关键特性点(KCP)上,通过激光跟踪仪测量关键特性点处的位置信息并反馈到计算机,由计算机统一处理,得到在装配坐标系下待测量位置点的信息,最后根据关键特性点的位置信息,完成零部件的定位及装配操作,其原理如图 6-2-13 所示。

图 6-2-12　激光跟踪接触测量定位法在飞机部件装配中的应用

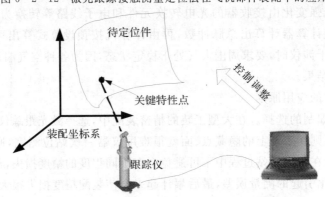

图 6-2-13　激光跟踪接触测量定位法原理示意图

7.室内 GPS

室内 GPS(indoor GPS,iGPS)是一种超越传统测量的大尺寸空间测量技术,它为操作人员在三维空间的定位和测量难点提供一种全新的解决方案。iGPS 网络系统与全球定位系统中的卫星网络类似,支持无穷多个用户。在整个车间坐标系中,用户可以使用无限多个传感器来完成不同的测量任务,比如部件的定位、指导机器人工作以及同步跟踪等。iGPS 由激光发射器、传感器以及传输系统组成,其所有硬件的安装和维护都十分简单。iGPS 的测量区域的范围可小到一个工作单元,大到整个车间,也可根据客户的要求在车间里任意布置。它的测量区域并不会受到已安装的发射器数量限制,只需增加发射器便可扩展其测量范围。

iGPS 组成部件如图 6-2-14 所示。iGPS 是基于三角定位法的测量技术,系统的定位精度在微米级。iGPS 包含"卫星"网络,这些"卫星"就是红外脉冲激光发射器。接收器通过接收来自发射器的信号并对其进行处理和计算来进行定位。

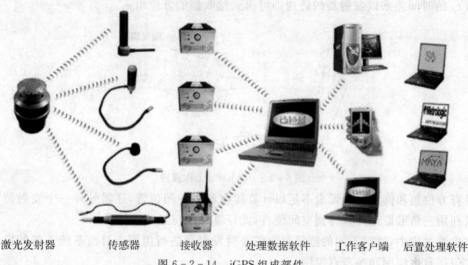

激光发射器　　　传感器　　　接收器　　　处理数据软件　工作客户端　后置处理软件

图 6-2-14　iGPS 组成部件

(1)室内 GPS 的原理。发射器发出两个呈扇形的激光面,如图 6-2-15 所示,这两个激光扇面的相对位姿固定,与垂直平面的夹角分别为 30°和－30°,扇面的俯仰覆盖范围也为±30°,每个发射器对应的旋转角速度 ω 并不一样。传感器接收来自发射器发出的激光模拟信号,并将其传送给放大器;接收器接收来自放大器的数字信号,并将其转变成角度数据信息;角度信息通过调制解调器无线网络传输到中央控制室的计算机中,然后第三方软件把所获角度信息处理为准确的三维坐标信息,并在整个工作区域和网络中共享,以便工作区域内无穷多个用户使用。

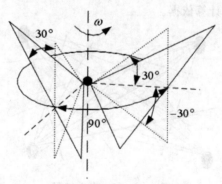

图 6-2-15　激光扇面的姿态

一个发射器的测量区域内任何一个接收器只能获得两个角度信息,一个为俯仰角,另一个则为方位角,它们都是利用时间差计算出来的。俯仰角是根据发射器发射出来的两个扇面分别扫触到接收器的时间差计算而得,设第一和第二个扇面扫触到接收器的时间分别为 t_1,t_2,发射器与测量点之间的斜距为 R,由于两个扇面与垂直平面都有 30°的夹角,所以两个扇面从顶端到底端所对应的弧长 S,从而得到该接收器的仰角。

$$S = \omega R(t_2 - t_1)$$ 　　　　　　(6-2-2)

方位角是根据两个扇面扫触时间的平均值与闸门脉冲信号扫触时间的时间差来计算获得。假设接收器接收到闸门脉冲信号时两个扇面的中心位置方位角为 $0°$，此时的时间为 t_p（见图 6-2-16），把两个扇面分别扫触到接收器时的时间仍然记为 t_1，t_2，然后将 t_1 和 t_2 的平均值与 t_p 的时间差乘以发射器的转速即可得到接收器的方位角 α_{azi}。

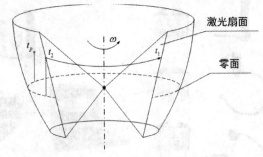

图 6-2-16 iGPS 工作原理

只有方位角和仰角两个元素不足以计算接收器的空间位置，还需另外一个发射器的数据才可以利用三角形原理计算得到空间位置，此计算原理与经纬仪相同。

在检测过程中，针对不同的测量对象需要对发射器进行组网。目前系统支持的发射器组网方式包括自由组网和参考点组网。

1）自由组网（见图 6-2-17）。自由组网的前提是发射器的位置保持稳定不变。在采用自由组网的方式时，用户需要使用标定工具对系统进行标定。通常的标定工具为标准杆，标准杆为一个矢量杆，杆的两头安装有 iGPS 的对接器，而两个接收器之间的长度是已知的。

用户使用标准杆在 iGPS 的测量空间采集标定数据，数据采集结束后，标定算法会对采集的数据进行分析处理。通过优化计算发射器到标准杆上接收器的方位角的交叉，算法可以优化计算出在同一坐标系内每一个发射器的方位。到此，系统只剩下一个参数需要标定：比例尺。标准杆是由两个接收器组成的矢量杆，两个接收器之间的距离是已知的，这个已知的距离为标定系统的比例尺提供了计算依据。

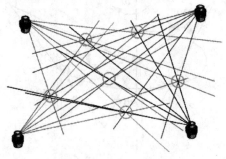

图 6-2-17 自由组网

2）参考点组网（见图 6-2-18）。参考点组网方式中，发射器通过观察若干接收器反算自身的方位。用户需要预先在测量场内布置若干接收器，这些接收器在全局坐标系内的位置是已知的。每个发射器通过观察这些位置已知的接收器就可以计算出在这个全局坐标系内自身的方位。这些已知位置的接收器被称为参考点，参考点的数量越多、分布越广，系统的稳定性越好，发射器的标定精度越高。

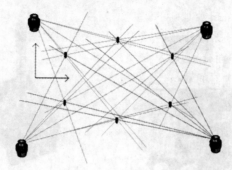

图 6 - 2 - 18　参考点组网

（2）室内 GPS 的组成。iGPS 系统主要包括激光发射器、无线测量杆、传感器、手持式测量杆、工作站、标准杆、三脚架等。

1）激光发射器。激光发射器的测量范围：2～55 m；旋转频率：40～55 Hz；覆盖范围：水平方向±180°，垂直方向±25°；工作温度：－10～50 ℃；存储温度：－20～60 ℃；结构如图 6 - 2 - 19(a)所示。

2）iProbe 测量杆（无线测量杆）。无线扳机允许操作人员在整个测量区域内执行远程测量或检测；工作范围：30 m（与工作站的距离），结构如图 6 - 2 - 19(b)所示。

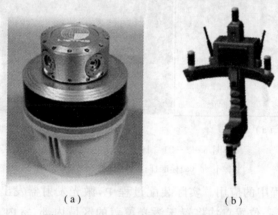

（a）　　　　　　　　　　　　（b）

图 6 - 2 - 19　激光发射器和无线测量杆

(a)激光发射器；(b)无线测量杆

3）移动式工作站。移动式工作站可提供服务器和用户端两种功能，即操作人员可将移动式工作站为服务器使用（只需在 Surveyor 软件中将它设置为 Server），其他的用户端可调试此工作站的数据或将数据存储在此服务器上，或可作为单独的用户端使用（在 Surveyor 软件中将它设置为 Client），结构如图 6 - 2 - 20(a)所示。

4）固定式探测传感器。固定式探测传感器可固定在安装发射器的三脚架上，或安装在相对比较稳定的地面上，如图 6 - 2 - 20(b)所示。

5）标准杆。标准杆的主要作用在于标定系统。如图 6 - 2 - 21(a)所示，在标准杆的两侧各有一个圆柱式的传感器，操作人员只需将标准杆放置在一个所有激光发射器信号都交汇的位置即能标定系统，或手持此标准杆在区域内随意走上一圈即可使得 Surveyor 软件快速计算出所有发射器的相对位置。

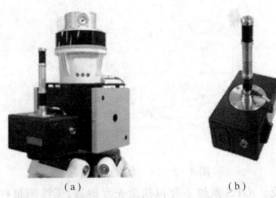

图 6-2-20　移动式工作站和固定式探测传感器

(a)移动式工作站;(b)固定式探测传感器

6)三脚架。三脚架是用于支撑激光发射器,以及固定式探测传感器,如图 6-2-21(b)所示。

图 6-2-21　标准杆及三脚架

(a)标准杆;(b)三脚架

(3)室内 GPS 在工程中的应用。实际装配过程中,激光发射器发出的脉冲激光覆盖整个工作区域,工作区域的每一位置点均将置于激光覆盖的区域内部,室内 GPS 能够对这些点进行实时检测,如图 6-2-22 所示。在装配过程中的任意时刻,装配零部件的精确位置均可获得并进行监测。例如,通过尾翼上的传感器,可以精确追踪尾翼的移动,并能够定位每一个状态信息;机身对接时,整个过程都能得到实时检测,对接部件根据安装测量数据调整对接过程中的移动速度和方向,实现精准对接。

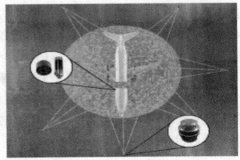

图 6-2-22　室内 GPS

如图 6-2-23 所示是波音 777 飞机机身前后端对接示意图,装配过程中通过室内 GPS 不断测量点位信息,反馈给控制计算机,控制计算机根据反馈实时数据驱动控制系统移动两段部件并在整个过程中调整姿态,从而完成部件之间的精准定位,最后通过其他设备将两段部件连接,保证飞机前后两段的装配准确度。

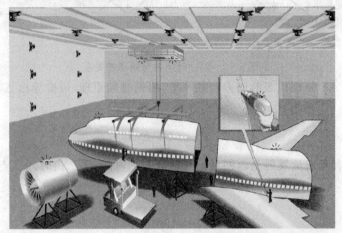

图 6-2-23　应用室内 GPS 进行大部件对接定位示意图

8. 激光雷达

激光雷达是雷达技术与激光技术相结合的产物,即使雷达的工作波段扩展到光波波段。激光雷达的工作波段包括红外光、可见光和紫外光,由于工作波长较短,激光雷达的测量精度、分辨能力和抗干扰性能远远超过普通的微波雷达。由于激光雷达具有精度高、测量范围广、自动化程度高等特点,它多与激光跟踪仪、室内 GPS 等数字化测量技术共同应用于飞机水平测量中,以评估飞机总体装配质量,校装飞机部件以及检测飞机外部结构变形状态。

(1)激光雷达系统工作原理。激光雷达测量系统的实质是一个非相干的连续波激光测距机,为球面坐标系测量系统,通过连续处理反射光进行工作,其发射的激光频率是 200 THz。激光雷达测量系统的测角原理与激光跟踪仪基本相同,而其测距则采用了与无线电或微波雷达相类似的测距原理。由距离和水平角、俯仰角,通过球形坐标系和笛卡尔坐标系的转换得出被测点的 X、Y、Z 坐标。

系统工作时,激光器发出两束激光,一束射向内部校准光纤,另一束射到被测工件表面并返回。接收器接收到返回信号,通过混频器计算两束激光的频率差即可得出两束激光的时间差,如图 6-2-24 所示。再通过时间与距离的关系就可得到激光测量系统与被测点的绝对距离。时间差与频率差关系如图 6-2-25 所示。

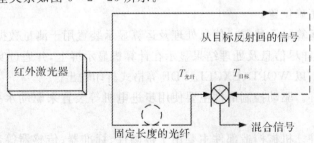

图 6-2-24　激光雷达测距原理

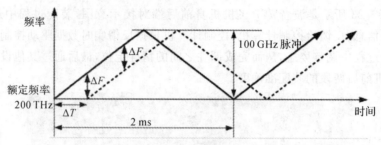

图 6-2-25 时间差与频率差关系

图中,ΔT 与 ΔF 分别代表时间差与频率差,根据测频原理,可推导出 ΔT 与 ΔF 之间的关系式

$$\Delta T = \frac{1}{100}\Delta F$$

如果用 T 代表光束从发射至返回到信号接收器的时间,那么由时间 T 与距离 L 的关系式

$$T = 2L/c$$

可得:

$$L = cT/2$$

式中,T 为时间,s;L 为距离,m;c 为光速,3×10^8 m/s。

这样可得到被测物距激光雷达测量系统的距离。

被测目标的方位角和俯仰角分别由反射镜和旋转头获取,最后将获得的球坐标转换成直角坐标,即可获得被测目标的空间三维坐标。

(2)激光雷达系统组成。激光雷达主要由基准部件、传感器与光电转换部件、放大滤波部件、瞄准部件、信息处理及运算显示装置、驱动控制部件、机械构造部件等部分组成,详细功能如下。

1)基准部件。激光雷达使用固定长度的比对光纤提供标准信号,与其定位、支撑结构装置在一起构成基准部件,提供标准量,以提高被测量的精度。

2)传感器与光电转换部件。传感器与光电转换部件主要用于感受被测量信号,激光雷达拾取原始的频率信号并将它转换为易于放大处理的电信号。

3)放大滤波部件。放大滤波部件主要作用是将转换的电信号通过放大、滤波的集成电路进行进一步加工处理和显示信号。

4)瞄准部件。激光雷达将两束同轴的激光束照射到测量反射镜上,通过折射光束及步进电机控制的水平、垂直轴系来确定被测量的基本位置,将与激光器同轴内置的电荷耦合器件(CCD)摄像机采集的被测量区域视频信号通过光缆传输显示在计算机的显示屏上,再通过键盘调整可见光斑的正确位置。

5)信息处理及运算显示装置。信息处理及运算显示装置用于测量数据的加工、处理、运算和校正,并将数据的详尽信息及处理结果显示在计算机显示屏上,并通过实际需要将这些信息以图示、表格等形式,以 WORD、EXCEL、PDF 等格式打印输出。

6)驱动控制部件。驱动控制部件主要使用步进电机等装置来驱动水平、垂直轴系等运动机构。

7)机械构造部件。机械构造部件主要用于被测件、标准器、传感器等部件的定位、支撑和运动。

（3）激光雷达的应用。飞机产品全机水平测量是指在飞机装配时，在部件表面规定的位置上，用型架上的专用指示器做出测量点的记号（涂红漆的冲坑、凸头或空心铆钉等）。这些记号称为水平测量点，它实际上是将飞机理论轴线转移到部件表面的测量依据，因此，在测量过程中，只要检查这些点的相对位置，就可以确定部件间的相对位置是否符合技术要求。传统的水平测量主要依靠经纬仪、水准仪、铅锤、金属制尺等方法，不仅效率低而且精度也无法保证，目前航空制造企业多采用激光跟踪仪、室内 GPS 等数字化测量设备进行飞机水平测量。

激光雷达为全机水平测量提供了一种高精度、非接触、大尺寸范围的测量方法，借助于配套的高精度平面反射镜和 CCD 摄像机，激光雷达可实现全方位、无死角的测量，大大减少了因转站带来的测量误差。同时激光雷达几乎适用于任何材料表面的检测，其中包括复合材料、塑料、金属、玻璃、木材、纤维等。它可以检测的目标对象有点、孔、面、边缘以及复杂物体的几何尺寸、形位公差等。测量结果能与产品的 CAD 进行比对，从而评价产品的加工质量。并且激光雷达还可以进行小范围曲面点云采集工作，为逆向工程设计提供数据基础。在日常应用方面，激光雷达系统可对飞机、卫星、汽车及重装工业的装备进行静态和动态测量，同时也可用于建筑、隧道和桥梁的变形监控及表面精确测量，从而对可能的材料疲劳失效和结构破损进行预警。

目前投入商业运行的激光雷达系统生产商主要有奥地利的 RIEGL、美国的 Leica、德国的 Toposys、加拿大的 Optech、日本的 Nikon Metrology 等公司。如图 6-2-26 所示为 Nikon Metrology 公司的 MV330 & MV350 系列激光雷达，它可应用于各种尺寸工件三坐标测量、产品质量检测、逆向工程、异型曲面的高精度扫描，测量精度为 6.8 μm/m（角度），10 μm + 2.5 μm/m（距离）。

图 6-2-26　MV330 & MV350 系列激光雷达

9. 组合式测量

为解决大型飞机装配测量过程中存在的各类矛盾和问题，将多种测量系统相互结合使用的组合式大尺寸测量技术已成为飞机数字化测量的发展趋势。组合式大尺寸测量以多个远距离测量设备为基础构建全局测量网络，控制和约束整体空间的测量精度，再根据被测对象的几何特征设置近距离终端测量设备，完成多样化检测特征的直接测量，其功能原理如图 6-2-27 所示。

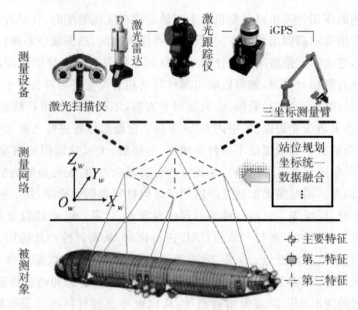

图 6-2-27　组合式大尺寸测量

　　组合式大尺寸测量系统可依据被测对象的大小及飞机装配现场空间条件,对多个站位的测量设备进行灵活配置,可全方位覆盖几十至几百米的测量空间,并完成多个测量任务。同时,全局测量网络内大尺寸全局测量控制设备和小尺寸局部特征测量设备协同工作,通过各系统误差传递控制,可兼顾大测量范围和高测量精度,极大地提高飞机装配的质量和效率。

　　(1)组合式测量平台及关键技术。

　　1)多站组合式测量平台。多站组合式测量平台根据距离交汇或角度交汇原理,通过长度和角度的测量实现待测点的高精度空间坐标测量,利用多台同类型的测量设备(如激光跟踪仪、全站仪、激光雷达、CCD 相机)同时跟踪测量同一测量目标,以扩大测量范围,实现待测点的高精度空间坐标测量。

　　多站组合式测量系统在测量过程中需要 2 台及以上测量设备同时工作,因此测点的测量值受到单台设备独立瞄准精度、设备数量以及布站位置的影响。以多站式激光跟踪仪的长度测量为例,第 i 个测点坐标和系统布站位置可由式(6-2-3)确定。

$$\min E_i(P) = \sum_{j=1}^{K} d_{ij}^2(L,S,P) \tag{6-2-3}$$

$$\min E(S,P) = \sum_{j=1}^{K} \sum_{i=1}^{m} d_{ij}^2(L,S,P) \tag{6-2-4}$$

$$d_{ij}^2(L,S,P) = \left[(X_i - x_j)^2 + (Y_i - y_j)^2 + (Z_i - z_j)^2\right]^{1/2} - L_{ij} \tag{6-2-5}$$

式中, E_i 为第 i 个测点的偏差, S 为反映设备独立瞄准精度的系统参数,可采用自校准技术并根据式(6-2-4)确定。(x_j, y_j, z_j)为第 j 台激光跟踪仪的布站位置坐标,(X_i, Y_i, Z_i)为第 i 个校准测点的坐标值,所有测点用集合 P 表示, L_{ij} 为第 i 个测点在第 j 台仪器中的绝对测量距离。

　　2)协同组合式测量平台。协同组合式测量平台通过大尺寸远距离测量设备和小尺寸近端测量设备的合理配置并协同工作,发挥不同设备的性能优势以满足大型零部件不同检测特征的测量需求。协同组合式测量平台不仅可扩大测量范围,而且能解决测量任务中的测量盲区问题。如激光跟踪仪的测长单元与经纬仪、全站仪的测角单元组合,可提高全局测量精度。常用的组合方案有激光跟踪仪+关节臂、激光跟踪仪+激光扫描仪、iGPS+关节臂。采用不同类型测量设备构成的协同组合式测量系统可发挥各测量设备优势,实现柔性测量。

由于协同组合式测量平台中测量设备的性能和工作原理差异较大,因此如何实现测量设备与检测特征的优化配置,制定合理的测量策略是高效、准确完成测量任务的关键。如图6-2-28所示为基于检测特征的测量平台配置规划过程。该规划过程中以 MBD 模型表达的零件结构和数据集为参照依据,通过制造树逐级映射分解,并按照制定的检测特征模板提取和归纳装配部门关注的各零部件关键尺寸、形状和位置等几何要素的公差要求,形成适应测量过程的检测特征集。其中,以特征属性、特征状态和特征参数为特征元素进行特征的定义和规范描述。在测量平台配置规划过程中,以检测特征和测量设备为约束,以测量精度、测量效率等为评价指标,并构建测量平台配置方案优化模型,对不同测量方法与检测特征的匹配程度进行定量评估,获得各检测特征测量的最优配置方案。最后,通过不同测量设备的接口协议进行数据融合与处理,完成检测数据与理论模型的精度分析。

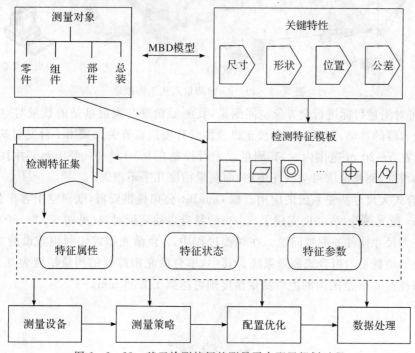

图 6-2-28　基于检测特征的测量平台配置规划过程

3)网络组合式测量平台。上述 2 种大尺寸组合测量平台在飞机装配过程中可提高测量精度、扩大量程范围,但多个测量设备只能同时测量同一个目标点,无法完全解决整个测量过程的多任务并行处理和全局通视问题,测量效率难以大幅提高。网络组合式测量平台由多个测量基站、终端传感器和信号接收器构成测量网络,并利用测量网络中基站的几何结构,通过计算机数据信息处理获得被测点的方位信息。网络组合式测量平台可同时检测多个部件,实时性和并行性优异,有效协调了飞机装配测量中精度与量程的矛盾。网络组合式测量平台其中重要的一类系统就是室内 GPS(iGPS)。

室内 GPS 系统主要由 2 个及以上发射基站、接收器(位置传感器)和中央处理器组成,其工作原理如图 6-2-29 所示。分布在测量空间不同位置的发射基站产生两束倾斜的扇形平面光信号和同步脉冲光信号两类信号,安置在待测点的接收器用于接收光信号,并将其转换成电信号后通过无线网络传输给中央处理器,再由中央处理器基于各发射基站的相对位置和姿态关系解算出各接收器所在测量点的空间三维坐标。

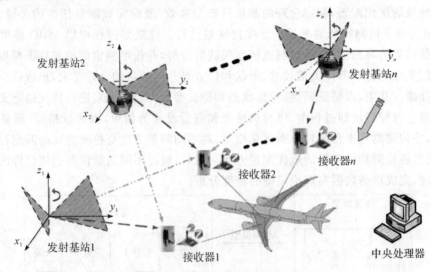

图 6-2-29　iGPS 测量系统工作原理

iGPS 可对测量目标进行全方位空间测量,其测量精度与发射基站的数量与空间布局,测量过程中接收器的移动,测量网络的校正以及测量环境因素有关。采用 4 台发射基站,当发射基站间距离在 5~20 m 范围内时,其测量误差可控制在 0.012~0.048 mm。并且,随着发射基站数量的增加,测量范围可呈线性增加,而测量精度几乎不损失。

(2)组合式大尺寸测量系统的应用。据 GamBit 公司提供资料,欧洲空中客车公司同时应用 2 台 Leica 激光跟踪仪,辅助完成了 A380 的翼身自动装配对接(见图 6-2-30),解决了该型客机翼身大尺寸构件的测量问题。在对接过程中,2 台激光跟踪仪利用布设的 5 个公共点构建具有统一坐标系的组合式测量系统。其中,单台激光跟踪仪的测量精度为 0.01 mm/m,整个测量系统在 6 m 范围内的绝对测量精度则可达到 ±0.06 mm。

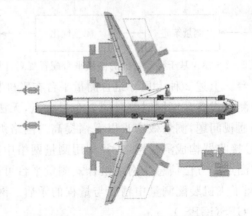

图 6-2-30　A380 翼身自动对接

网络组合式测量系统 iGPS 在大空间测量时无须转站就可实现多任务、多用户测量,并且测量精度较高,被广泛应用大型飞机装配制造的多个领域(见图 6-2-31)。目前,iGPS 系统已成功应用于波音 787 的 41 段、47/78 段机身与 43/44/46 段的对接及机身检测,空客 A380 的总装对接,洛克・马丁公司 JSF 的全机水平测量。此外,iGPS 系统还已应用于自动钻铆、焊接等机器人运动的实时定位跟踪,装配车间自动牵引运输车(AGV)的路径导航,以保证大空间全局定位精度。

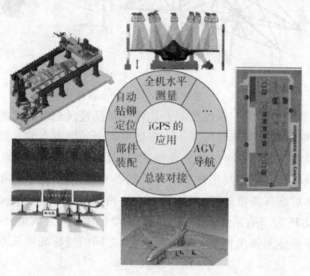

图 6-2-31　iGPS 在大型飞机装配测量中的应用

6.3　测量系统建立及环境控制

在飞机装配过程中,通常需要建立一个具有多台不同测量设备的大尺寸空间组合集成测量系统,实现大空间、多特征(空间点位、曲面等)测量。组成集成测量系统的各仪器设备之间坐标系的统一和转换通过"转站"测量实现,以便将各仪器设备的局部测量数据统一转换至全局测量坐标系下,对产品进行统一的整体描述。多次的转站和坐标系转换都不可避免地引入转站误差,为此需要建立全局精密测量控制网,通过高精度的全局控制点,为全空间测量提供可靠的测量基准,实现测量数据转站误差的精密控制,对于提高整体空间的测量精度至关重要。

为了建立大空间精密三维坐标控制网,应在装配测量现场布设全局控制点,并采用精密测量设备对空间全局控制点进行三维坐标精确测量和定位,激光跟踪仪和 iGPS 是有效的建网测量设备。

6.3.1　基于激光跟踪仪的测量控制网

激光跟踪仪具有测量范围大、精度高、速度快等优点,是构建大空间全局测量精密控制网的最有效手段,基于激光跟踪仪的测量控制网布设与标定方法如下。

(1)全局测量控制网布设。如图 6-3-1 所示,在装配现场布设激光跟踪仪光学目标点,使其在空间内均匀分布并覆盖整个装配测量空间,作为测量网的全局控制点。

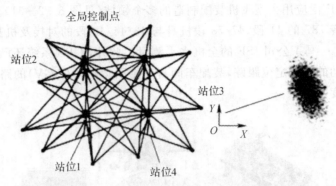

图 6-3-1　激光跟踪仪控制网平差优化原理

(2)测量控制点的初始标定。根据控制点几何分布设置激光跟踪仪的站位,利用激光跟踪仪的多站式测量,获取各站位局部坐标系下一定数量的全局控制点的三维坐标,直至完成所有控制点的观测。全局测量坐标系可以建立在激光跟踪仪任一站位坐标系下,实际应用中一般选择第一站位测量坐标系。而全局坐标系下各控制点三维坐标的解算则依赖激光跟踪仪"转站"算法完成,即对于后续各测量站位,利用其与前一站位的公共测量点观测值来建立两站位坐标系间的关系。设 P_i 为当前站位下公共控制点的坐标值,Q_i 为该组公共控制点在前一站位的观测值并已转换至整体测量坐标系下,则两组观测之间的坐标转换关系为

$$P_i = RQ_i + T \tag{6-3-1}$$

式中,R 和 T 分别为当前站位坐标系相对于全局测量坐标系的旋转矩阵和平移向量,可使用奇异值分解算法解算两坐标系间的位姿关系,同时将当前结果变换至整体测量坐标系下。为保证控制网的标定精度,相邻站位需要布设 5～15 个公共点(最少要求是 3 个),且网点的分布应具有良好的几何结构,以提高可靠性、减少测量误差的影响。

(3)测量控制网的平差优化。在基于"转站"算法的控制网初始标定过程中,后续站位的数据转换需要依赖前一站位的转换结果,从而造成转换误差的依次传递并产生难以避免的误差积累。针对这一问题,应采用控制网平差优化技术提高控制网的定位精度,通过对各站位冗余观测值进行整体优化处理,以全部观测值改正数的平方和最小为约束,求解最佳仪器站位及控制点的三维坐标,实现转换误差的整体优化控制。

(4)平差优化模型的进一步改进。直接采用激光跟踪仪建立的测量控制网精度主要由激光跟踪仪的坐标测量误差决定。激光跟踪仪是角度传感和测距技术相结合的球坐标测量系统,其测距精度远高于测角精度,随着测量距离的增大,测角误差引入的定位误差明显增大,并成为激光跟踪仪坐标测量精度的主要影响因素。针对激光跟踪仪的误差特点,可适当提高测距观测值在平差优化模型中的权重,以充分发挥高精度观测值的作用,从而有效地提高控制网的标定精度。

在实际应用中,激光跟踪仪布站需考虑下列因素。

(1)激光跟踪仪尽量靠近测量点,以减少跟踪仪测量误差。

(2)每台激光跟踪仪应至少能测量到 3 个公共基准点,且覆盖的公共基准点越多越好。

(3)激光跟踪仪站位不能靠近厂房门口、过道或空调旁边等。

(4)在测量之前或测量期间不得移动靠近激光跟踪仪的重物。

6.3.2　基于空间测量系统的全局测量控制网

室内空间测量系统是由多个基站发射器组成的网络式坐标测量系统,系统构建时需要获取控制网中所有发射站相对于整体测量坐标系的定向参数。在定向(标定)过程中,首先在整体测量空间内布设全局控制点,各发射器对全局控制点的观测将形成冗余观测数据,然后采用基于光束法平差算法对控制网进行精密定位解算,建立全局测量控制网。室内空间测量系统控制网的构建过程自动化程度较高,能够在增加发射基站进而拓展测量网覆盖空间的同时,方便地实现控制网的更新,从而很好地协调量程范围和精度之间的矛盾。

实际应用中,需要合理地确定测量系统中发射器的数量和布局方式,以满足测量精度、测量范围、测量效率以及测量成本等方面的要求。发射器布局需要考虑下列因素。

(1)发射器尽量均匀覆盖整个装配空间。

(2)对于所需的测量点,确保该点至少能同时接受 2 个以上发射器的信号,一般应达到 3 个以上。

(3)以测量不准确度最小为优化目标,对布局形式进行优化。

实际应用中,室内空间测量控制网可分为全局空间和面向任务的局部空间,构成双层网络结构,各层网络都采用星形网络布局,如图 6 - 3 - 2 所示。

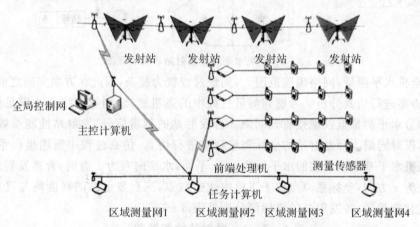

图 6 - 3 - 2　室内空间测量控制网的布局形式

以飞机的水平测量为例,简要介绍在飞机装配过程中,如何建立并应用室内空间测量定位网络。

本例中,需进行水平测量的飞机如图 6 - 3 - 3 所示,飞机长度约为 16 m,翼展约为 16 m,垂尾高约为 2 m。飞机依靠前起落架及两侧机翼下方主起落架三点支撑,机身水平基准线离地约 2 m。全机共有 46 个水平测量点,主要分布在机身两侧和机翼下方。

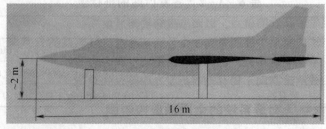

图 6 - 3 - 3　进行水平测量的飞机机身右视图

鉴于机身长度方向尺寸较大,水平测量点主要分布在机身两侧,并且机身对测量视线存在一定的遮挡影响,因此在机身两侧分别布置 3 台发射站,布局如图 6-3-4 所示。在测量过程中,首先测量机身两侧水平测量点的三维坐标,然后采用坐标系配准算法将测量系统坐标系统移到机身坐标系下,最后与机身数模进行比对,并对飞机的水平位姿进行评估。

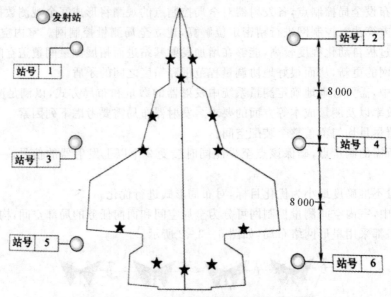

图 6-3-4 全机水平测量发射站布局示意图

由于是全机水平测量,网络覆盖范围大,测量过程较为复杂,因此在方案实施之前,需要对发射站布局方案进行仿真分析。考虑到测量过程中的飞机遮挡,测量网络无法满足两侧通视的条件,大部分水平测量点仅能接收到同侧 3 台发射站的测量信号,发射站性能参数见表 6-3-1。因此,仅对同侧 3 台发射站的坐标测量精度进行仿真,仿真过程中所用坐标系如图 6-3-5 所示,飞机水平基准线所在的水平面为 xOy 平面,水平向右为 x 方向,背离发射站为 y 方向,垂直向上为 z 方向,坐标系原点位于飞机中线前端点,三台发射站的高度均与飞机水平面高度相同,优化布局后,各发射站的坐标值分别见表 6-3-2。

表 6-3-1 发射站性能参数

名 称	值
扫描角测角精度(σ)	2″
最大测量距离	15 m
垂直角测量范围	$-45°\sim45°$

表 6-3-2 各发射站的坐标值

发射站编号	坐标值
发射站 1	(0 mm,−1 000 mm,0 mm)
发射站 2	(8 000 mm,−1 000 mm,0 mm)
发射站 3	(16 000 mm,−1 000 mm,0 mm)

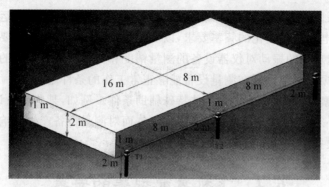

图 6-3-5　水平测量仿真布局坐标系

仿真结果表明该测量布局方案满足飞机整体水平测量的误差最小为 ±2.5 mm 的要求，且使用发射站为最少。如果考虑机身尾部伞舱及垂尾上测量点的测量精度要求，发射站最好增加至 9 台，布局方案为机身左右两侧各 3 台，机身尾部 3 台，如图 6-3-6 所示。

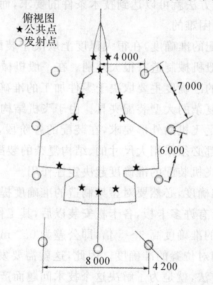

图 6-3-6　考虑精度要求的全机水平测量发射站布局示意图

6.3.3　测量环境的控制

测量环境条件对于保证测量设备的正常工作和获取高质量的测量结果至关重要，需要保持在一定的稳定水平。影响测量结果的因素包括温度、湿度、电源、振动、压缩空气等，在测量过程中应进行合理的控制。

（1）温度。温度是影响测量精度的重要因素，除了厂商特别注明之外，测量设备的工作空间处于一般的室温状态。此外，测量空间还应满足温度梯度变化条件，温度梯度分为时间梯度和空间梯度。时间梯度是指在一定时间段内室内温度的变化，一般要求不超过 1℃/h，2℃/天。空间梯度是指在测量设备上下左右各 1 m 处的温度差，一般不要求不超过 1℃/m。

（2）湿度。湿度直接影响到测量设备零件及电气系统的安全，对于一般的测量设备，对湿度要求是 30%～65%。湿度过低时设备容易受静电的影响，湿度过高时设备会产生漏电或电气元件锈蚀，特别容易造成钢质标准球锈蚀报废。

（3）电源。为保证控制系统和计算机系统以及其他互联网设备的良好运作，对测量环境中供电源的要求包括电源电压变化的频率要求，以及与地接触和屏蔽相关的要求等。

（4）振动。制造现场的振动对仪器设备的测量精度和工作状态有重要的影响。因此，制造现场的振动频率与振幅必须控制在测量设备能够正常工作的条件之内。

除上述常规因素，可能还需要考虑某些特殊辅助条件。例如，某些测量设备对压缩空气有一定要求，使用时必须防止由于水和油侵入压缩空气而对测量设备产生影响，同时应防止突然断气，以免对测量设备中的重要配件产生损害。

6.4　飞机装配型架的安装

飞机制造中一个很重要的特点就是，在飞机装配时采用了许多大尺寸且结构复杂的装配型架。装配型架的制造包括型架元件（即骨架元件和定位夹紧件）的加工和型架的安装。对型架元件采用一般的机械加工方法就可以达到技术条件的要求，而要保证各定位件在大尺寸型架上的安装准确度则是比较困难的。

首先，能否保证飞机装配的准确度，在很大程度上取决于装配型架的准确度，主要是型架安装的准确度，这一点与一般机械制造有很大差别。在一般机械制造中，主要零件是刚度比较大的机械加工件，机器装配的准确度主要取决于零件加工的准确度和装配时少量的补充加工或调整，而不需要采用结构复杂的大型装配夹具。由于飞机结构复杂，大量采用尺寸大而刚度小的薄板、型材零件。为满足飞机的外形要求，在装配的各阶段，包括组合件装配、板件装配、段件装配和部件装配阶段，都必须采用大尺寸的、结构复杂的装配型架，以保证装配的准确度。因此，型架的准确度对保证飞机装配的准确度起决定性作用。

为了保证飞机装配的准确度，必然要对型架制造的准确度提出更高的要求。例如，在一台十几米长的大型装配型架上有许多卡板，各卡板安装以后，其工作面所形成的曲面外形的准确度，一般要求应比产品外形的准确度高 3～5 倍，即公差为 0.2 mm 左右。此外，还要保证各接头定位件与这些外形卡板相对位置的准确度。因此，这就需要发展大尺寸空间位置精密测量技术。型架安装用的各种方法，就是为了解决这个技术问题而产生和发展起来的。

其次，每个部件在各个装配阶段，都采用了各不相同的装配型架。因此，在型架的安装中，还要保证这些型架之间的协调准确度。在飞机产量比较大的情况下，某些型架可能需要复制几台，必须保证这几台型架的一致性。还要保证装配型架和零件加工工艺装备的协调准确度。为此，就需要采用一套标准工艺装备，编制合理的工艺装备制造与协调路线。因此，型架的安装技术与保证工艺装备之间的协调方法密切相关。

最后，在飞机的成批生产中，所使用的装配型架和标准工艺装备的数量多，结构复杂。制作量很大（需要上百万个工时）。在工厂需要设置专门的型架制造车间，以完成型架的制造和日常定期检修任务。如何提高型架安装效率，缩短生产准备周期，降低型架的制造费用，也是型架安装技术中需要解决的重要问题。

基于上述问题的考虑，型架的安装需要依照模拟量或数字量协调原理进行，本节主要介绍具体安装方法。

6.4.1　用激光准直仪器安装型架

为了克服使用光学仪器时操作效率低和大距离测量精度低的缺点，20 世纪 60 年代，在型架安装中开始用激光光束代替光学视线。

用激光光束作为安装型架的基准线有许多优点。由于激光是有色的可见光，便于操作寻找目标和观测，因此，用激光光束作为基准线，既具有拉钢丝的直观性，又具有光学视线的准确性。激光光束还具有良好的方向性，发散度比较小，在型架安装所需的距离范围内，光束的直径基本不变，因此，对大距离的测量比较准确。激光光束还可以为光敏目标所接收，光束和目标之间不同心度的偏差可以用电压表指示出来，从而可避免人为的观测误差。若将光束和目标中心偏差的电参数输送给自动控制系统，则可实现自动定位。用激光光束进行定位和安装时，观测和调整可由 1 个人进行，从而可提高工作效率，节省人力。由于上述原因，激光准直仪很快在型架安装中得到了应用。用激光自动准直的型架安装机是一种半自动化的空间坐标定位设备，如图 6-4-1 所示。

在型架安装机台面的三角支臂上，安装有一个平面坐标架，即在三角支臂立柱 18 上安装有竖直坐标尺，在竖直坐标尺上又定位安装一组横坐标尺 1，从而组成一个平面坐标系。

在三角支臂上还安装有前、后 2 个激光目标 4 和 17。在前目标 4 的中心有一个小孔，使中心一部分激光通过此孔射向后目标 17。前、后 2 个激光目标中心的连线准确地垂直于由竖直和横坐标尺组成的平面坐标系，这样就构成了一个空间直角坐标系。

型架安装机是用激光准直仪发出的激光光束 5 进行自动准直的。通过前、后 2 个激光目标可以控制安装机的 4 个自由度，即垂直位移和横向位移以及沿激光光束方向的水平转动和竖直转动。通过电子水准仪 16 可以控制安装机绕激光光束的转动。将这 5 个自由度的控制信号输送到 1 套伺服系统，分别控制 3 个升降千斤顶拖动电机、转盘拖动电机和横向拖板拖动电机，即可以实现安装机 5 个自由度的自动控制。

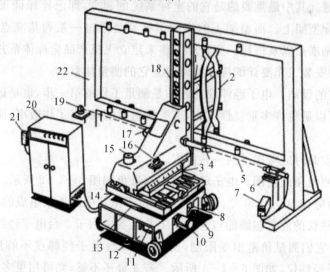

图 6-4-1　用激光自动准直的型架安装机

1—横标尺；2—型架卡板；3—横向拖板；4—前目标；5—激光光束；6—激光准直仪；7—电源箱；8—千斤顶 I 拖动电机；9—千斤顶 I ；10—转盘拖动电机；11—千斤顶Ⅲ拖动电机；12—千斤顶Ⅲ；13—转盘；14—纵向拖板；15—横向拖动电机；16—电子水准仪；17—后目标；18—立柱；19—球体目标；20—电气控制箱；21—手动控制盒；22—型架

安装机沿激光光束方向的准确位置,可按长杆千分尺或工具轴手工定位。用自动准直的型架安装机安装型架的过程如下。

(1)光学站的建立。在型架的一侧,按型架图纸的要求建立2个光学站,一个站放激光准直仪,另一个站放激光目标,沿型架纵向建立起一根水平的激光光束。

(2)将安装机移到型架骨架旁的工作位置,即移到安装第一个定位件所要求的位置。

(3)安装机的初定位。按电钮,安装机由3个千斤顶顶起,使4个轮子离地,使安装机上的激光目标达到激光光束的高度为止。按电钮,使横向拖板移动,使转盘转动,使安装机上的2个激光目标都能接收到激光光束的照射时为止。

(4)安装机的自动准直。靠自动控制系统实现安装机的自动准直。按长杆千分尺或工具轴用手动控制,将安装机沿纵向调到准确位置。

(5)在横坐标尺上定位型架元件,并将其固定在型架骨架上(一般用快干水泥固定)。

(6)将安装机移到下一个工作位置,重复以上操作。

然而,在一般车间环境下,由于温度和气流的影响,各处空气密度是变化且不均匀的,会使激光光束的中心产生偏移,影响准直的准确度。另外,由于激光自动准直的型架安装机较重,导致地坪变形而引起型架的变形,从而影响型架安装的准确度。

6.4.2 用 CAT 技术安装型架

在激光准直仪应用的基础上,结合计算机技术,形成了计算机辅助经纬仪(Computer Aided Theodolite,CAT)测量技术。

1.CAT 系统的建立

飞机装配型架的规模、复杂程度及功能差异很大,在型架安装以前,首先要考虑型架装配和安装的一系列问题。其中最重要的是它的坐标系统的建立,即怎样保证飞机产品的设计坐标系统能体现在装配型架上。而型架上的实际坐标系是通过一系列基准点来实现的。CAT系统通过测量这些基准点以及进行一些计算工作来建立飞机产品坐标体系并实现其变换。因此,针对每台型架的安装工作要详细规划如何建立它的测量体系。

(1)电子经纬仪的设站。电子经纬仪的设站是测量工作的第一步,也是最关键的一步。站位选择得好,不仅可以避免许多重复性工作,节省测量时间,提高工作效率,而且能够提高测量精度。

在电子经纬仪设站时应考虑下列一些因素。

1)电子经纬仪测量角的范围。电子经纬仪的测量角如图6-4-2所示。考虑到测量精度的原因,一般测量角应在50°～130°之间,角的顶点位于由几个圆弧段组成的闭合区域内。

2)几台电子经纬仪的测量包线能包容整个工艺装备。由于2台电子经纬仪测量的最大距离是12.19 m,并且它们测量角范围受限制,所以,当2台电子经纬仪不够用时(见图6-4-3),可使用3台电子经纬仪,如图6-4-4所示。若3台还不够,则可用更多台电子经纬仪,有时可多达10余台联合使用。总之,要保证被测量工艺装备在多台经纬仪的联合测量允许视线范围内,同时,尽量使所有的仪器能进行精确的互瞄。

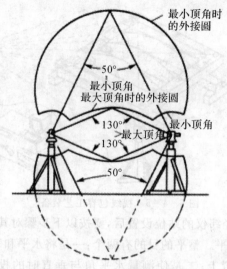

图 6-4-2　测量角的范围

3)一次设站后应尽可能完成全部测量工作。在一次设站后,最好能观测到所有测量点,即观测视线能包容整个工艺装备,如图 6-4-5 所示。但有时并不容易实现,因为工艺装备被包容在电子经纬仪的视线的测量包线内不等于电子经纬仪能扫描到所有测量点。

4)电子经纬仪的高度。一般使电子经纬仪的高度设置在所有测量点的中间高度,尽量减少仪器的垂直俯仰角度。

5)CAT 系统的工作环境。电子经纬仪站位处的地基要稳定,保证仪器不受阳光直接照射,测量范围内的空气应无强烈流动,尽量避免光线折射率的变化。

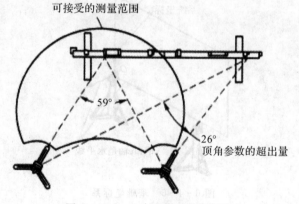

图 6-4-3　2 台电子经纬仪情况

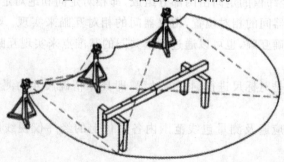

图 6-4-4　3 台电子经纬仪情况

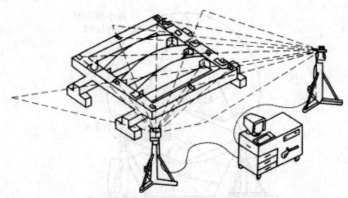

图 6-4-5　视线包容工艺装备

（2）仪器的调整。电子经纬仪的站位设置后，要按以下步骤对其进行调整。

1）要对它们进行精确整平。整平的目的有两个：一是将水平和垂直度盘归零，使仪器处于水平和垂直的准确工作位置上；二是使测量水平角与垂直时的投影基准保持一致，以形成CAT测量系统的基础坐标系统，如图 6-4-6 所示。整平的目的是保证测量的真实性，以减少测量误差。

2）运行系统的误差补偿程序（如 SET MODE 指令）对仪器的水平角和垂直角的测量值进行补偿，以得到精确的测量结果。

3）为了便于今后检查仪器的状态，需要在一个稳定的位置（如墙壁）上安放水平方向的零点目标，即将其设为水平角度的零点。

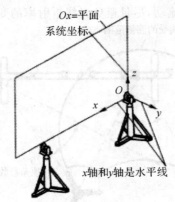

图 6-4-6　基础坐标系

（3）经纬仪定向。经纬仪的定向由两部分组成，即相对定向和绝对定向。

相对定向即确定仪器间的相对位置，由仪器间的相对互瞄来实现。对于任何一台仪器都必须进行 3 次以上的精确互瞄，也可以通过测量共同的基准点来实现互瞄，一般至少需要测量3 个共同点。

绝对定向的过程就是对标尺进行测量的过程，即具体精确尺寸的测量过程。该测量过程应满足下列要求。

1）标尺的摆放位置应遍及测量包线范围内各站位上的经纬仪视线所能扫描到的所有标尺，如图 6-4-7 所示。

2）对于被测工艺装备，应摆放足够数量的标尺。一般设置标尺的数量应大于被测物的长度除以标尺的长度。

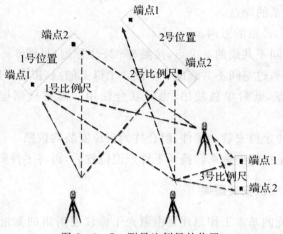

图 6 - 4 - 7　测量比例尺的位置

（4）系统精度的检查。整个测量系统设定后，必须检查系统的精度是否符合要求。系统检查应满足以下主要指标。

1）电子经纬仪测量角：所有测量角应在 50°～130°范围内。

2）瞄准误差：所有点和互瞄时的瞄准误差应小于 0.000 8°。

3）标尺误差：用于系统定向后的系统测量标尺，其长度与计量时标定长度的差应小于 0.05 mm。

（5）系统解算误差的分析和处理。在测量过程中，测量误差是不可避免的。测量误差大致可分为两种：粗大误差和系统误差。粗大误差是测量错误、记录错误以及仪器故障产生的数值特别悬殊的误差。这些误差一般通过认真检查和分析是可以及时发现的。系统误差是指仪器误差、标尺误差、瞄准误差，以及设站方式给测量带来的误差等，这些误差很难避免。在系统进行解算以后，若无法通过合格性检查，就必须进行误差分析。

首先要确定系统是否有粗大误差，这是因为系统解算的过程是误差平均的过程，只要有一个粗大误差，就会破坏系统的精度。粗大误差的排除过程大致考虑以下方面：测量点号错、瞄错或超差，标尺点号错、瞄错或超差，互瞄错或超差。

在排除粗大误差后，如果系统仍不合格，就要考虑系统误差对精度的影响。系统误差主要考虑仪器的精度、仪器的设站、工作场地空气流动状况及其温度梯度的影响。

2. 型架的安装

型架安装可分为两个步骤：一是在框架上建立机身坐标系的增强参考坐标系统，二是安装各定位器。

（1）建立机身坐标系的增强参考坐标系统。增强参考坐标系统是指框架上用于建立一定数量的已知机身坐标系 X,Y,Z 坐标值的工具球点，这些点大体均匀分布在框架上。它们既是系统建立时的共同点，又是型架的辅助基准点。它们的存在使得测量可以快速而准确地在型架的所有范围内进行。

建立机身坐标系的增强参考坐标系统必须先将坐标系转换至机身坐标系。这是在测量框架上各基准工具球点后，由 CAT 软件中的坐标系转换功能实现的。坐标系转换的方法主要有以下几种。

1)比例:变换系统的比例尺。

2)平移:移动坐标系的原点。

3)旋转:旋转 X,Y,Z 轴的方向。

4)轴对准:通过空间不共线的 3 个点,按照 3-2-1 原则(见图 6-4-8)形成新的坐标系。

5)最小平方转换:通过空间不共线的 3 个或 3 个以上的点,拟合形成新的坐标系。

以上方法各有特点,既可单独使用,也可联合使用。需要根据框架的特点来决定如何选用。

(2)零件、组合件的定位安装。零件、组合件的定位安装均按照 3-2-1 原则,用归零方法进行安装。归零方法是指将坐标系转换至零件理论位置后,再将零件归位的安装方法。

6.4.3 用激光跟踪仪安装型架

激光跟踪测量系统的基本工作原理是由激光干涉仪发射出的测量光束,经过分光镜到达跟踪转镜之后,由跟踪转镜反射到目标镜中心,由目标镜中心入射的光线按原光路返回,到达分光镜后一部分激光束被反射到光电位置检测器,另一部分光束进入干涉系统与参考光束汇合进行位移测量。进入光电检测器的光束用于实现对目标镜的跟踪,平衡状态时位置检测器输出信号为零,此时控制系统没有信号输出;当目标靶镜运动时,返回光束发生平移,在位置检测器上产生偏差信号。该信号输入到跟踪控制系统,驱动电机带动转镜围绕反射基点旋转,从而改变进入目标靶镜的光束方向,使偏差信号减小,实现对目标靶镜的跟踪。

激光跟踪仪对空间目标的坐标测量是通过测量出水平角、垂直角和斜距,然后按球坐标或极坐标测量原理就可以得到空间点的三维坐标 X,Y,Z 来。如图 6-4-8 所示,在球坐标测量系统中,设跟踪器的旋转中心为 O 点,被测靶镜的中心为 P 点。用两个角度编码器分别测量出 P 点的垂直方位角 β 和水平方位角 α,用激光干涉仪测量 O 点到 P 点的距离 S,则 P 点坐标 (X,Y,Z) 很容易由 β,α 和 S 计算得出,公式为

$$\begin{cases} X = S\sin\alpha\cos\beta \\ Y = S\cos\alpha\cos\beta \\ Z = S\sin\beta \end{cases}$$

通过空间齐次坐标变换,可将 P 点的坐标转换到用户自定义的坐标系中。如图 6-4-9 所示为用激光跟踪定位测量系统安装型架过程。

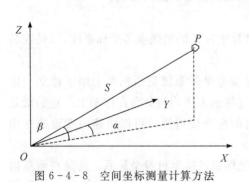

图 6-4-8 空间坐标测量计算方法

图 6-4-9 用激光跟踪定位测量系统安装型架

思考与讨论

(1)常用的飞机装配数字化测量设备有哪些？

(2)面向装配操作的数字化监测控制技术与系统有哪些？

(3)面向装配准确度检测的数字化测量技术与系统有哪些？

(4)讨论大尺寸空间测量场的构建方法。

第7章 飞机装配自动化设备

7.1 概 述

7.1.1 数字化装配技术

飞机数字化装配技术体系是飞机数字化装配过程中所涉及技术的集成,是与数字化设计、数控装备应用、数字化测量、信息化管理等多学科技术相关的综合技术体系。随着各航空公司和军方对飞机提出了长寿命、高质量、低成本的要求,使得飞机制造企业不断加强对飞机装配技术的研究,将数字化技术融入飞机装配技术中,形成飞机数字化装配模式。飞机数字化装配涉及工艺设计与管理、柔性装配工装、自动化装配系统、自动钻铆、数字化装配检测与试验、生产线规划与管理、虚拟现实等方面的技术。

7.1.2 数字化协调体系

数字化协调方法也可称为数字化标准工装协调法,它是一种先进的基于数字化标准工装定义的协调互换技术,可以保证生产用工装之间、生产用工装与产品之间、产品部件和组件之间的尺寸和形状协调互换。

数字化标准工装协调法需要通过数字化工装设计、数字化制造和测量系统来实现。利用数控加工、成形和制造出准确的零件外形和所有定位元件。在制造工装时,通过数字测量系统(如激光跟踪仪、电子经纬仪、数字照相测量和室内 GPS 等设备)实时监控、测量工装或产品上相关控制点(关键特性)的位置,建立起产品零部件基准坐标系统,并在此坐标系统中将工装或产品上关键特征点的测量数据和三维模型定义数据直接进行比较,分析测量数值与理论数据的偏差情况,作为检验产品是否合格及进一步调整的依据。数字化标准工装协调法是在数控加工等技术大幅提高工件加工精度的条件下广泛应用的协调方法。

将飞机形状、尺寸以数字量直接传递的协调路线(见图 7-1-1)不仅提高了零件和工装的精度,且取消了标准工装,缩短了生产周期。

7.1.3 装配自动化设备

飞机装配大多以紧固件进行零件间的连接,因此飞机装配中存在大量的制孔与机械连接工作。空客和波音公司在大型民机装配中广泛采用自动钻铆设备进行自动制孔与铆接,针对空间狭窄,无法实现自动钻铆的飞机部组件则进行自动制孔与人工连接。自动制孔与自动钻铆不仅可以提高生产效率,降低生产成本,最重要的是可以提高连接质量,延长飞机机体使用寿命。大量的试验数据已表明,制孔质量对结构件寿命有很大影响。

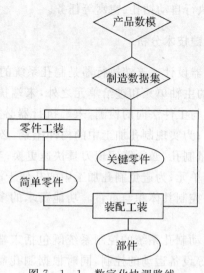

图 7-1-1　数字化协调路线

7.2　自动制孔系统

7.2.1　飞机制孔工艺特点

飞机结构的复杂性与特殊性使飞机装配中的机械化自动制孔工艺有别于普通的机械加工。飞机装配的自动制孔具有两大特点:一是由于刀具出口端缺少支撑,自动制孔时系统整体结构刚性弱,不利于切削加工,影响制孔精度;二是制孔的夹层材料不同,切削性能差别较大,对刀具和切削参数具有特殊的要求。此外,飞机装配中手工制孔与自动制孔在刀具和切削参数选择上也有一定的区别。

高精度、高效率的飞机装配制孔加工对自动制孔刀具提出了更高的要求。首先,自动制孔所选用的刀具应为钻铰锪一体的复合刀具;其次,所选刀具必须具有很高的精度与结构强度;最后,刀具必须具有很好的切削性能。

飞机结构零件的材料主要为铝合金、钛合金和碳纤维复合材料,铆接和螺接部位的夹层材料主要是上述 3 种材料或它们之间的不同组合。在装配制孔中一般以切削加工性能差的材料为加工对象,同时兼顾其他材料的切削加工特点来选择刀具材料和设计刀具结构参数。

7.2.2　自动制孔系统概述

自动化制孔系统以工业机器人或大型数控机床为基础,配以移动平台、视觉找正模块、法向调平模块、制孔末端执行器等,融合孔变形分析、制孔工艺参数决策等技术,确保了组件的精准制孔。对于以工业机器人为基础的自动化制孔系统,单个工业机器人 6 个轴的运动范围相当有限,为了完成飞机组件不同区域的制孔任务,需要为机器人配置移动平台(也称机器人第 7 轴),扩大其运动范围。自动制孔系统的控制系统按照功能可分为测量系统、参数设置、回零、手动控制和自动控制等部分。制孔时,首先利用测量系统建立坐标系,接着利用移动平台将机器人运动到合适的制孔区域,然后进行视觉找正和法向调平,确定待钻孔的位置和法向,最后机器人及其执行器开始执行自动钻孔、锪窝等任务。

7.2.3 先进制孔系统关键技术分析

(1)先进的制孔末端执行器设计。末端执行器是制孔系统的核心部件,直接完成孔的切削加工任务。除切削加工必需的主轴单元和进给单元之外,末端执行器通常还要集成其他多种机构。例如,为实现加工孔位与工件法向的检测,末端执行器必须集成不同类型的传感器;为实现排屑,必须集成吸尘机构;为实现制孔加工中的构件压紧,必须集成压力可控的压脚机构;为适应不同刀具的自动化批量制孔,必须能实现刀具快速更换;当需要同时实现自动制孔和铆接时,还必须集成复杂的铆接单元;为避免制孔加工中的几何干涉和便于与机器人等装置的集成,制孔末端执行器必须严格控制其体积与重量。功能要求的多样性决定了自动制孔末端执行设计的复杂性。

(2)自动化控制技术。自动制孔系统的控制系统既包括末端执行器切削加工的多运动控制,还包括机械手、数控机床等设备运动的控制,同时根据制孔需求还需集成工件位置视觉识别系统、刀具相对构件法向的调整系统、构件压紧和吸尘排屑等辅助系统、故障诊断系统等。为实现高效自动化制孔,上述设备和辅助装置全部需要统一有序的控制,控制系统的研制成为一项复杂的工程。此外,飞机结构件的装配多为多品种小批量生产,装配构件变化后即需要重新制定制孔工艺,从而对控制系统的离线编程技术也有较高要求。

(3)制孔精度与质量控制。飞机装配对连接孔的加工精度和质量有较高要求。在制孔加工之前必须首先保证位置精度,制孔装置需要借助先进的位移传感器、视觉系统等对装配构件的位置和角度进行检测和自动补偿。在制孔加工过程中,由于切削力与热的共同作用,复合材料等易出现加工缺陷,为减少加工缺陷的产生必须对加工参数进行优化。当进行复合材料/合金叠层结构制孔时,不同材料性能的差异会引起孔径差异,影响加工精度。飞机装配制孔通常需要加工沉头孔,且沉头孔深度要求严格,从而要求制孔设备能够精确控制刀具轴向切入深度。因此,需要从不同材料和结构制孔的加工方法、工艺匹配、工艺参数优化和过程控制策略等多方面,深入研究制孔精度和质量的控制技术。

(4)高性能制孔专用刀具。刀具的切削性能直接影响制孔精度和质量及加工效率。高性能制孔刀具应具有科学合理的结构和几何参数,在加工中能够降低切削力与温度,避免加工缺陷的产生。根据铝合金、钛合金和复合材料不同的性能差异,制孔刀具的结构和几何参数应有针对性的设计,以实现最优化的加工。进行复合材料/合金叠层结构制孔时,对刀具的适应能力提出了更高要求,刀具几何参数优化更为复杂。飞机装配制孔数量很大,为避免频繁换刀降低生产效率和增加制造成本,制孔刀具应具有足够高的寿命,并要求刀具在服役期内切削性能稳定,保证大批量制孔精度和质量的稳定性。因此,高性能制孔专用刀具的研制也是该领域需重点研究的关键技术之一。

7.2.4 典型的自动制孔系统

1.机器人自动制孔系统

机器人自动制孔技术是飞机柔性装配技术的一个重要应用和研究方向,相对于传统五坐标自动制孔机床,机器人自动制孔系统占用工厂面积较小,柔性度较大。自动制孔系统一般采用产品壁板不动而机器人移动的方式,灵活性较好,也能够很好地适应产品对象,同时可以极大地提高制孔效率和精度。机器人自动制孔系统主要由六坐标工业机器人、配套的末端执行器、控制系统及配件组成。

如图 7-2-1 所示,展示了机器人自动制孔系统的组成结构和工作方式,制孔机器人一般采用传统的六坐标工业机器人,并利用工业机器人自带的系统接口根据产品需要进行系统集成以及二次开发。传统的六坐标工业机器人负载能力有限,刚度较差,钻孔时易受反作用力导致大变形,而对其进行改进与加强后,重复精度又无法满足精密制孔的需求。机器人精密制孔系统则根据需要对机器人进行加强加固,同时通过视觉系统等传感器对重复定位误差和变形误差进行反馈、修正和补偿,保证末端执行器的制孔位置精度和姿态精度。

机器人配有专门的机器人导轨,机器人沿导轨运动,完成对整个大型壁板产品以及多个产品的制孔工作,机器人导轨的运动一般作为机器人第七轴集成控制到机器人自动制孔系统中,末端执行器为制孔执行部件,吊装在机器人第六轴的法兰盘上,完成制孔、锪窝、探孔等工作,制孔过程的完成需要机器人自动制孔系统进行精确的空间多坐标系转换,制孔过程中涉及的坐标系,主要包括机器人坐标系(机器人自身六轴空间运动计算的依据)、工具坐标系(末端执行器压力脚处坐标系)、工件坐标系(产品坐标系)、世界坐标系(所有坐标系的参考原点)。根据工件坐标系中壁板相应制孔点的位置,调整相应的机器人、机器人导轨、末端执行器的空间位姿来完成制孔工作,因此离线程序的编制的内置算法是一项极大的考验。

图 7-2-1　机器人制孔系统组成

2. 柔性导轨自动制孔系统

柔性导轨自动制孔设备是一种用于飞机自动化装配制孔的便携式自动化设备。一般机身和机翼都有大量的平缓曲面(如飞机机身段对接区及主翼盒),柔性导轨自动制孔设备可以通过导轨的真空性吸盘吸附在壁板表面,并且可以完成任意角度的稳定吸附,根据需要完成钻孔、锪窝、法向检测、照相定位、刀具检测、压脚压紧及真空吸屑等工作。相对于传统的五坐标数控自动制孔机床、机器人自动制孔设备等设备,柔性导轨自动制孔设备具有无须占用厂房面积、价格便宜、重量轻、移动便携、导轨可根据需要拼接延长、柔性度高等特点,因此在机翼和机身装配的自动制孔中得到了广泛应用。

柔性导轨自动制孔设备如图 7-2-2 所示，主要由制孔系统、真空吸盘柔性导轨、运行底座、视觉系统、法向找正系统组成。NC 程序控制柔性导轨自动制孔设备的底座和钻孔主轴的运动，可以针对多种层合板结构钻削多种形式的孔而不需要传统的专用夹具和多工位组合。

图 7-2-2　柔性导轨自动制孔设备

柔性导轨自动制孔系统是一个可移植式数控制孔系统，该系统可以与不同的产品相适应，更换产品时只需改变系统的一小部分即可，并且该系统可以给设备提供精确的孔位，以便保证钻孔质量和钻孔精度。由于柔性导轨自动制孔设备的导轨轨迹需要与壁板表面相适应，因此壁板表面的几何尺寸需要从一个五坐标体系转换为一个适用于数控系统的平面体系。柔性导轨自动制孔设备的离线编程系统可直接通过读取三维数模，进行数控编程即完成刀位文件。设备携带的传感器会自动检测壁板表面曲率，系统将根据曲率反馈值对主轴法向进行一定的修正。孔的位置精度将由设备自身携带的视觉系统保证。

3.爬行机器人自动制孔系统

在飞机装配过程中，需要将大量组合件装配成段件，然后再将段件装配成大部件。在这些装配工作中，制孔铆接都集中分布在结合部位，而一般的大型自动制孔设备都难适用于这些部位。为此，一些公司开发了柔性导轨与爬行机器人自动制孔系统。这两种自动制孔系统只是在设备运动方式方面与关节臂机器人有所不同，末端执行器的功能基本一致，主要适用于飞机对接部位的制孔。

爬行机器人自动制孔系统主要由多位置真空吸盘、制孔机器人、摄像系统等结构组成。该制孔设备从形式上看是一种多足式机器人，可以在机身表面行走。足上吸盘将设备吸附在工件表面进行制孔作业。对其末端执行器稍加改动便可配备紧固件孔注胶和紧固件安装功能。这类设备可用绝大多数航空航天用材料(铝合金、碳纤维、玻璃纤维、凯芙拉纤维等)制成，特别适于机身桶段蒙皮和机身段，同时也适用于其他各种几何形状飞机部件的装配制孔，具有便携、重量轻、速度快，且可靠性高的特点，能够满足飞机制造工业的特定需求，然而爬行机器人的偏心制孔能力很差，因此该设备主要应用于机身壁板的较平缓曲面的钻孔。

如图 7-2-3 所示，是一种非关节式多足机器人，主要由制孔主轴系统、视觉系统、法向找正系统、吸盘运动系统、驱动调姿系统组成，该类型机器人行走运动不是靠关节实现，而是由丝杠驱动，足上吸盘将设备吸附在工件表面进行制孔作业，通过机器视觉识别工作区域，随后根据需要进行自动制孔和焊接等操作。

图 7 - 2 - 3　智能爬行机器人

4.并联自动制孔系统

并联自动制孔系统主要由虚拟五轴并联机器人系统和末端执行器组成,能够完成复杂曲面部、组件的全方位自动制孔。

虚拟五轴并联机器人系统是由三自由度的并联机构和二自由度的串联机构串联而成的五自由度混联机构,其中三自由度的并联机构主要由 3 个 UPS(虎克铰-移动副-球副)分支和 1 个约束分支 UP(虎克铰-移动副)构成,用于连接上方的定平台和下方的运动平台,如图 7 - 2 - 4 所示;二自由度串联机构是一个由两个旋转关节形成的摇摆轴头;两者串联形成一个五轴联动的运动系统。虚拟五轴并联机器人系统综合了串联机床和并联机床的优点,克服了两者的不足之处,具有刚度高、承载能力强、机构灵活度高、动态性能好、响应速度快、工作空间范围大、重量轻、模块化程度高、技术附加值高和结构简单等突出的特点。

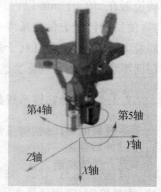

图 7 - 2 - 4　虚拟五轴并联机器人系统的三自由度并联机构

虚拟五轴并联机器人系统的运动控制以开放式体系结构的数控系统作为基本结构的闭环控制系统,主要由工控机、运动控制器、伺服驱动器、伺服电动机和位移检测系统等组成。虚拟五轴并联机器人系统控制基本结构如图 7 - 2 - 5 所示。

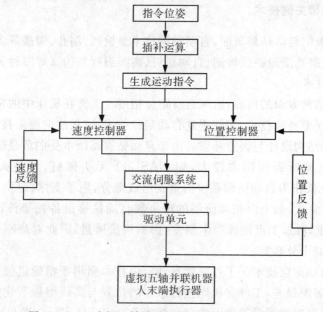

图 7 - 2 - 5　虚拟五轴并联机器人系统控制基本结构

7.3 自动钻铆系统

7.3.1 飞机自动钻铆工艺特点

自动钻铆铆接的整个过程通过预先编程全部由 CNC 程序控制,自动钻铆是在一台设备上一次性地连续完成夹紧、钻孔、锪窝、注胶、放铆、铣平等工序。由于机床带有高速、高精度的钻削主轴头,一次进给即能钻出精度 0.005 mm 以内的高精度的孔,同时埋头窝的深度也可精确控制在±0.01 mm 以内,再加上机床由数控系统控制各轴运动,并采用精密自动化工装夹具,使得铆钉镦头保持高度一致,不受人为因素的影响。所有这些因素均使钉杆在孔中的充填质量大为改善,从而有利于提高接头疲劳寿命。此外,由于钻孔时铆接件处在高的夹紧力下,层间不会产生毛刺也不会进入切屑,因此可以减小疲劳载荷下发生磨蚀损伤的程度。

7.3.2 自动钻铆系统结构

一般来说,自动钻铆系统大体可分为钻铆执行系统、零件定位系统及集成控制系统三个部分。

(1)钻铆执行系统。钻铆执行系统的主要作用就是根据接收到的指令,实现包括制孔、铆接、质量检测、紧固件插入、自动注胶、真空除屑等功能。这些功能可以按照实际钻铆工作的要求进行增加或减少。

(2)零件定位系统。零件定位系统的主要作用就是将需要加工的零件固定好,从而保证在自动钻铆的过程中零件和设备的相对位置不变。

(3)集成控制系统。集成控制系统的主要作用就是将钻铆执行系统和零件定位系统有机联系起来,告诉钻铆执行系统该如何运动并按照要求去准确地实现这种运动。

7.3.3 自动钻铆关键技术

为实现飞机壁板的自动钻铆装配,自动钻铆技术集检测、制孔、铆接等多种功能于一体,涉及高精度定位技术、制孔质量在线检测、自动送钉、离线编程与仿真等多种关键技术。

1. 高精度定位技术

高精度定位包括两方面的内容:机床自身定位精度与工件在机床中的定位精度,涉及高刚性机床结构设计与误差补偿技术、工件视觉自动定位技术、壁板法向测量技术。

(1)高刚性机床结构设计与误差补偿。由于自动钻铆系统承受的负载较大,尤其是压铆过程。一方面,压铆成型所需压铆力较大,如 NAS1321 无头铆钉,其最大压铆力能够达到 59 kN;另一方面,托架作为自动钻铆系统的重要组成部分,用于支撑、定位、夹紧飞机壁板,由于其自身尺寸长、重量大,如上海拓璞研制的中央翼自动钻铆设备托架长达 9.5 m,自重达 3 t,托架自身变形严重,对加工点位置产生偏差,影响铆接质量,因此对高刚性机床结构设计与误差补偿技术的研究十分必要。

(2)工件视觉自动定位技术。工件视觉自动定位技术则用于精确定位工件在机床或机器人中的位置。由于装配误差,工件在机床坐标系中的位置与离线编程所建立的模型之间存在一定的偏离,为此需要通过测量工件上的定位基准孔确定工件实际位置与理论位置的差值,并根据测量结果进行补偿,从而实现工件的准确定位。常见的视觉测量系统硬件由工业相机、镜头以及环状 LED 光源等组成。工件视觉自动定位系统的难点在于视觉系统的标定,即确定相机坐标系与机床坐标系的位置关系,目前的标定方法精度低且过程复杂,需进一步改进。

(3)壁板法向测量技术。理论上讲,根据飞机壁板模型能够获得壁板孔位点处的法向,然而由于实际模型与理论模型存在偏差,从而导致孔位点处实际的法向与理论法向存在差异。而孔的垂直度是影响加工孔质量的主要因素之一,它不仅会改变孔的直径,而且影响壁板的铆接质量,导致连接不可靠。试验表明,当紧固件沿外载荷方向倾斜大于 2°时,疲劳寿命会降低约 47%;倾斜度大于 5°时,疲劳寿命会降低约 95%。因此,孔位点处的法向测量十分重要。

2.制孔质量在线检测技术

制孔质量对装配质量有重要影响,尤其是制孔直径及锪窝尺寸。随着干涉铆接技术在航空制造领域的广泛使用,对制孔精度有了更高的要求,因此研究高精度制孔检测技术十分必要。EI 公司在 2013 年研制了一套接触式孔检测装置,该装置在端部集成了一个孔径规及光学编码器,采用伺服电机驱动,并设计径向浮动装配,避免探针与孔轴不重合时造成探针损坏。由于接触式的孔检测技术容易受润滑油及切屑的影响,EI 公司又于 2014 年基于激光轮廓仪,采用 Taubin 椭圆拟合算法,研制了一套非接触式的孔检测系统。该系统能够快速、高精度获得孔的轮廓信息,其测量示意图如图 7-3-1 所示。

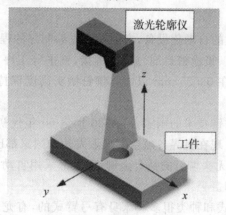

图 7-3-1　激光轮廓仪孔径测量示意图

3.自动送钉技术

自动送钉技术是将无序、散乱状态的铆钉整齐排列并按照需要依次输送到铆接工位,整个过程包括铆钉的定向、排列、存储、选择、分离及输送。自动送钉技术是实现自动钻铆技术的前提,法国 AHG 紧固件公司提出,自动钻铆机停机故障中由送钉系统造成的因素占了 90%。自动送钉技术的难点主要体现在两方面。

(1)送钉的可靠性保证。高可靠性是自动送钉系统最主要的要求。一方面,卡钉会造成整个自动钻铆系统停机,造成一定的经济损失;另一方面,由于被连接件价格昂贵,送钉出错可能会导致被连接件的破坏。送钉系统的可靠性需对整个送钉系统进行合理设计,包括振动排钉系统、输送系统、插钉系统以及各个系统之间的接口,减少卡钉率;同时增加容错机制,一旦送钉出错,系统可简单、快速恢复。

(2)多规格铆钉自动送钉系统的设计。由于航空中使用的铆钉规格多样,因此需要自动送钉系统具备兼容多规格铆钉的能力,这就对自动送钉系统的设计提出了更高的挑战。国内在自动送钉技术方面的研究主要以西飞、浙大及南航为代表,并取得了一定的成果。西飞公司自主研制了振动式送钉系统,用于 ARJ21 机翼装配时提供无头铆钉。浙大针对钻铆加工的需求设计了自动送钉装置,对振动送料器、隔料机构及气动控制回路进行了详细设计。南航设计了一种新型自动送钉系统,能够完成近百种铆钉的自动填充、选择与输送。

4. 离线编程与仿真

离线编程是根据产品的数学模型,从中提取出孔的位置及紧固件类型信息,从而规划机床运动轨迹,并根据紧固件类型生成自动送钉系统识别的相关指令,实现 NC 自动编程。离线仿真则是通过运动仿真及加工过程仿真,进行运动干涉检查、轨迹优化及铆接质量分析,检验加工程序的合理性,避免加工过程中造成碰撞,提高自动钻铆效率与钻铆质量。离线编程与仿真一般包括孔位及紧固件类型信息提取模块、数控自动编程模块、刀位文件生成模块和离线仿真模块。离线编程与仿真的最大难点在于孔位及紧固件类型信息的提取。首先在建立产品数学模型时就需要导入每个孔位点处紧固件的信息;其次由于飞机上孔位数量巨大、紧固件类型繁多,例如波音 747 每架有铆钉 200 万个,伊尔 86 每架有铆钉 148 万个,其铆钉信息的提取与存储工作量巨大。

7.3.4 典型自动钻铆系统

1. 自动钻铆机

自动钻铆机是一种高效的自动化设备,它通过预先编制好的程序,全部由计算机控制。它能连续完成夹紧、钻孔、锪窝、喷涂密封剂、放钉、铆接、铣平等工序,制孔精度在 0.005 mm 以内,窝的深度公差也可控制在 0.025 mm 以内。铆钉镦头高度保持一致,不受人为因素影响,因此能确保铆接质量。

美国是最早发展自动钻铆技术的国家,早在 20 世纪 50 年代初就已经在飞机铆接装配生产线上应用了自动钻铆机。现在世界各航空制造业发达的国家都已经广泛采用该项技术。例如 F-15、B-747 大量采用无头铆钉的钛合金铆钉,全部采用自动钻铆机铆接,只是在无法上机铆接的区域采用传统手铆。

目前,自动钻铆机的形式和种类很多。床身有弓臂式的,有龙门式的。有的床身固定,工件移动;有的工件不动,床身移动。如图 7-3-2 所示为一弓臂式自动钻铆结构示意图,其各部分的组成如下:

(1)床身:弓臂式钢板焊接结构。

(2)下动力头:由下压铆缸、下压紧缸及测厚、选钉系统组成。

(3)铆钉输送装置:由储钉管和电磁振动料斗组成。

(4)上动力头:由壳体(溜板)换位油缸、钻铣动力头、上压铆缸、上压紧机构、溜板锁紧及定位机构组成。

(5)气阀箱:由气阀及气压元件组成。

(6)液压阀箱:由液压阀及各种液压管路组成。

(7)油泵站:由电机、油泵、油箱组成。

(8)电气柜(控制箱):由各种电气元件组成。

(9)托架:由机械框架,纵、横向导轨,驱动装置组成。

(10)操纵台(箱、盒):由各种控制开关及电气元件组成。

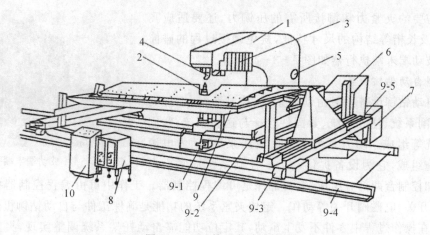

图 7 - 3 - 2　某型自动钻铆机

1—床身；2—下动力头；3—铆钉输送装置；4—上动力头；5—气阀箱；6—液压阀箱；7—油泵站；
8—电气柜（控制箱）；9—托架（9-1—纵向气动机；9-2—横向曲线导轨；9-3—横向气动机；
9-4—纵向导轨；9-5—横向导轨）；10—操纵台（箱、盒）

2. 机器人自动钻铆系统

机器人自动钻铆系统（见图 7 - 3 - 3），通常需要两个独立的机器人，它们分别位于铆接组件的两侧。在铆接过程中，机器人完成末端执行器的精确定位和定姿，由主动端末端执行器完成制孔送钉等操作，被动端末端执行器对铆钉施加反作用力，实现铆钉的连接。铆接过程中，由监测及标定系统对加工及定位精度进行实时测量，整个系统由中央控制器按工艺顺序进行控制。

图 7 - 3 - 3　机器人自动钻铆系统

在钻铆过程中，主动端与被动端的两个末端执行器的功能存在明显的区别。主动端末端执行器执行大部分处理功能，与制孔末端执行器相似，用以完成钻孔/锪窝、密封剂涂覆以及铆钉插入和镦粗等操作。在部装机器人所使用的主动端末端执行器中，为使之尽可能轻巧简单，主动端末端执行器一般采用模块化结构形式，使其能够方便地重新配置以适应不同类型或尺寸的紧固件，易于调换单元来进行维护和修理。

与主动端末端执行器相比，被动端末端执行器的功能与结构形式相对简单，只有一个夹头脚和活动式铆钉顶头，其主要用途是在主动端末端执行器钻孔和在铆接的过程中提供反作用力。工作过程中被动端末端执行器需要探入飞机结构内部，因此在结构尺寸设计时要考虑提供制孔所需要的夹紧力和铆接所需的压铆力,还要适应飞机的框、肋及长桁等结构的尺寸特征,避免铆接过程的碰撞与干涉。被动端末端执行器如图7-3-4所示。

图7-3-4 被动端末端执行器

3.大型自动钻铆设备

大型自动钻铆设备一般由动力系统、控制系统、定位夹紧系统、钻削系统、注胶系统、紧固件选择与送料系统、紧固件安装系统等组成。动力系统主要由液压泵站、动力电源和气压设施组成,它为设备提供动力。控制系统通常由电气控制柜和控制台两部分组成,主要部件是可编程控制器。工作中可由编程控制器控制电路闭合、电机开关、电磁阀开关等动作。定位夹紧系统的功能是确保工件与自动钻铆机工作头的相对位置,在操作过程中零件不发生窜动,其定位功能靠自动托架系统调整实现,夹紧功能则由自动钻铆机上下压力脚衬套来实现。钻削系统由钻轴马达、钻轴、钻头连接器和钻头组成,用于钻制紧固件。当紧固件安装有密封要求时,注胶系统可以在紧固件钉头下面位置的工件上涂覆一层密封胶。紧固件选择与送料系统由料斗、料斗支撑选择架和铆钉送进器3部分组成,根据夹层厚度选择不同长度的紧固件,然后将紧固件输送到上铆头。对于铆钉和双件紧固件而言,所采用的紧固件安装系统是不同的。铆钉紧固件安装系统由上铆头和下铆头组成,上铆头完成送钉和支撑作用,下铆头提供压铆力;双件紧固件安装系统由上铆头和下动力头组成,上铆头完成送钉和支撑作用,下动力头提供旋转动力或挤压动力。

环框形自动钻铆机是用于机身蒙皮装配的自动钻铆设备,其以环框形式架于工装之上。机床整体沿机身方向,利用轨道运动,加工部位分为两个单元,上端加工部位沿环状轨道围绕机身蒙皮运动,可以实现定位、夹持连接件、钻紧固件、探测孔径、注入密封胶和安装紧固件等功能。下端为铆接辅助设备,能够在蒙皮下部运动,与上端加工部位共同完成蒙皮装配的铆接工作。环形轨道上的主轴为Z、X、Y和A轴,下端铆接设备主轴为Z、X、Y和A轴,与机床整体主轴一同由CNC控制。该设备的工作场景如图7-3-5所示。

图7-3-5 环框形自动钻铆机

4.电磁铆接系统

为满足自动化装配的需要,美国大力发展自动化电磁铆接系统,并已在波音公司、空客公司多个型号上得到应用。自动化电磁铆接系统不但可以实现无头铆钉、有头铆钉的铆接,还可实现环槽钉、高锁螺栓的安装。如图 7-3-5 所示为美国 EI 公司为波音 787 复合材料机身环槽钉铆接开发的自动化电磁铆接系统。

图 7-3-5 用于波音 787 飞机的自动化电磁铆接系统

电磁铆接工艺(应力波铆接)是利用大振幅的应力波(脉冲电流周围形成强脉冲磁场)使铆接连接件在几百微秒到一毫秒的时间内产生塑性变形。如图 7-3-6 所示,将一个调制器和线圈加在放工件与电线圈之间。放电开关闭合的瞬间,快速变化的电流使得初级线圈周围产生了强磁场,次级线圈与初级线圈耦合相连,于是在强磁场作用下次级线圈中又产生感应电流,感应电流又在次级线圈中产生涡流磁场,初级线圈的强磁场和次级线圈的涡流磁场不断变化产生涡流斥力,它的频率极高,最后以应力波的形式经过放大器作用在铆钉上,使得铆钉快速成型(应力波是指外载以毫秒或微秒,甚至更短暂的时间作用于固体介质表面上引起的应力在固体介质中以波动电磁铆接能在瞬间完成铆接连接件的成型,其材料受力与普通铆接明显不同。电磁铆接时,材料的成型时间极短,材料的墩头和膨胀几乎同时完成,因而干涉量均匀,疲劳寿命高。而普通铆接材料变形大,结构强度低,干涉不均匀)。

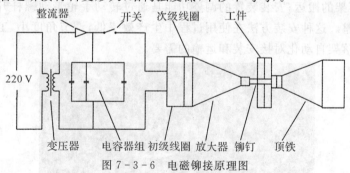

图 7-3-6 电磁铆接原理图

7.4 数字化移动操作平台

7.4.1 移动基本技术

传统工装移动采用万向轮,通过人力推动实现工装的移动。目前先进平台和工装移动多采用气垫移动技术和 AGV 移动技术,应用这两种技术,可以实现平台的精准移动和飞机部件的精准安装。

7.4.2 移动工作梯

 飞机每个站位均配置一体化固定工作平台,覆盖人工操作范围,并采用局部电动升降和延伸,使装配工人的操作环境更加安全舒适。移动工作平台可采用气垫输送移位或 AGV 运输方式,对于较高操作台可采用机电一体化控制升降,这样可以降低人工操作强度,不工作时减少操作台占用空间。飞机后部升降操作台由气垫模块、底座、多层电动升降架、升降机构和操作平台等组成。如图 7-4-1 所示为操作平台示意图。

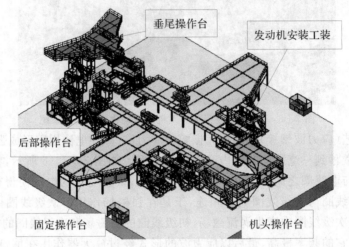

图 7-4-1　工作平台

7.4.3 起落架安装

 目前飞机起落架安装装置如图 7-4-2 所示。它的底部安装有 4 个小角轮,通过人工推动小车,实现起落架的搬运;安装装置的调姿功能是通过转动手轮带动螺杆升降,实现起落架安装时的姿态调整。这种安装方法在使用过程中生产效率低,调节角度小,工人劳动强度大,已经不能适应起落架自动化对接安装和运输的需要。

图 7-4-2　起落架安装车

为了克服现有起落架安装装置的缺点,实现更好、更快、更安全地安装飞机前起落架,通过采用气垫移动技术和精准对接技术,研发了一种使飞机起落架快速精确对接安装的装置。飞机起落架安装过程中,安装装置底部采用浮动结构和数控控制相结合的方法实现 6 个方向 自由度的调整。在水平平面内运动采用气垫浮动机构,实现 X 向、Y 向水平平面内任意移动以及绕 Z 轴旋转的 3 个自由度的调整。在垂直坐标上采用手持操作单元控制电动伺服缸缸径沿 Z 轴方向的伸出和收回运动,进行 Z 向移动和绕 X 轴、Y 轴旋转运动的 3 个自由度的调整。待起落架和起落架安装装置调整到对接位置,需要对起落架安装装置进行固定,以便完成起落架的安装过程。利用汽缸定位顶升橡胶底座与地面摩擦产生摩擦力,达到固定车体的目的。

7.4.4　发动机安装

目前,国内外翼吊式发动机的安装形式仍沿用老的对接方法,采用以钢丝绳起吊、多人观察并利用辅助工具使发动机对位安装的方法。该方法存在入位困难,运输与对接是独立的两套系统,起吊前需对吊挂、各吊点及钢丝绳做费时的全面检查等问题,因此造成整个运输及安装过程费时费力。随着飞机数字化装配技术的迅速发展,原有飞机发动机安装方法显然已经不能很好地适应生产需求。目前国内航空制造企业研制了新型发动机安装装置,该装置集成了运输、升降、调姿对接为一体,采用新型的气垫搬运技术,运用气垫悬浮特点使发动机对接变得更容易完成及调整。新型发动机安装装置采用电动伺服缸及多轴控制系统实现升降精度精确控制、保证发动机对接过程的精确控制、满足发动机运输灵活性以及 6 个自由度调姿对接的精确控制,确保实现大型飞机发动机快速精准的对接安装。

如图 7 - 4 - 3 所示发动机安装车主要分为 3 个部分:移动平台、调姿机构、固定工装。

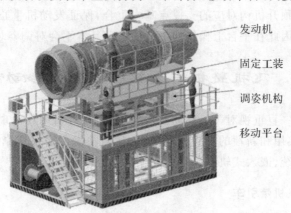

　　　　　　　　　　　　　　　　　　　　　── 发动机

　　　　　　　　　　　　　　　　　　　　　── 固定工装

　　　　　　　　　　　　　　　　　　　　　── 调姿机构

　　　　　　　　　　　　　　　　　　　　　── 移动平台

图 7 - 4 - 3　发动机安装车

移动平台可在厂房内部及平整地面的任意方向移动,并为调姿机构的对接运动提供平台,实现对接过程中 X、Y、Z 向的直线运动,绕 X、Y、Z 向的旋转运动,以及三者之间的复合运动,保证对接精度及快速安装。移动平台主要分为整体框架、移动机构和升降机构三部分,为发动机的对接提供前期准备及为调姿机构的对接提供运动平台,确保发动机在运输及停止过程中的安全可靠。整体框架由钢结构主体框架及铝型材扶手、楼梯组成,该机构为发动机运输的主要载体,且为工作人员在发动机对接过程中提供操作平台。移动平台整体分为下重上轻分布形式,使发动机放置后重心足够降低,保证在运输过程中发动机的平稳。气垫模块合理地分布于平台中心支撑点,为平台支撑及运动提供稳定支持,保证平台在运动过程中及静止时发动机的安全可靠。移动机构主要采用气垫模块及高精度气动驱动器的控制来实现运动:沿着平台的纵向行走、转向;沿着平台的横向行走、转向;既可以前进,也可以后退;可以绕平台中心回转。该移动机构通过手持控制器面板来控制,面板上布有速度选择键及刹车键,操作者可以选择高速行走,也可以选择低速行走及刹车。升降机构主要是为调姿机构部分气垫模块的平稳运动提供良好支撑面,使气垫悬浮后各方向受力均匀,保证对接过程中的精确性及安全可靠性。升降机构由 4 个升降立柱及钢结构平台组成,平台的水平度主要由 4 个升降立柱的复合运动来进行调整,通过 Simotion 运动控制器、Sinamics 120 全数字伺服驱动控制系统、位置检测及反馈单元等装置组成系统完成调整过程控制。一般情况下,在达到限位值时基本能满足要求,如果地面平面度太差的话,则需通过电子水平仪辅助观察,直至调整到满足使用要求。平台采用钢结构框架焊接,面板采用 12 mm 厚的钢板拼接满焊并磨平,强度及刚度均能满足承载要求。升降立柱由滚珠丝杠、直线导轨、滑板及伺服电机等部件组成,在电机停机后,减速箱会对整个升降机构进行自锁,保证平台调整后的精度不会发生变化。

调姿机构分为上下两层。下层通过气垫模块的悬浮及人力辅助推拉来实现沿 X、Y 向移动及绕 Z 轴旋转等组合运动。上层 4 组电动伺服缸,通过 Simotion 运动控制器、Sinamics 120 全数字伺服驱动控制系统、位置检测及反馈单元等装置组成系统完成调整控制,同步或者差动来实现 Z 向直线运动及绕 X、Y 向的旋转运动,保证姿态的快速、准确调整。电动伺服缸系统配置的减速箱可以满足调整停机过程中的自锁功能,保证调姿安全可靠。

固定工装将钢结构框架配合型材组装成一体。型材的组装主要是为了减轻整体阻构的头重脚轻,保证发动机提升到一定高度处时重心不会太高,对操作工人及产品起到安全保护作用。操作平台及防护网作为型材集成于工装两侧,方便工人的观察与操作。固定工装受力分布为主要撑力点与各顶升机构对应的支撑点基本重合,保证发动机重心始终在安装装置的中心位置,受力在内侧,因此在平台上操作的工人的运动基本不会对调姿对接造成影响。

7.5 飞机整机与大部段数字化移动设备

国际航空工业界一直重视对飞机移动技术的研究,通过引用其他现代科技领域的研究成果,研制开发了一些实用和新颖的飞机移动装备,比较典型的有飞机牵引车、AGV(自主导引搬运车)、气垫运输系统、嵌入式轨道移动系统等。

7.5.1 有杆式飞机牵引车

飞机牵引车是一种在机场地面牵引飞机的保障设备,在飞机制造过程中也可以用于移动飞机大部件或飞机。飞机装配过程中,出于能源、环保方面的考虑,通常采用无废气排放、噪声低的电动机动力系统。牵引车按照牵引方式的不同,可分为有杆式牵引车和无杆式牵引车。无杆式飞机牵引车取消了与飞机相连接的牵引杆,直接抱夹飞机前轮并托起飞机前起落架,是实施对飞机牵引作业的特种车辆。无杆牵引车不适合在站位间移动用。有杆式飞机牵引车是一种使用和飞机相匹配的专用牵引杆与飞机相连、实施对飞机牵引作业的特种车辆(见图 7-5-1)。飞机牵引杆是特制的中间带有缓冲装置和扭力剪切装置的专用杆,它具有传递动力、减缓牵引车对飞机冲击的作用。

图 7 - 5 - 1　有杆式飞机牵引车

有杆式飞机牵引车的优点有以下几点：

（1）技术成熟。飞机牵引车随着航空工业的发展亦经历了几十年的发展，技术已经相当完善；

（2）不与飞机直接相接触，不用考虑与飞机连接装置的适应性问题，只要牵引力合适，用相应的牵引杆就可以牵引飞机；

（3）应用广泛。牵引车能够牵引飞机、飞机部件或其他设备，做到一车多用。

7.5.2　AGV 运输方式

AGV（自主导引搬运车）是指装有自动导引装置，能够沿规定的路径行驶，在车体上还具有编程和停车选择、安全保护以及各种物料移栽功能的搬运车辆（见图 7 - 5 - 2）。常用 AGV 的结构主要由底盘车、动力装置、控制系统和安全装置等组成，采用后轮驱动、前轮转向运行方式。

图 7 - 5 - 2　波音 787 飞机后机身用 AGV

底盘车通常为钢结构件，具有一定的强度和刚度；驱动装置由车轮、减速器、制动器、电机及调速器等组成，是一个伺服驱动的速度控制系统；动力装置一般为蓄电池及其充放电控制装置；控制系统通常包括车上控制器和车外控制器，车上控制器完成 AGV 调度、控制指令发出和 AGV 运行状态信息接收；安全装置可确保 AGV 在运行过程中的自身安全，以及现场人员与各类设备的安全，采用多极硬件和软件的安全监控措施。

AGV 的优点有以下几点：

（1）与传统的搬运设备相比，AGV 的活动区域无须铺设导轨等固定装置，不受场地、道路和空间的限制，其自动性和柔性得到了充分体现；

(2)可实现无人驾驶的运输作业,表现为在计算机监控下,按路径规划和作业要求,精确地行走并停靠在指定地点,完成一系列作业功能;

(3)运行路径的改变与传统刚性传送线相比成本非常低廉;

(4)具有清洁生产的特点,AGV依靠自带的蓄电池提供动力,运行过程中噪声低、无污染。

7.5.3 气垫运输系统

美国及欧洲的飞机制造公司已经开始大量使用气垫运输系统。波音公司飞机部件装配车间利用气垫运输系统移动波音747飞机的机身段,气垫移动装置上部托住飞机机身段,下部安装固定数个气垫模块,气垫移动装置不仅可以向前后、侧面移动,而且可以实现原地转动以及转弯等动作。采用这种装置使得机身段之间对接精度提高、对接过程简化、工序的劳动量减小并直接减少参与这项工作的人数。在总装配车间,用气垫运输系统实现重180 t的波音747飞机的工序间运输。整架飞机装在5个气垫运输平台上(主起4个和前起1个),每个平台下面固定着一组气垫模块。为了把飞机安装到平台上,飞机用液压千斤顶顶起,把平台放入这个空间并移开千斤顶,飞机的起落架轮子用专用装置固定在平台上,这样可以通过气垫系统实现飞机运输。

2001年空客在德国汉堡的组装工厂每月有12架飞机通过最后的生产线,为了把机身从机身组装地运输到机翼组装地,选择了一种"鱼骨形"托座的气垫运输装置,且实现了传送带导向计算机控制,定位精度可达±0.1 mm。在飞机生产线上,除了飞机以外,工作台也可以通过气垫移动(见图7-5-3),有些平台重达60 t,用气垫搬运比较方便。

图7-5-3 机身和操作台气垫运输装置

气垫运输装置具有较多的优点,主要有以下几点:

(1)摩擦系数低($\mu = 0.001 \sim 0.006$),与轮式运输工具相比,气垫运输需要的牵引力小得多;

(2)全方位的移动性,无须铺设轨道,能在任何方向移动或转动;

(3)结构简单,经济性较好,有着较好的比起重量(起重量与运输装置自重之比),无须其他动力,维护保养简单,较之同样吨位的其他搬运设备投资少、成本低;

(4)安全性较好,气垫装置整体高度很低,重物抬升高度低,抬升、降落、运输平稳,不需要制动装置,停止供气就能使装置迅速停车,操作简单,容易控制;

(5)气垫装置对支撑面的压力不大,对地面磨损小,可提高气垫装置的使用寿命;

(6)清洁环保,驱动只需要压缩空气,不存在废气和噪声排放。

7.5.4　飞机主起驱动器

飞机主起驱动器（拨轮）实际上使用的主要是气压驱动器（见图 7-5-4），气压驱动器自带一个直径约 150 mm 的橡胶轮,通过气压驱动橡胶轮产生旋转,它与起落架轮胎摩擦使起落架轮胎产生转动,这样就驱动飞机前行,这种驱动方式也称作拨轮驱动方式。使用的时候,需要 3 名左右的工作人员,将气压驱动器分别塞在前起落架和主起落架轮胎底下,由工作人员操控前行方向。

图 7-5-4　气压驱动器

气压驱动器主要优点有以下几点:

(1)装置结构尺寸非常小,与气垫装置相比气压驱动器结构尺寸仅为其几十分之一,成本低;

(2)经济性更好,与同吨位的气垫运输装置相比,气压驱动器不需要托起几十吨重的飞机,只需驱动橡胶轮产生转动,所需压缩空气量要小得多,使用成本更低;

(3)操作简单、维护性好。

7.5.5　嵌入式轨道移动

波音公司于 2000 年左右开始安装"波音-717"飞机轨道移动系统,该系统主要由链条驱动系统、轨道、起落架支架等组成,如图 7-5-5 所示。飞机起落架分别落在支架上并被托起,而支架则落在链条传动装置上。由电机驱动链轮实现两条传输链同步稳定传动,其移动速度为 49 mm/s。

图 7-5-5　飞机轨道移动系统

嵌入式轨道移动系统主要优点有以下几方面：
(1)适合低速、重载以及长距离运输；
(2)将轨道移动系统嵌入地面坑内，将地面工装与轨道移动系统隔开，易于维护，寿命长；
(3)方向稳定，由于使用变频电机驱动，所以速度连续可调。

思考与讨论

(1)简述数字化装配技术和数字化协调体系。
(2)自动制孔和自动钻铆系统的工艺特点是什么？有哪些关键技术？
(3)举例介绍典型的自动制孔和自动钻铆系统。
(4)数字化移动平台技术有哪些？
(5)简述飞机数字化移动技术，并且叙述它们的优点有哪些。
(6)讨论大尺寸范围内数字化移动设备的空间准确定位问题。

第8章　装配工装技术发展

8.1　柔性装配工装

飞机产品结构复杂,零部件数量多,且存在大量的尺寸大而刚性小的钣金件,装配过程中极易发生变形。因此,为了满足飞机产品最终的装配准确度要求,在飞机装配过程中,采用了大量的装配工装。当前,飞机装配中应用的工装主要有两种结构形式,即刚性工装和柔性工装。刚性工装专用性强,稳定性好,但是设计制造周期长、占地面积大,而且结构开敞性差,不利于各种先进的自动化连接设备和连接技术的应用。为了克服刚性工装的上述缺点,柔性装配工装应运而生。

柔性装配工装具有数字化、模块化、可重构、可重复利用等一系列优点,在飞机装配过程中广泛应用各种柔性工装,使得飞机装配工装的设计制造等准备周期显著缩短,减少了工装数量以及工装的设计制造成本,同时提高了工装快速响应产品变化的能力。此外,柔性工装的数字化驱动模式提高了工装的定位准确度,且由于柔性工装的结构开敞性好,与刚性工装相比,在装配时更有利于与其他设备综合使用。

8.1.1　柔性装配工装的组成

与传统装配工装相比,柔性工装已发展成为一个由机械定位装置、数控系统、离线编程与仿真管理系统、在线测量系统等多种软硬件构成的综合集成系统,如图 8-1-1 所示,各子系统在工装调整时共同作用,协同工作,从而实现了工装的柔性可重构功能。

柔性工装系统工作的一般过程如下:首先,在柔性工装应用集成管理系统中进行装配工艺规划,同时进行装配工艺仿真,将生成的工装理论驱动数据解析为数控系统动作指令并传递至柔性工装的数控系统;然后,数控系统根据动作指令计算各定位器轴的调形轨迹,驱动定位器调形;定位器调形到位后,在线检测系统实时测量定位器位置,并将测量数据传递至离线编程与仿真管理系统;最后,离线编程与仿真管理系统将测量数据与理论数据进行比较,检查其是否满足装配要求,若测量数据无法满足装配需求,系统将自动生成优化数据并由数控系统进一步调形,直到定位器位置精度满足装配要求。

机械定位装置是整个柔性工装的基础,与传统刚性工装类似,其结构也可以大致分为骨架、定位夹紧元件等,此外,柔性工装的定位装置还具有相应的调形机构和锁紧机构,可用于实现工装的调整和到位后的锁紧。

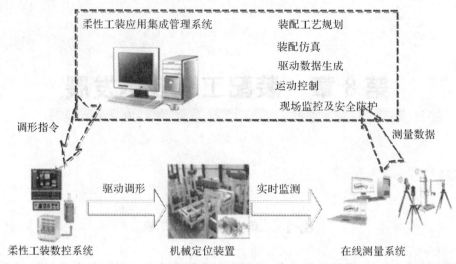

图 8-1-1 飞机装配柔性工装系统构成及工作原理

1.骨架

骨架是机械定位装置的基体,用以固定和支撑定位夹紧元件、调整机构及锁紧机构,保持各元件及机构空间位置的准确度及稳定性,因此应具有足够的刚度。骨架的结构形式主要有框架式、组合式、整体底座式及分散底座式等,具体结构形式如图 8-1-2 所示。

(a)   (b)   (c)   (d)

图 8-1-2 骨架的结构形式

(a)框架式;(b)组合式;(c)整体底座式;(d)分散底座式

框架式骨架是由槽钢或钢管焊成的框架,多用于隔框、翼肋、大梁等平面形状的组合件、板件,以及小型立体组合件、段件(如翼尖、舱门、小尺寸的尾翼)。框架的放置方式多为竖放式或转动式,也有部分骨架采用平放式。

组合式骨架一般由底座、立柱、支臂、梁等标准化元件组成。梁一般是由槽钢焊成封闭的匣形剖面,通过螺栓固定在底座或立柱上。定位夹紧元件大都固定在梁上。立柱、底座的材料一般为铸铁,表面加工出孔便于通过螺栓相互连接。

整体底座式骨架是指工装骨架有一个整体的底座,该整体底座底部用多个可调支点支撑在厂房地面,而安装机械定位装置的骨架都固定在这个整体底座上。底座一般可用钢管、型钢或钢板焊成平面框架。整体底座式骨架可根据地基的变动调整各支撑点,从而保证整体骨架的准确度和稳定性。

分散底座式骨架的特点是不设整体骨架,定位夹紧元件及调整、锁紧机构均固定在厂房内的工装地基上。底座有固定式和导轨式,通过厂房内的工装地基连成一个整体,因此机械定位装置的尺寸稳定性主要决定于厂房内各分散底座地基的稳固程度。分散底座式骨架多用于段件和部装对接。

2.定位夹紧元件

定位夹紧元件(见图8-1-3)是机械定位装置的主要工作元件,用于保证构件在装配过程中具有准确的位置,因此定位夹紧元件不仅应准确可靠、相互协调,而且要装夹迅速,使用方便,不损伤工件。在柔性工装中,定位夹紧元件通常与关联的调整机构集成为模块化单元,模块化单元具有位置可调整性、元件可拆换性,能够实现对产品装配需求变化的快速响应。柔性工装的定位夹紧元件主要包括接头类元件、外形类元件以及专用类元件等。

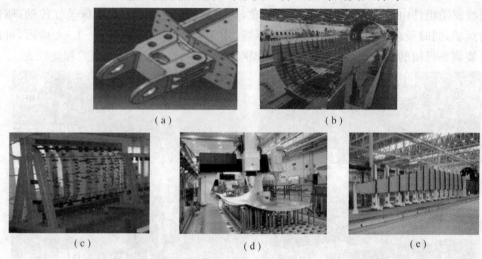

(a) (b)

(c) (d) (e)

图8-1-3 定位夹紧元件
(a)叉耳式接头;(b)工艺接头;(c)卡板;(d)真空吸盘;(e)专用定位夹紧元件

(1)接头类元件。接头类元件是飞机装配中最常用的定位夹紧元件,其形式主要有叉耳式接头和工艺接头。叉耳式接头(见图8-1-3(a))主要用于保证各部件的互换和对接接头的协调。其通过定位孔和定位销对工件进行连接定位,因此,接头应具有较高的加工精度和结构刚度以及良好的协调及互换性。工艺接头(见图8-1-3(b))是为了满足装配时定位和夹持工件的需要而暂时加在飞机结构的较强部位上的接头,通常突出于部件气动力表面,通过工艺孔和临时紧固件与工件连接,当飞机装配完成后即可拆卸。工艺接头通常在部件装配、大部段对接中用于定位和支撑尺寸大、重量大、刚性好的段件或部件,因此必须具有一定的精度和足够的刚度及强度。

(2)外形类元件。外形类元件是用来确定弱刚性飞机部件气动外形的定位夹紧元件,分为卡板和真空吸盘两大类,常用于壁板组合件装配及机身部件装配。卡板(见图8-1-3(c))是具有机身气动外形的包络式元件,广泛应用于传统的刚性工装中;应用于柔性工装时,可通过快速更换不同形式的卡板并调整其工作位置来实现工装的柔性,从而满足不同产品的装配需求。真空吸盘(见图8-1-3(d))是组合件装配柔性工装中最为典型的一类定位夹紧元件,通常用于点阵式柔性工装,是工装机械定位装置的执行末端,其底座为球铰运动链结构,可在一定角度范围内转动。应用于柔性工装时,多个真空吸盘构成吸盘点阵,其柔性的实现主要依靠点位重构,即调整各吸盘的空间位置和转动角度来构造不同的外形包络面。相对于卡板而言,真空吸盘的调整更为灵活,且吸盘点阵具有良好的开敞性,便于开展多种作业。

(3)专用类元件(见图8-1-3(e))。它主要用于定位夹紧特殊外形的工件,如带有弯边的隔框、翼肋、梁的钣金零件及它们的型材缘条、具有直线和曲线形状的长桁等零件。

3.调整机构

柔性工装机械本体的每个定位器的调形运动均通过与其相关联的调整结构实现。在柔性工装机械系统的设计和制造中,采用工业领域常用的基本驱动组件作为其调整机构已经成为一个发展趋势。基本驱动组件将传动部件与导向部件集成为一体,从而保证了刚度、精度和传动效率,可以极大缩短飞机装配工装的设计制造周期,显著降低制造成本。

直线驱动组件是最典型的调整机构,其集成了驱动、传动、导向、执行机构以及必要的传感器。直线驱动组件由普通电机或伺服电机驱动,通过齿轮、同步带轮或滚珠丝杠传动,驱动执行机构运动,同时集成了行程开关等位置传感器,用于检测反馈。如图8-1-4所示,可用于柔性工装调整机构的直线驱动组件有4类,分别为滑块式、缸式、齿轮齿条式和丝杠式。

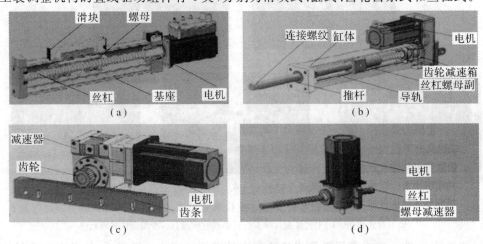

图 8-1-4　调整机构
(a)滑块式;(b)缸式;(c)齿轮齿条式;(d)丝杠式

滑块式调整机构(见图8-1-4(a))由基座、丝杠、螺母滑块和电机组成。导轨安装在基座上,电机驱动丝杠螺母副,带动滑块相对基座做直线运动。缸式调整机构(见图8-1-4(b))由缸体、推杆、导轨、丝杠螺母副和电机等组成。导轨嵌入缸体内。电机驱动丝杠螺母,由螺母带动推杆沿导轨在缸体内伸缩,实现推杆的直线运动。齿轮齿条式调整机构(见图8-1-4(c))适用于行走部件驱动。齿条和导轨安装在固定部件上,电机安装在行走部件上。电机驱动齿轮旋转,带动行走部件运动。丝杠式调整结构(见图8-1-4(d))适用于行走部件驱动。丝杠和导轨安装在固定部件上,电机和导套安装在行走部件上。电机驱动螺母,通过丝杠螺母副实现直线运动。

此外,为保证柔性工装定位器在整个装配过程中的位置精度,在每一次定位夹紧元件通过调整机构实现调形到位后,均需要通过锁紧机构将其位置锁死。根据锁紧方式,锁紧机构主要包括手动机械式、电磁气动式、液压式以及电机抱闸式,为了保证锁紧的可靠性和安全性,通常情况下电机抱闸与其他几种方式共同使用。

8.1.2　典型柔性装配工装

飞机装配一般分为组合件装配、段件装配、部件装配、大部件对接装配,不同的装配对象有不同的定位与装配特点。

在组合件装配中,由于结构刚性较弱,参与装配的零件数量多,这一阶段主要采用装配工装定位各个零件,并控制其形状。而连接片、角片等简单零件则利用零件之间的相互关系定位,以简化工装。

在段件或部件装配中,主要工作是定位参与装配的组件并控制其外形。由于组件一般具有一定的刚度和整体性,因此,定位件的布置密度减少,此时可多利用组件之间的相互关系定位,以减少定位件的数量,避免不协调定位,同时简化工装结构。

在部件对接中,主要是确定具有较大刚度的部件之间的几何位置关系,因此,对接装配时,主要以部件的交点或专用工艺接头为定位基准。

针对上述的定位与装配特点,柔性装配工装也有多种类型,以适应各种装配需要。下面按照装配类型分别介绍几种典型柔性工装的结构特点与应用情况。

1. 组合件柔性装配工装

在组合件装配中,最常见的组合件是壁板组件,而对于机身壁板组件和机翼壁板组件,由于其曲面曲率不同,柔性工装的结构形式又有所不同。

(1)机身壁板柔性装配工装。机身壁板装配中应用的典型柔性工装主要有两种:数控柔性工装和多点阵真空吸盘式柔性工装。数控柔性工装适用于结构刚性比较弱的壁板组合件,多点阵真空吸盘式柔性工装适用于结构刚性比较强的壁板组合件。

1)数控柔性工装。目前壁板组件装配工装的结构形式主要如图 8-1-5 所示,工装骨架采用框架式结构,定位件主要采用刚性卡板,卡板外形用来定位蒙皮,同时其上有长桁定位槽、辅助定位构件和定位孔等,卡板与工装骨架刚性连接,因此,在当前的壁板装配中,仍是壁板组件与工装"一对一"的装配模式。

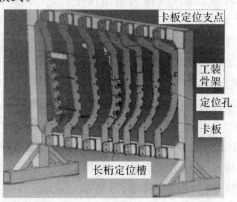

图 8-1-5　壁板组件装配工装

数控柔性工装可基于壁板装配的工艺特点实现"一对多"的产品装配,从而改变了壁板组件装配中"一对一"的模式,降低了壁板组件的装配成本。数控柔性工装的核心思想是将传统型架工装中固定的卡板定位支点变为由数控系统控制,因此可以快速精准地调整卡板定位支点的位置,从而通过更换不同壁板组件对应的定位卡板来实现工装的"一架多用"功能。

数控柔性工装的原理如图 8-1-6 所示,通过在传统工装框架式骨架上增加多个可重构调形单元,将卡板定位支点设计在可重构调形单元上,利用数控技术精确控制可重构调形单元在竖直方向和水平方向的运动,实现卡板定位支点的快速精确调形重构,安装不同壁板的卡板就可用于不同的壁板装配,进而可用于多个壁板类组件的装配。

在数控柔性工装的使用过程中,首先,利用柔性工装应用集成管理系统将壁板类组件、工装卡板与数控柔性多点工装进行预装配,建立关键零件装配定位点,对该定位点进行计算,自动生成工装理论驱动数据;接着,控制系统运行理论驱动数据,使各可重构调形单元自动运动调整到位,同时利用在线测量系统检测各调形单元的位置精度;然后以机械方式锁死锁紧螺母并以电气方式通过伺服电机的抱闸对可重构调形单元进行双重锁死,保证卡板定位支点位置的固定;最后安装卡板,此时数控柔性工装的结构形式已与目前各主机厂应用的型架类似,工人可以按现有的装配工艺进行壁板组件的装配工作。如图8-1-7所示为两个不同壁板对应的卡板安装于数控柔性工装上的实例,实现了在当前装配中工装与壁板组件"一对多"的工作模式。

图8-1-6　数控柔性工装原理　　　　图8-1-7　数控柔性多点工装应用实例

2)多点阵真空吸盘式柔性工装。一般而言,机身壁板曲率较大,而且随着各种新型材料的应用以及整体壁板数量的增多,壁板的结构刚性增强,同时由于结构整体化,使得装配工作大大减少。因此,装配中主要利用工装来支撑大型结构零件,便于装配操作。此时,零件定位是利用零件上的定位孔或零件之间的其他定位特征进行定位,这样既简化了装配流程,又简化了工装结构,同时使得利用柔性工装成为了可能。

为此,壁板类组件装配工装可采用多个点阵布局的数字化定位夹紧机构。定位夹紧机构已经不再是传统的刚性卡板形式,而是一些具有真空吸附功能的柔性夹持机构。工装已经基本类似于一台数控设备,开敞性好,通过与一些自动化的钻铆设备配合工作,实现了装配的自动化。

多点阵真空吸盘式柔性工装的模块化单元为带真空吸盘的立柱式单元,其在空间具有3个运动自由度,通过控制立柱式单元生成与壁板组件曲面外形一致并均匀分布的吸附点阵,利用真空吸盘的吸附力,可精确地定位并夹持零件,从而完成装配。

根据其结构形式,多点阵真空吸盘式柔性工装可分为立式、卧式和环式3种,在机身壁板类组件的装配中,主要应用立式和环式结构的工装;卧式结构工装则在一些复材结构的水平尾翼和垂直尾翼的装配中有应用。如图8-1-8所示是波音公司在机身壁板装配中应用的立式结构柔性工装。如图8-1-9所示为空客公司在A340水平尾翼装配中应用的卧式多点阵真空吸盘式柔性工装。

3)轻型自动制孔系统。目前在飞机装配中应用较多的轻型自动制孔系统包括柔性导轨制孔系统,爬行机器人制孔系统等。轻型自动制孔系统主要用于飞机机身和机翼的自动制孔,与大型自动化制孔设备相比,可最大限度降低飞机装配的制造成本,减少大型自动化制孔设备占地面积和操作维护人员的配备,减少大型装配件的频繁搬运和安装。

爬行机器人依靠真空吸盘吸附爬行,对真空吸盘的分布设计和吸附力的计算,实现爬行机器人的曲率自适应和可靠吸附。目前爬行机器人的设计行走单元大体上分为内外2个框架,每个框架均配备 4 个真空吸盘足。出于行走过程中的安全性考虑，内外框架配备 2 套独立的真空系统，使得任何时候，都能至少有一个框架的 4 个吸盘足为系统提供足够的吸附力。通过由丝杠驱动的内、外 2 个框架的轮流移动实现系统在工件上的爬行，框架内部提供 X、Y 向精确运动以实现一个区域内制孔。

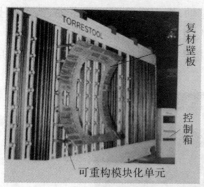
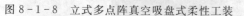

图 8-1-8　立式多点阵真空吸盘式柔性工装　　图 8-1-9　卧式多点阵真空吸盘式柔性工装

爬行机器人制孔系统具有自主移动、操作灵活、成本低的特点，以上特点使得爬行机器人制孔系统在飞机装配领域具有非常广阔的应用前景，受到了国内外飞机制造商的广泛重视，并取得了诸多研究应用成果。

在轻型自动化制孔设备方面，美国波音推出了柔性导轨制孔系统（见图 8-1-10），该制孔系统设备的优点是自动化、轻量化、安装方便；缺点是不能自主移动，所以设备制孔时的设备安装工作量大。基于上述原因，为实现一定范围内的装置的自主移动，研制出了爬行机器人。爬行机器人可以很好地解决这一问题。目前，国外的很多公司，如西班牙 Fatronik 公司、法国 Alema Automation 公司、西班牙 MTorres 公司、西班牙 SERRA Aeronautics 公司都针对飞机装配研制了爬行机器人制孔系统，并且在实际的飞机装配中的得到了应用。

图 8-1-10　柔性导轨制孔系统

Alema 研制的爬行机器人（见图 8-1-11）利用真空吸盘吸附在零件表面来爬行或定位，但是由于单纯依靠爬行来精确定位误差过大，Alema 采用了二次定位的方式提高定位精度。爬行机器人在每次行走初次定位之后，视觉系统测量出 X 和 Y 方向理论值和实际目标值的误差,通过在离线编程软件里已经标定过的目标物,可以得出制孔点在设备坐标系中的坐标值,然后 XY 伺服调整到精确位置。末端执行器的 X、Y 轴行程可覆盖 900 mm×200 mm 的面积,所以在这个范围内进行制孔或紧固是不用爬行机器人进行爬行的。爬行机器人的 Y 轴可以弯曲,在局部形成了与产品同样的曲率,从而不需要任何的摆动轴调整即可保证末端执行器始终保持在壁板的法线方向。末端执行器使用了气动主轴,换刀时换下整个主轴,然后换上预置主轴。整个设备总重量约 150 kg。Alema 爬行机器人通过类似柔性导轨的形式设计了 Y 轴,使其不用通过伺服的转动轴来调整制孔法向,但是只能在单曲率的壁板上制孔,使其应用范围受到了限制。

图 8 - 1 - 11　Alema 爬行机器人进行机身段制孔

　　SERRA 公司研制的爬行机器人制孔系统 SAMPA(见图 8 - 1 - 12)基于一套独立的五坐标系统,携带可进行制孔和锪窝的末端执行器。SAMPA 可以在任何机身段或双曲率的表面进行制孔,这已经在 A380 第 19 段得到了验证(见图 8 - 1 - 13)。SAMPA 具有非常好的便携性,2 个操作者可以在 5 min 内安装好设备。SAMPA 在产品上的定位使用了 iGPS 技术,iGPS 系统可以识别机器人在整个装配坐标系中的位置,定位精度可达到 1 mm。iGPS 定位完成后,末端执行器的视觉系统可以精确计算出制孔的位置,精度可达到 20 μm。

图 8 - 1 - 12　SAMPA 爬行机器人制孔系统　　图 8 - 1 - 13　SAMPA 用于 A380 双曲率机身 19 段装配

　　SAMPA 可以在多种材料上进行制孔,在保持主轴扭矩 5 N·m 的情况下,主轴转速可在 100~20 000 r/min 之间调整。在 10 mm 碳纤维和 10 mm 铝合金叠层的材料的制孔试验时,设备的制孔效率可达 4 个/min,孔垂直度可达到 0.1°,锪窝精度可达到 0.1 mm,工作时噪声为 70 dB。末端执行器装有压脚和吸尘装置,并且压脚压力为可调的。

SAMPA 有 4 组真空吸盘,可保证它牢固地吸附在零件表面。当一组吸盘损坏,剩余的吸盘仍能保持吸附,从而使设备保持在正确的位置上,不会有掉下来的危险。当所有真空系统全部失效时,机器人仍能保持吸附至少 20 min,同时会有声光报警,停止所有制孔作业。

(2)机翼壁板柔性装配工装。机翼壁板曲率小,长度尺寸大,在其装配中主要采用行列式的柔性工装。行列式柔性工装是一种由多个行列式排列的立柱单元构成的工装,各立柱单元为模块化结构,独立分散排列,每个立柱单元上装有夹持单元,夹持单元一般具有三自由度的运动调整能力,从而可通过调整各立柱单元上多个夹持单元排列分布来实现对不同飞机零件的装配。行列式柔性工装结构原理如图 8 - 1 - 14 所示。

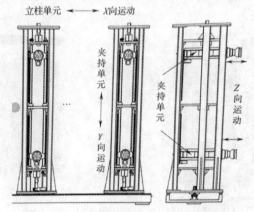

图 8 - 1 - 14　行列式柔性工装结构原理

行列式工装可以通过数控系统主动调整,也可借助集成在一起的自动化数控设备来被动调整。在波音系列客机的机翼翼梁装配过程中采用的行列式柔性工装,它的调整就是利用翼梁装配单元的数控机床实现的,如图 8 - 1 - 15 所示。

图 8 - 1 - 15　行列式结构柔性装配工装

行列式柔性工装主要用于大型飞机的机翼壁板和翼梁装配,其结构开敞性好,多与自动钻铆机配合使用。行列式柔性工装在应用时与多点阵真空吸盘式工装类似,也是采用理论驱动数据。理论驱动数据可根据装配组件的数模得到,所有装配组件对应的工装理论驱动数据都可以存储在一个数据库中,当需要装配某个组件时可直接调用。

下面分别介绍空客及波音公司在机翼装配件所采用的典型柔性工装。

(1)空客机翼壁板装配柔性工装。美国 Electroimpact 公司为空客公司提供的用来装配多种不同类型机翼壁板的高速铆接机床(HSRM)中采用了两套全长 51.82 m 的行列式柔性工装,每一套工装都可以在短时间内快速重新配置以适应空客的各种机翼壁板,从而保证在用一套工装进行自动铆接的时候可以用另一套工装进行人工装配操作。

(2)波音翼梁装配中的柔性工装。波音公司专门开发了一种专用翼梁装配单元(Determinant Spar Assemblv Cell,DSAC),用来解决其商用飞机公司生产的各型飞机的翼梁装配问题。DSAC 单元中包含一套行列式柔性工装,成本低廉、性能可靠且具有足够的柔性,很好地实现了 DSAC 中对工装的要求。

该行列式柔性工装是一套 3 坐标被动式机床系统,其中采用德国赫尔纳(KOSTYRKA)公司的 POGO 柱。KOSTYRKA 公司生产的通用夹具系统(Universal Holding Fixture,UHF)也称 POGO 柱,分为主动调整型和被动调整型两种,主动调整型带有伺服电机,可以自动运行到设定位置,被动调整型需要通过外力调整到设定位置,如图 8-1-16 所示。其中图 8-1-16(a)为主动型夹具,图 8-1-16(b)为被动型夹具。在 DSAC 的行列式柔性工装中采用了被动型的 POGO 柱,并利用 DSAC 中的可移动的立柱式铣床的主轴结合专门的 POGO 调整工具来定位 POGO 柱。

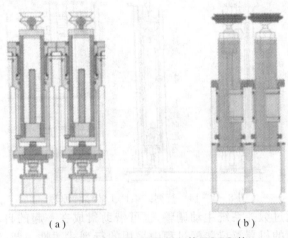

图 8-1-16　KOSTYRKA 的 POGO 柱

(a)主动型夹具;(b)被动型夹具

2.部件柔性装配工装

部件装配主要是针对机身类的机头、尾段、筒段和翼面类的机翼、平尾、垂尾等大型部件的总装配。由于飞机大小不同,结构特点不同,其部件装配工装的形式也有所区别。目前随着数字化装配技术的发展,已有几种不同类型的柔性工装系统。

(1)柔性装配平台。柔性装配平台是以整体式工装框架作为可调整定位器的支撑平台,如图 8-1-17 所示装配平台为例,其由 6 根立柱、上下各 5 组横梁组成。每组横梁上包括 4 个 Z 向支撑柱。横梁沿导轨在 X 向移动,支撑柱沿 Y、Z 方向移动。在飞机坐标系下,支撑柱作为数控可调节定位器实现空间位置调整,从而适应不同机型或不同结构产品的装配要求。

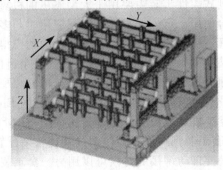

图 8-1-17　柔性装配平台

在应用中,数控柔性工装通过横梁上定位器的运动来调整定位点,实现机身部件结构中各个加强框的定位;而当飞机产品型号变化时,可通过调整或更换定位器来实现不同产品的装配,从而实现工装的柔性功能,使其满足"一架多用"的需要。

工装的 X、Y、Z 三个方向的调整方式均为串-并混合式,即各个运动轴运动调整采用专用伺服驱动调整小车实现,通过间断的方式在 X、Y、Z 三个方向依次控制实现空间位置的定位。这种方式虽然增加了调整时间,但减少了电机的数量,降低了控制系统的制造成本,同时使得电气控制系统相对简单,连接线路减少,也降低了故障率和工作量。少电机伺服小车驱动柔性工装总体结构如图 8-1-18 所示。

上、下横梁(见图 8-1-19)上各布置 4 组定位器,定位器滑板可沿横向 Y 坐标移动定位,垂直方向滑枕移动所处的位置即为 Z 坐标。

X 向横梁运动传动机构如图 8-1-20 所示。在 X 向传动中采用了专用的辅助调整滑板,辅助调整滑板与横梁结合的同时,可调整滑板锁紧机构(见图 8-1-21)可对横梁 X 向位置夹紧,等待接受控制系统命令,完成 X 向的动作指令。调整滑板的应用,可使工装在 X 向的调整减少 8 个电机。

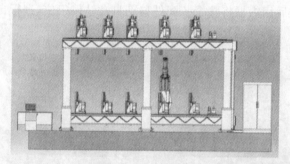

图 8-1-18　少电机伺服小车驱动柔性工装总体结构

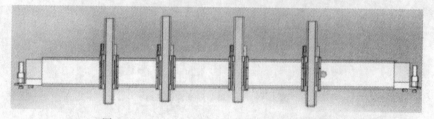

图 8-1-19　上、下横梁横向定位器组件布置

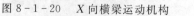

图 8-1-20　X 向横梁运动机构

图 8-1-21　可调整滑板锁紧机构

Y 向横梁运动传动机构如图 8-1-22 所示。Z 向横梁运动传动机构如图 8-1-23 所示,这两个方向的传动与 X 向传动类似,都是通过"直线导轨＋齿轮齿条"类型的传动机构实现。

同样,为了减少工装制造成本,在 Y 向和 Z 向的传动中均采用了专用移动小车。

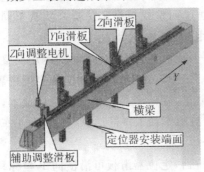

图 8-1-22　Y 向横梁运动传动机构　　　　图 8-1-23　Z 向横梁运动传动机构

(2)翼面类柔性装配工装。翼面类柔性装配工装适用于翼身整体结构或机翼结构的装配,其采用分体式结构、一个固定内框(C 框)、前后两个可移动外框(A 框和 B 框)、三根驱动导轨和两台 AGV 车组成,总体结构如图 8-1-24 所示。翼身整体结构装配时,先将 A 框和 C 框组合在一起,利用这两个框上的定位器进行骨架的定位装配;然后再利用两个外框进行蒙皮装配;也可以在蒙皮定位后用内框将整个装配件移到自动钻铆工位,进行自动钻铆。

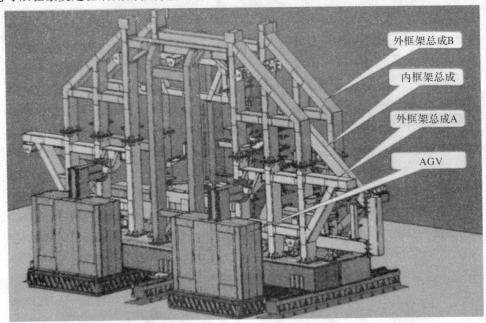

图 8-1-24　柔性定位工装总体结构

该工装是将三个整体框架安装在导轨上,在装配中外框可以沿轨道向外滑动,便于零件装配,也可以用两台 AGV 将其移到其他工位。如图 8-1-25 所示,外框上主要布置飞机骨架定位器、内外框之间定位的导向机构、蒙皮辅助压紧器和组合件定位器等,内框上主要布置梁定位器、交点接头定位器等。内外框上安装的定位器为可调节定位单元,通过电动或气动的方式可快速调整定位器位置。这种工装开敞性好,方便装配操作和自动化设备应用,F-35 飞机的机身装配中采用了此种工装形式。

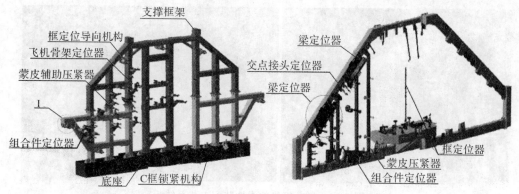

图 8-1-25　定位器在柔性工装上的布置方式

（3）大型飞机筒段柔性装配工装系统。当前在大型飞机装配中应用最典型的两个柔性工装系统是 M. TORRES 公司的定位系统（M. Torres Positioning System，MTPS）和 AIT 公司的自动定位准直系统（Automated Positioning and Alignment Systems，APAS）。其中 MTPS 要应用于空客 A400M 机身部件与机翼部件装配、A380 机身部件装配以及波音 787 的水平尾翼装配；APAS 主要应用于波音 747 的机身装配。

1）MTPS 系统。在 A380 的机身圆筒 13 段、18.1 段、18.3 段的装配过程中，采用多个分散式 MTPS 柔性定位系统组成筒段柔性装配工装系统，与激光跟踪仪结合应用实现了无型架装配，如图 8-1-26 所示为装配生产线。其中 MTPS 包括机械定位支撑机构、测量装置和计算控制软件等。

图 8-1-26　A380 装配生产线

如图 8-1-27 所示为筒段的柔性装配工装系统，该系统集成了 14 个 MTPS 定位器（其中包括 2 个三轴单元的定位器，10 个两轴单元的定位器和 2 个单轴单元的定位器）和 2 台激光跟踪仪，通过控制 14 个定位器的 28 个轴和 4 个辅助轴，可以把壁板安装在精确的空间位置。除 A380 外，空客 A400M 的机身部件、机翼部件装配，以及最新的 A350XWB 的全复材结构机身部件装配均采用了 MTPS，实现了其机身部件的精确装配。如图 8-1-28 所示为 A350XWB 的机身装配系统及装配工艺。

2）APAS。波音公司针对波音 747 的机身装配与 AIT 公司合作，运用 AIT 公司开发的分散式布置的自动定位系统，实现了波音 747 机身的精确装配。AIT 公司的 APAS 与 M. TORRES 公司的 MTPS 类似，由定位器（机械传动装置）、控制系统及激光测量组件组成。定位器可分为侧壁板定位器和骨架壁板定位器两种，主要用来支撑飞机分装部件并能在平面内运动，如图 8-1-29 所示。各定位器通过伺服电机的带动精确运动，驱动机构中的测力传感器可以连续地测量施加在飞机上的力。

图 8-1-27 筒段的柔性装配工装系统

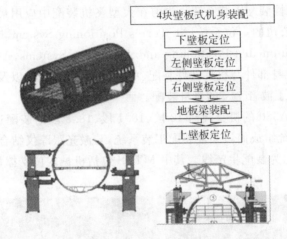

图 8-1-28 A350XWB 的机身装配系统及装配工艺

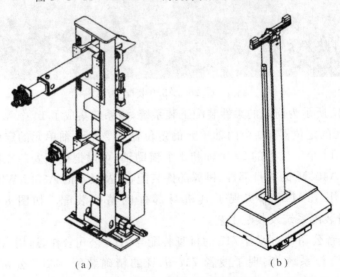

(a) (b)

图 8-1-29 APAS 中的定位器

(a)侧壁板定位器;(b)骨架壁板定位器

3.部件对接柔性工装

大部件自动化对接平台与部件装配柔性工装类似,也是一种集成了自动化工装(定位器)、测量系统以及计算机软件的综合系统。

（1）分散式立柱结构特点及原理。大部件对接平台为分散式立柱结构，如图 8 - 1 - 30 所示。

图 8 - 1 - 30　大部件自动对接柔性装配平台

立柱一般为柱式（POGO 柱）、塔式和塔柱混联式 3 种结构形式：

1）柱式结构。柱式结构外形特征类似 POGO 柱，向上支撑和驱动飞机部件。每台定位器可由伺服电机驱动在 X、Y、Z 3 个方向上移动，由 3～4 台或更多这样的定位器就可以支撑、调整、定位一段飞机大部段。具有定位精度高、工作可靠、可重组、占地面积小和工作空间开敞性好等优点。

2）塔式结构。塔式结构特征是结构形体较大，具有像伸缩臂一样的运动调整部分，从侧面支撑和驱动部件，且承载重量较大。这种定位形式对飞机结构的支撑部位有高强度、易连接等特殊要求。

3）塔柱混联结构。如图 8 - 1 - 31 所示，波音 787 总装中采用的是一种混联形式的自动定位机构，定位器不直接与部件相连，采用托架与部件相连，通过驱动托架对机体部件进行位姿调整。其优点是部件调整受力条件更好、调整更灵活、更适合于大型结构和复合材料部件。该装置定位器安装在立柱上，能够调整 X、Y、Z 三个方向的运动，同时工装上还应安装力传感器，可实时监测装配中力的变化。

在对接装配前，首先通过装配仿真得到工装的理论位置数据，并将其转化为工装理论驱动数据；这些将工装理论驱动数据传给控制系统，控制系统控制各个定位器自动调整到位；然后，飞机各大部件上架，准备对接，利用数字化测量设备测量工装和大部件上的对接关键点的实际位置，并将对接关键点的实际位置数据与理论位置数据进行比较及优化计算，得出关键点的优化位置数据，并同时计算出工装的优化驱动数据，将其传给控制系统，驱动工装运动到位；继续测量、比较理论数据和实测数据，直到满足装配误差要求。在对接过程中工装上的传感器实时监测装配过程中的载荷变化，一旦遇到载荷突变情况则立即反馈给控制系统停止工装运动，保证了对接的安全可靠。

对接过程中，工装驱动数据采用优化数据，这些数据可利用仿真优化软件和数字化测量设备分别提供的理论数据和实际数据自动计算完成，然后在控制系统的控制下工装自动完成定位和调整。控制系统与分散式部件柔性工装控制架构类似，采用控制精度较高的独立式多轴控制系统，其测量系统一般采用激光跟踪仪或 iGPS，测量系统中的测量软件通过计算机与其余各种软件集成在一起，可实现整个系统的协同工作。

图 8 - 1 - 31　波音 787 总装

（2）典型应用。两个典型的大部件自动化对接平台是波音 787 大部件自动化对接系统和 F - 35 飞机对接中应用的电子装配对接系统（Electronic Mate and Assembly System，EMAS），两者分别代表了当前民机和军机大部件对接的应用。

1）波音 787 大部件自动化对接系统。波音 787 对接中应用的自动化对接平台是一个综合集成系统，包括机械工装、控制系统、数字化测量设备以及专门的优化计算软件。工装的机械部分由 14 个塔柱混联式立柱构成；数字化测量设备采用 iGPS 来提供实时测量数据；工装平台中还有专门的对接匹配计算软件，用于对接过程中的匹配优化计算。

波音 787 的对接过程如下：

a. 14 个立柱上的定位器按工装应用初始位置调整到位，并将各定位器锁紧固定在厂房的地面上，以增加整体刚性和稳定性。

b. 多功能 AGV 在 iGPS 的指引下把飞机各部件运输到位，到位后 AGV 直接与定位器相连，AGV 此时充当托架的功能。

c. 控制系统根据装配仿真得到理论数据，在三个方向上调整定位器，使各部件到达理论位置。

d. 利用 iGPS 测量多功能 AGV 及各部件上的对接关键点的实际位置，并由优化计算软件根据测量数据计算得到工装的优化调整数据，并传递给控制系统。

e. 控制系统驱动定位器自动调整，实现整个对接调整过程的自动化。

对接完成后，针对波音 787 大量的复材结构，采用便携式柔性自动制孔单元来完成制孔操作。在制孔过程中，采用了 4 个环形工作台，每个工作台上有 2 个制孔单元，这些制孔单元实现了前机身/中机身和后机身/中机身的并行制孔。波音 787 的整个对接过程如图 8 - 1 - 32 所示。

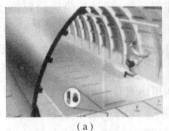

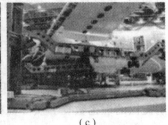

（a）　　　　　　　　　　（b）　　　　　　　　　　（c）

图 8 - 1 - 32　波音 787 自动化对接装配过程

（a）利用 iGPS 进行位置测量；（b）各定位器布局；（c）各部件上架

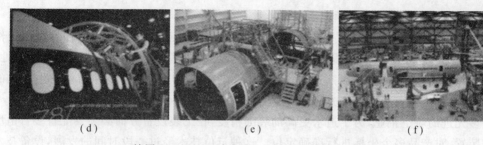

（d）　　　　　　　　　　（e）　　　　　　　　　　（f）

续图 8-1-32　波音 787 自动化对接装配过程

(d)对接调整过程；(e)柔性自动制孔单元的环形工作台就位；(f)柔性自动制孔单元制孔

2)F-35 飞机的电子装配对接系统（EMAS）。F-35 对接装配系统所涉及的硬件和软件主要包括以下几点：

a.16 个柱形定位器和 3 个激光跟踪仪。每个定位器都具有三向运动调整能力，主要用于支撑并调整 F-35 飞机的部件；激光跟踪仪可实时测量部件的关键装配特征位置数据和定位器的位置数据，保证对接精度，如图 8-1-33 所示。

b.专用的控制软件和用户操作界面。在对接时用户可通过此界面实现对定位器的精确运动控制，同时利用控制软件还可以分配每个测量关键点的优先顺序和待对接部件的权重，规划测量顺序和对接顺序。

3)对接模拟软件和优化计算软件。在对接装配前使用 EMAS 软件对整个过程进行仿真，预先判断可能发生的碰撞干涉等问题，并提供定位器位置调整的理论数据；优化计算软件则在对接装配中根据理论数据和实测数据优化计算生成工装驱动数据。

EMAS 柔性好、精度高，同一条装配线可以装配 F-35 飞机的 3 种机型：空军用常规起降型 CTOL（F-35A）、海军陆战队用短距离垂直起落型 STOVL（F-35B）以及海军用舰载型 CV（F-35C）。EMAS 缩短了 F-35 飞机对接过程中的工装设置时间和部件的定位时间，提高了部件对接的精度。

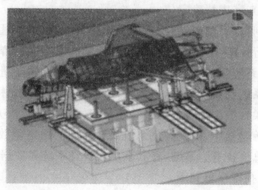

图 8-1-33　F-35 飞机自动化装配对接平台

8.1.3　柔性工装关键技术分析

随着先进数字化装配技术的发展，以及型号研制的迫切需求，对柔性工装技术提出了更高的要求。现代的柔性工装已经不再像传统的刚性工装是一个单纯的机械装置，而发展演变成为一个集成了工装结构部分、测量部分、控制部分和其他部分（润滑、工作梯等）的综合系统。目前，柔性工装涉及的关键技术有以下几种。

1. 柔性工装定位与精度保障技术

框梁类传统装配定位技术是基于工艺孔或者是结构交点孔进行定位,这种方法的工作量较大,而且生成效率较低。采用柔性定位技术,配合灵活的模块化设计,并对其结构合理性、调节、孔径以及基准面的变化等因素进行考虑,可以在一定程度上减少零件结构发生变化的次数,同时也避免了传统刚性定位方法中产生的内应力。

许多先进的航空企业,为了追求更高的装配精度,在工装设备方面必须要配备多自由度伺服定位装置,对产品多个坐标进行准确定位。这种定位技术经过一段时间的发展,设备技术等已经成熟,但是成本却居高不下,往往一个框的定位都需要起码四组定位机构,因此怎样有效利用资源成为工装定位与精度保障中所需考虑的问题。

数字化柔性工装中的精确定位,通常是由控制系统通过驱动伺服电机实现定位点的运动来完成的,因此伺服控制系统是实现飞机柔性装配技术重要的一环。随着飞机产品复杂程度的增加,保证飞机装配过程中所需各种运动部件的精确定位,实现工装系统对飞机部件的可靠固定,提高装配效率,这些都对柔性工装的控制系统提出了更高的要求。

2. 柔性工装集成测量与控制技术

单一的机械工装无法实现飞机的柔性装配,需要结合测量系统、控制系统、仿真分析系统、夹紧定位系统等综合使用,高效地完成飞机零部件的装配。只有各项关键技术的有效集成,才能发挥柔性工装的技术优势。

数字化柔性检测技术的应用范围比较广泛,包括激光准直仪、激光雷达扫描仪以及激光跟踪仪等,这些技术当中应用最为广泛的要属激光跟踪测量技术。激光跟踪测量技术具有无接触、高速、高精度以及通用等优点,而且其测量精度高,接近 $5\ \mu m$,基本上满足大尺寸装配部件的要求。比如在飞机部件进行总装时,由于对三维位置测量不是很方便,难以使用激光跟踪定位测量系统进行准确测量。数字化柔性检测技术具体的工作原理为用以太网和系统进行连接,用测量装置获得基准点,经过处理并进行信息反馈,通过计算机对实际装配位置和精确度进行偏差值的纠正,最终来完成精确定位。

柔性工装自动调整到精确位置是通过数控系统控制实现的,利用数控系统的控制指令和测量系统的反馈信息进行比较和控制调节,驱使伺服电机控制重构单元按要求运动。目前伺服控制系统在向网络化、系统化、自动化、柔性化以及高鲁棒性和高精度的方向发展,通过飞机装配特性和集成化控制系统的特征分析,研究柔性工装集成控制技术是实现柔性工装高精度定位的有效途径。飞机柔性装配系统包括设计系统、数据准备系统、人机界面、装配单元、定位平台以及其他装配系统等。其中,电气控制系统属于典型的网络化数字控制系统,是以 TCP/IP 以太网技术和 CAN 总线技术为基础,在其上层为设计系统和数据准备系统,在其下层有定位平台、工装系统以及制孔铆接单元等。

3. 柔性工装仿真技术

柔性工装结构复杂、数目多,柔性工装设计完成后,通常对结构部件进行力学仿真分析,以校核其强度、刚度。同时,由于柔性工装定位夹紧等机构的零件众多,且其位置随产品而变,分析装配工装、操作平台及工具等结构特点,结合轻量化技术,简化柔性工装结构,实现柔性工装精确快速仿真,建立相关的运动机构和机制,是柔性工装仿真技术的难点。仿真的另一目的是模拟柔性工装与产品的装配过程,检测两者装配是否存在干涉,装配顺序是否正确,产品的进出方式是否合理等装配关系。

另外,人机功效也是仿真分析的重要方面。通过人机功效分析以检查工装、产品零部件之间的装配关系,包括可达性、顺序性、方向性、干涉情况等,帮助设计人员及早发现产品设计中的缺陷。由于飞机产品结构复杂、要求高、关键部位多、装配关系复杂,其数字化工装及操作平台结构更为复杂,包含数字化定位器等运动机构。大量的数据和结构关系、机构等导致计算机运行速度和仿真效率严重低下,甚至无法进行。

4. 柔性工装结构优化设计技术

柔性工装与一般刚性工装相比,结构较为复杂。合理的结构设计能够保证其有足够的结构强度、结构刚度和稳定性,从而完成飞机的装配。优化设计技术,在能够保证装配要求的前提下,提出合理可行的工装结构方案。因此,柔性工装结构优化设计技术是柔性工装关键技术中的重要一环。

5. 柔性工装评价方法

目前,对于柔性工装及其技术尚没有统一的评判标准。通过评价方法研究,建立数字化柔性工装及其技术的评价模型,可以为企业分析自身在行业中的地位与水平、制定合理的装备发展规划、进一步提高装备技术水平并为实施柔性工装提供决策参考。

整体性,各种技术有机结合而发挥作用,技术评价具有整体性;层次性,一个国家的生产活动由各地区、各行业和各部门的生产活动构成,而行业、部门的生产活动又可以继续细分,即技术评价具有层次性;动态性,技术总是处于不断的发展中,不会长期停留在一个水平,对技术评价应考虑技术的发展潜力和未来发展趋势,即对技术进行动态评价;相对性,技术评价需要有一个"参照物",评价结果是相对的,不是绝对的;环境适应性,技术系统是一个开放的体系,任何技术的产生和发展都离不开一定的环境,因此,进行技术评价时需考虑环境因素。

对于飞机柔性工装及其技术的评价,首先应该考虑整体性、层次性、动态性、相对性和环境等因素,提出构建评价指标集的原则;综合考虑技术水平、装备可靠性、装配柔性、经济效益等方面因素,建立评价指标集;根据拟定的评价流程,构建合理的柔性工装的评价模型,准确评估柔性工装的技术实施效能。

8.2　智能装配单元

近年来,伴随着信息技术、网络技术、自动化技术、人工智能技术等先进技术的蓬勃发展,全球制造业正迎来一次深刻的产业变革机遇。在"工业 4.0""先进制造业伙伴计划"和"中国制造 2025"等一批国家战略规划中,纷纷将发展智能制造列为核心与焦点。

2007 年,美国国家标准和技术研究院(NIST)主办的装配技术研讨会第一次提出了智能装配的概念。它侧重于如何开发和集成智能工具,如传感器、无线网络、机器人、智能控制等,以便解决今天产品种类变化的强烈需求和后续生产制造的复杂性。智能装配是一个生产工艺、人、设备和信息集成的概念,它使用虚拟和现实的方法来实现生产效率、交货时间和制造敏捷性的显著改善。智能装配远远超出传统的自动化和机械化范围,它在工程和操作上挖掘人与机器有效协同作业潜力,集成了高技术、多学科团队,具有自我集成和自适应装配处理的能力。

由于飞机装配工作的高复杂性和高精度,飞机智能装配技术已经成为飞机装配技术发展的新方向,对飞机智能装配技术的研究将对我国飞机装配水平及航空企业智能制造水平的全面提升起到重要的推动作用。

8.2.1　智能装配概念

智能装配环境类似于人体的免疫系统方式运行,以一种非常有效的方式来应对没有明显症状的异常反应。智能装配系统可以调整和适应生产环境的变化,如投入零部件的变化,最大的好处就是系统健壮性,以确保系统质量和生产能力。智能装配基本单元虽然已经应用在一些生产制造系统之中,然而还需要进行更多的系统顶层研究,实现机器和子系统协同工作。在智能装配中,一是加强虚拟能力和实时能力,二是整合集成产品流程、工艺流程、信息流程等三大流程,这些决定了智能装配的成败。

波音公司目前正在基于智能装配理念来实施网络化制造和操作(NEMO)创新计划,它仿照了美国陆军未来战斗系统项目。该计划的目标是将战场上最先进的技术,如“态势感知”技术引入到飞机装配生产线中。智能工具和传感器是 NEMO 的第一层。目前,多项技术已经应用在波音737和波音787的装配流程中,如密封胶固化监控。另外,制孔和安装工具也已配备了传感器,可以监测用户身份验证、设置信息、校准状态和互动/进退功能。此外,波音公司还将 NEMO 技术应用于一些军事项目,如检查 F/A-18 战斗机的线包。波音公司的工程师们还设想了一个广泛的系统,在不久的将来实现数字化设计工具和无线生产现场系统之间运动信息的自动化。智能装配应用于这些过程,公司将专注于开发智能工具,它不需要操作者为一个特定的操作设定界限或扭矩。未来,波音飞机的装配工作指令将直接投射到机翼或机身上,传感器嵌入在紧固件连接的工具中,将指导装配工人作业。与此同时,投射到飞机上的激光图像会自动告诉工人零件的准确定位点或边界,数字电子测量和检验系统将监测传播装配过程各个方面的在线信息。例如,传感器将不断监控紧固连接工具、点胶设备、工装、夹具和其他生产设备的性能状态。在未来 10 年内,波音公司计划扩大 NEMO 范围,将客户、供应商与工程师和装配工厂连接起来。

运用智能制造的理念和关键技术可用来构建一个基于智能制造的智能化装配系统。该试验系统本着起点高、投资少、智能高等原则,按照整体规划、分步实施来创建。在充分利用十二五期间数字化柔性装配的科研成果,如可重构工装和部件对接系统、机器人钻铆系统、大尺寸数字化测量系统(三维激光跟踪仪、室内 iGPS)、智能 AGV 移动小车的基础上实施无线网络技术,需增加必要的智能部件,如 RFID 射频识别、实时定位系统、智能货架、无线传感网络等单元。在未来几年中,还将开发研制手持式智能工具,包括具有位移、压力、应变力感知的手持紧固件拉铆工具,带有 iGPS 法向检测、制孔力监视的智能制孔手持工具等,这都将陆续纳入该试验系统中。

飞机智能装配就是将飞机装配过程中的零部件、工装夹具、机器设备、物流、人、系统等深度融合,借鉴高度智能化的人体神经系统原理,将智能化装配系统模型构建为与之相对应的物理信息融合系统,逐次建立自动化装配单元、装配生产线、车间、智能检测与监控系统信息获取与集成、信息处理与决策、知识积累与自适应控制等技术,形成飞机智能化装配系统。

8.2.2　智能化装配的关键技术

飞机智能装配关键技术是整个飞机智能化装配的基础,它涵盖了飞机装配的设计、工艺、现场、规范等众多环节。其主要包括以下几方面。

1. 智能感知

基于计算机技术、传感器技术、RFID(Radio Frequency Identification)技术和激光跟踪仪与 iGPS 技术结合的智能感知技术,通过配置各类传感器和无线网络,对现场人员、设备、工装、物料、量具等多类制造要素进行全面感知,实现装配过程中人与资源的深度互联,从而确保装配过程多源信息的实时、精确和可靠获取。智能制造系统的感知互联覆盖全部制造资源以及装配活动全过程。智能感知是实现智能装配的基础。

建立可覆盖装配全过程的数字化测量设备与监控网络,在现有数字化测量技术上增加传感器、RFID、物联工业网络等用来实时感知、监控、分析、判断装配状态,实现装配过程的实时监测。将物联网技术融入飞机装配车间。针对目前飞机装配车间现场制造数据采集手段落后、生产状态反馈滞后、装配过程不透明等问题,提供飞机装配过程中的装配要素动态组网、装配信息实时采集与管理、装配过程状态对应评估的集成方案,解决面向飞机装配过程自动化的物联网应用集成问题,形成可扩展、可配置的"物联网飞机装配车间"应用系统,实现飞机装配过程状态和制造质量信息的可视化。基于物联网的飞机装配车间智能感知技术结构如图 8-2-1 所示。

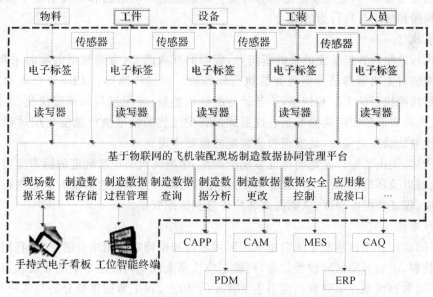

图 8-2-1　基于物联网的飞机装配现场制造数据协同管理平台

基于物联网的飞机装配车间智能感知技术,为车间提供基于物联网的飞机装配现场制造信息采集、建模、存储、查询、交换、分析和使用的系统解决途径和工具,有效实现装配现场装配要素的实时监控、飞机装配全过程的跟踪与追溯以及完整和准确的装配现场装配信息提供,对推动企业实现智能化装配具有重要的意义。

2. 实时分析

基于云计算、大数据技术的实时分析技术,对装配过程中的海量数据进行实时检测、传输与分发、处理与融合等;然后将多源、异构、分散的装配现场数据转化为可用于精准执行和智能决策的可视化制造信息。实时分析是智能工装的重要组成部分,对装配过程的自主决策及精准执行起着决定性的作用。飞机智能装配特征如图 8-2-2 所示。

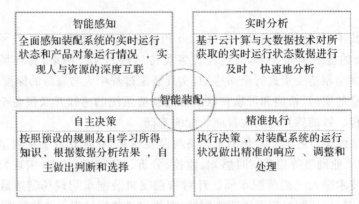

图 8-2-2 飞机智能装配特征

3. 自主决策

"智能"是知识和智力的总和,知识是实现智能的基础,智力是获取和运用知识求解的能力。智能装配不仅仅是利用现有的知识库指导装配行为,同时具有自学习功能,能够在装配过程中不断地充实知识库,更重要的是还有搜集与理解制造环境信息和工装系统本身的信息并自行分析判断和规划自身行为的能力。

4. 精准执行

精准执行是实现智能装配的最终落脚点,资源的互联感知、海量数据的实时采集与分析、制造过程中的自主决策都是为实现智能执行服务的。通过传感器、RFID 等获取的装配过程实时数据是精准执行的来源和依据,装备运行的监测控制、装配过程的调度优化、装配零件的准确配送、产品质量的实时检测等是表现形式。装配过程的精准执行是使装配过程和装配系统处于最优效能状态的保障,是实现智能装配的重要体现。

综上所述,飞机装配首先是要保证装配准确度,影响飞机装配准确度的因素主要有装配对象、工装状态以及环境信息。飞机智能装配,就是通过对各影响因素的实时状态进行感知并做出精准响应,保证装配准确度,从而提高装配质量和装配效率。

5. 管控系统

(1)车间定位。飞机装配车间定位采用区域定位和精确定位相结合的方式,利用区域定位技术采集物料、工装等的区域位置信息,精确定位信息实现物料配送车辆的导航和追踪。

(2)车间数据模型。车间数据模型主要将车间装配过程中数据进行分类与匹配,建立标准化模型,形成有效的生产系统数据管理模型,通过属性特征来表征基础数据,动作特征来反映产品装配过程的动态数据,并将这些数据实时反馈在数字化车间电子地图中,为物料配送系统的功能执行层提供实时可靠的数据支持。如图 8-2-3 所示为智能物料配送技术体系结构。

(3)配送系统执行。基于实时定位的物料配送的功能执行是实现物料动态配送优化的一个关键。通过接收配送任务,根据数字化车间地图提供的实时数据信息,规划出物料配送的最优路径,并在配送过程中及时响应车间生产要素的临时变动,通过调用不同的动态优化策略,实现物料配送过程的二次优化配置。

(4)配送任务接口。配送任务接口实现与企业现有的信息化系统进行集成,如 ERP 系统、MES 系统、CAPP 系统等。

(5)企业系统管理。企业系统管理主要负责根据生产任务和订单生成相应的生产计划和工艺路径等信息,并将这些信息下发到配送任务接口层,利用集成接口将工艺数据转换为可识别的配送任务。

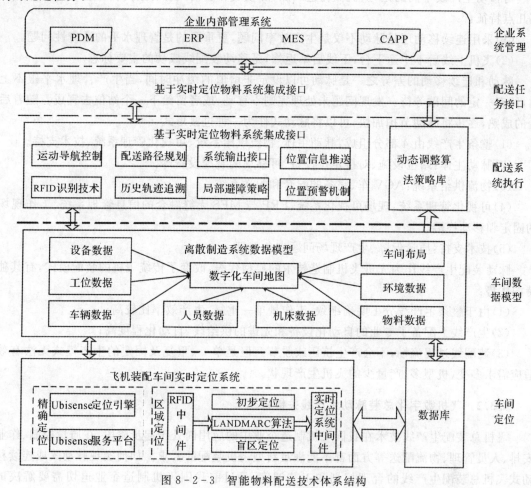

图 8-2-3　智能物料配送技术体系结构

8.3　飞机脉动装配生产线

随着商用飞机的需求量急剧增长,军用飞机的研制任务增多,传统的机库式(停车场式)飞机装配模式已无法适应现代飞机制造的要求,很多世界级飞机制造商都对飞机装配生产线作了重大研究。脉动装配生产线很好地继承了汽车移动式生产线的思路,在飞机制造企业实现成功应用并取得了一系列成果和经验,目前,飞机脉动装配生产线不仅应用于飞机总装装配生产,更应用于飞机部件装配、飞机和飞机发动机的修理和维护之中,同时飞机脉动装配生产线也在向着自动化、集成化的方向发展。

8.3.1　概念及特点

脉动装配生产线(Pulse Assembly Lines)最初从 Ford 公司的移动式汽车生产线衍生而来,是连续移动装配生产线的过渡阶段,不同的是脉动装配生产线可以设定缓冲时间,对生产节拍要求不高,当生产某个环节出现问题时,整个生产线可以不移动,或留给下个站位去解决,当飞机的装配工作全部完成时,生产线就脉动一次。

　　与移动生产线不同的是,从机械构造观点,脉动线和连续线各有繁简。从管理角度看有以下几点特征:

　　(1)采用连续移动还是脉动不仅是生产效率问题,更重要的是管理水平的适应性问题。

　　(2)飞机上线后不中途下台,下线后不返修,是移动装配线成功的主要标志。

　　脉动和连续移动的差异之一是脉动可以设定非增值的缓冲时间,当生产管理水平跟不上时,留有一定的间歇等待。发现问题未处理完则不移动,或者留给下一个站位去完成。随着后援的成熟,逐步将脉动节拍加快,可以将脉动式作为一种过渡形式。

　　(1)整条生产线由4部分组成:脉动主体、物流供给系统、可视化管理系统、技术支持。

　　(2)脉动主体:站位设施、对接定位设备、可移动的装配设备等。

　　(3)物流供给系统:AGV车、完备的配套和配送系统。

　　(4)可视化管理系统:现场可视化系统、ERP与MES无缝融合的信息管理系统、工作现场的固定和移动终端。

　　(5)技术支持:质量保障、生产现场问题应急处理。

　　脉动装配生产线作为先进飞机制造技术的典型代表,改变了传统飞机的装配模式,有其独特的优势:

　　(1)由于整条生产线分工明确细致,工作量单一重复,生产效率比较高;

　　(2)生产线上配备了专业的自动化设备和先进的供给线,自动化程度高;

　　(3)装配线过程流畅,不会产生挤压或脱节。但是单一、重复及固定的生产模式无法有效适应需求多变、机型多、产量少的飞机生产现状。

8.3.2　飞机数字化总装脉动生产线关键技术

　　飞机总装配生产线技术在我国飞机制造企业中的应用尚处于起步阶段,在质量控制、作业安排、人员管理、物流配送等方面都不能满足新型飞机装配的要求。如何实现脉动式或连续移动式飞机总装配生产线的合理规划和工艺调度,是目前我国飞机制造企业迫切需要解决的问题。

　　飞机总装脉动生产线是全面提升总装产品质量和装配效率的有效途径。近年来,随着大量飞机型号进入批量生产阶段,飞机总装脉动生产线作为国内新型生产组织模式,其相关技术研究尤为迫切。飞机数字化总装脉动生产线关键技术包括节拍式生产管理技术、数字化检测技术、精准移动技术、站位能力平衡技术、集成装配平台运行与维护技术、物料精益配送技术等。

1.节拍式生产管理技术

　　在连续生产情况下,生产线的生产周期等于各站位工作节拍的最大值。飞机的总装配从飞机大部件进入装配线开始,需要在计划期内完成飞机的部件装配及功能试验等所有工序,这些工序分属于不同的站位。生产线调度问题主要集中在站位内工序如何安排和资源如何分配,站位间的调度更依赖经验丰富的工艺员进行全局规划,因此将生产线调度问题简化为生产线站位内调度问题。即 m 道工序需要指派给 n 个工作组完成,工序间存在前后继关系约束,每道工序可由多个但仅能选其中一个工作组完成,不同的工作组完成同一道工序的效率不同,同一个工作组在某一时段只能从事一道工序,此外,工序一旦开工便不能中断。

2. 数字化检测技术

飞机数字化检测包括飞机线缆和系统功能等检测。随着计算机控制技术和自动检测技术的飞速发展,数字化在线检测技术成为航空检测领域的发展趋势。国外波音、空客等航空公司在波音 757、F-35、A380、A320 等飞机装配中,已将模块化在线检测技术应用在航电、液压、动力、火控等系统装配、系统试验等方面,实现了飞机线缆、系统的在线检测、故障隔离。在国内,对飞机总装生产现场的故障诊断、故障隔离以及线路检查缺乏有效手段和相应的检测设备。为了实现数字化检测,需要突破线缆和系统一体化在线检测技术、全机在线检测等技术,并构建飞机总装配快速、高效在线检测平台。

3. 精准移动技术

精准移动技术实现了飞机在脉动式生产线上的移动、装配所需物料的配送以及路径的选择,国内外航空企业非常重视这方面的研究,并且研制开发了一些实用和新颖的移动设备。在飞机总装脉动式生产线上主要应用有飞机牵引车、自主引导搬运车(AGV)、气垫运输系统、嵌入式轨道移动系统等。

精准移动设备的使用要依据具体工作内容进行确定,如在波音公司的脉动式生产线上,飞机在二号工作区安装好主起落架后,可依靠自身起落架支撑飞机,采用飞机牵引车拖动飞机在飞机总装脉动式生产线上移动;负责物料的配送运输可采用 AGV 等。牵引设备精确移动定位与集成控制技术,移动设备优化设计技术等是实现精准移动的关键。

4. 站位能力平衡技术

由于现代的总装线生产以机械输送带流动为主,机械输送的速度也应与生产速度相适应,即有相同的节拍时间(Cycle Time,CT)、生产计划及工序作业时间应相适应,若各工序的作业时间相差太大,就会造成作业工序短的工序出现等待现象,其间存在效率损失。当工序之间的作业时间差距很小,生产中等待的时间很少,这时生产效率最高,生产线处于平衡状态。

通过生产线平衡技术,以期达到以下目的:

(1)缩短每一个工序的作业时间,提高单位时间的产量。

(2)减少工序之间的预备时间。

(3)消除生产线中的瓶颈、阻滞和不匀等现象。

(4)改善制造方法,使它适用于新的总装作业。

5. 集成装配平台运行与维护技术

在飞机总装脉动生产线中,为减少总装线上的工装,以方便数字化生产线的管理,工装不仅要具备移动性特点,而且需要工装具有多功能性,形成集成装配平台。集成装配平台需要综合考虑各个集成模块的预置布局区域、物料放置区域、工装工具放置区域、线路管路的铺设区域以及操作人员的工作空间等因素,对工作平台划分相应的功能区域,保证系统运行、维护以及操作人员的工作条件。因此飞机总装集成装配平台具有大负载、大尺寸、高集成的特点,需要重点研究集成装配平台移动技术、集成装配平台优化设计技术、系统模块化集成技术等。

6. 物料精益配送技术

物料的准时化配送是实现飞机总装脉动生产线的重要条件。为达到这一目标,飞机制造厂商需要与飞机零部件供应商分享其生产信息,并共同开发包含生产计划、仓储信息、生产进度、在途信息等内容的物料配送管理系统,实现对物料入库及出库信息的公开化,提高物流效率,减少物流仓储成本,为精益化生产提供保障。

8.4 智能生产线

智能制造是全球制造业发展的趋势,智能制造系统作为智能制造技术的集成应用环境,目前已成为主要工业发达国家提早布局的重点。德国提出"工业4.0"概念,美国也推出工业物联网、互联企业等类似概念,其主要特征都是智能和物联。根据德国"工业4.0"描绘的美好前景,在现代智能机器人、传感器、数据存储和计算能力成熟后,现有工厂将能通过网络把供应链、生产过程和仓储物流智能连接起来,真正实现生产过程全自动化、产品个性化、管理智能化。工业4.0描述的智能工厂系统完全不同于传统的工厂自动化系统,智能工厂采用面向服务的体系架构,在生产现场层面使用物联网技术;在控制级采用信息物理融合生产系统(CPPS)技术;上层的监控管理层级连接到安全可靠和可信的云网络主干网,采用服务互联网的方式提供服务。

我国制造业也将智能制造作为新一轮产业技术变革的主要方向,致力于构建自己的智能制造产业体系。智能装备、智能工厂等未来生产手段和方式将广泛替代传统的生产方式。建立符合航空产品生产特点的智能车间、生产线,可以有效提升产品的质量稳定性和生产效率,并满足多品种、小批量、柔性化生产需求。

8.4.1 智能生产线的构架

与传统生产线相比,智能生产线的特点主要体现在感知、互联和智能3个方面。感知指对生产过程中的各种不同类型数据的感知和采集,并进行实时的监控;互联指生产线所涉及的产品、工具、设备、人员互联互通,实现数据的整合与交换;智能指在大数据和人工智能的支持下,实现制造全流程的状态预知和优化。

建设智能生产线需实现工艺的智能化设计、生产过程的智能化管理、物料的智能化储运、加工设备的智能化监控等。如图8-4-1所示为智能生产线方案构架的示意图。智能生产线由3层架构组成,制造数据准备层实现基于仿真优化和制造反馈的工艺设计和持续优化,主要针对制造过程的工艺、工装和检验等环节进行规划并形成制造执行指令;优化与执行层实现生产线生产管控,包括排产优化、生产过程的集成控制、在线测量与质量管理以及物料的储运管理;网络与自动化层实现生产线自动化和智能化设备的运行控制、互联互通以及制造信息的感知和采集;基础平台的核心是提供基础数据的一致性管理,各层级系统间数据集成及设备自动化集成;使能技术指支撑智能生产线建设和智能化运行的使能基础技术;工业物联网技术是构建智能生产线网络化运行环境的关键,基于该技术构建的工业物联网实现产品、设备、工具的互联互通,并提供网络化的信息感知和实时运行监控环境;大数据技术用于对制造过程产生的海量制造数据的提取、归纳、分析,形成一套知识发现机制,指导制造工艺和生产过程的持续优化;智能分析基于工艺知识、管控规则分析,监控来自工艺、生产和设备层级的问题,进行预测、诊断和优化决策。

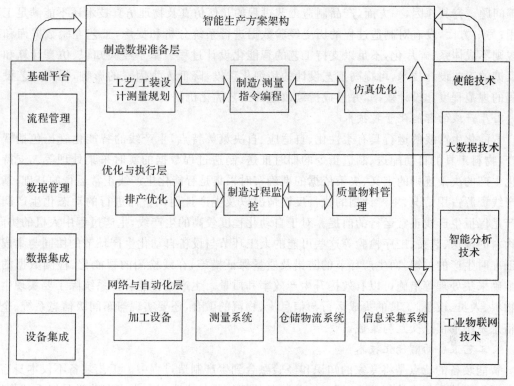

图 8 - 4 - 1　智能生产线的构架

8.4.2　智能生产线的关键技术

智能制造的核心是信息物理融合(CPS)技术,其中的"信息"指算法、3D 模型、仿真模型、工艺指令等能够通过网络访问收集到的数据和信息,其中的"物理"指在生产系统中的人、自动化模块、物料等物理工具和设施。智能制造的目的就是要为制造系统构建完整的生产与信息回路,使得制造系统具有自我学习、自我诊断、自主决策等智能化的行为和能力。

智能生产线将先进工艺技术、先进管理理念集成融合到生产过程,实现基于知识的工艺和生产过程全面优化、基于模型的产品全过程数字化制造以及基于信息流物流集成的智能化生产管控,以提高车间/生产线运行效率,提升产品质量稳定性。实施智能生产线,需要解决生产线规划、工艺优化、生产线智能管控、装备智能化和生产线的智能维护保障等关键技术。

1. 生产线建模仿真技术

生产线作为一种特殊的产品,也有自己的生命周期,包括设计规划、建设、运行维护和报废。其中生产线的设计规划直接关系到后续生产线的运行能效。在生产线规划时,应结合产品对象的工艺要求进行相关设备、物流及各种辅助设施的规划建模与模拟运行,对产品生产流程、每台设备的利用率、生产瓶颈等进行分析评估。生产线建模的细化程度、每道工序的时间估算、装夹等人力时间的计算以及物料工具的配送方式等都影响仿真评估的结果。

2. 基于仿真计算和制造反馈的工艺设计技术

航空产品的加工和成形工艺复杂,工艺技术的改进及工艺参数的优化对于产品的制造精度和质量稳定性有决定性作用。在产品试制阶段进行工艺、工装、检验的规划设计时,大量工艺参数和变形补偿基于经验数据和工艺试验来确定,造成研制周期长、成本高昂、质量稳定性差等问题。究其原因,一方面,产品制造工艺过程的几何仿真及物理仿真技术还不能满足工程应用;另一方面,没有对制造过程的历史经验数据进行系统分析和提炼,工艺经验数据库和决策规则不成体系、碎片化,不足以支持工艺的智能化设计过程。基于经验知识、仿真计算和制造反馈的工艺设计技术,可提高工艺设计的精细化程度,降低人为因素的影响,提高工艺设计过程的规范程度和设计效率,并形成持续改进的工艺优化机制。

3. 生产线的智能化管控技术

智能化生产线的运行具有柔性化、自适应、自决策等特点,生产线的智能化管控包括智能排产、物料工具的自动配送、制造指令的即时推送、制造过程数据的实时采集处理等。支持智能化生产的决策规则的定义、决策依据的准确实时采集是智能化生产线正常运行的基础;基于生产线资源占用情况、生产计划的执行反馈情况以及生产计划调整而进行的动态化生产调度排产是保证生产线正常运行的前提。对于自动化程度较高的生产线,生产过程中人机的协同,如物料的配送、装夹、工序检验等这些可能的人工环节与设备自动化生产环节的协同与集成是保证准时生产的关键,而生产环节的防错及质量保证措施,在线检测的智能化、检测数据的实时准确采集处理等措施可以有效提升生产效率和质量。生产线智能管控系统除了要实现生产线物料、人员、设备、工具的集成运行与信息流、物流的融合,还要实现与车间级信息系统、企业级信息系统的信息交互与集成。

4. 工艺装备的智能化技术

智能装备的特点是将专家的知识和经验融合到生产制造过程中。工艺装备不仅本身需要具备感知决策和精准执行能力,同时工艺装备的智能化集成应用水平也有着举足轻重的作用。深度感知是装备智能化的首要条件,基于感知信息的分析决策是体现装备智能化的关键,而支持分析决策过程的计算、推理、判断和人工智能技术、专家系统等密不可分;基于感知、决策、执行的闭环控制单元技术是信息物理系统的精髓。面向航空产品特定需求开发研制智能化工艺装备,需要在理清应用环境、产品对象、工艺特点等的基础上,针对性地研究传感器部署方案、感知数据的采集方案、分析决策机制的构架方法、反馈执行的精准和即时性等。

5. 生产线的维护保障技术

先进的生产线维护保障技术是降低制造成本和增加效益最直接、最有效的途径。对于集成度和产能要求更高的智能生产线,单点的故障和意外停机有可能导致生产线的整体瘫痪,所以智能化维护技术是未来发展制造服务业的重要方向。生产线的维护保障包括针对单台设备的在线监测、故障诊断与预警,也包括针对生产线的整体运行情况的统计、分析、优化等。

与传统维护维修方法相比,智能维护是一种主动的按需监测维护模式,需要重点解决信息分析及性能衰减的智能预测及维护优化问题。因此,按需的远程监测维护机制和决策支持知识库是生产线维护保障的基础技术。开展生产线维护保障技术的研究,除了降低运行故障率,同时也可以对生产线上每台设备的使用效率、生产线的瓶颈进行分析,达到提升生产线综合运行效率的目的。

8.4.3 智能生产线的硬件及基础条件

1. 智能制造装备

智能生产线中的智能装备主要包括智能机床、智能机器人、智能控制装置及系统、智能物流系统、传感识别及信息采集装置和智能加工单元等,对制造过程中运动、功率、扭矩、能量、信息等状态进行实时监测,并基于预制规则进行自主决策与自适应控制。主要包括专用嵌入式控制单元等智能核心部件,实时状态监控、健康检测、故障诊断等实时运行监控方法,基于测量反馈的多轴加工、基于力感知的加工和定位的智能化执行单元,知识建模、智能决策支持系统等。

2. 智能加工单元

智能设备的运行逻辑包括状态感知、实时分析、自主决策和精准执行 4 个环节。其中,状态感知环节可以实现对运动状态、I/O 状态、力/热状态和工件状态等的动态监测;实时分析环节可以实现对感知到的状态信息进行分析,实现对位置偏差、I/O 异常、异常工况和工件误差等的分析计算;自主决策环节根据分析结果做出处理决策,实现位置补偿、工况分析、参数调整、加工指令调整等自主的处理决策;在精准执行环节基于决策结果实现相关的控制。智能设备的运行过程是 4 个环节的循环过程作用的结果。以智能设备为基础,建立以智能设备为核心的包含智能输送线、搬运机器人、智能加工设备、智能工装、智能检测设备等的自动化加工柔性单元,采用二维码、RFID、嵌入式终端系统等技术,将生产线上的物料、设备、工装、人员、数据等进行唯一身份标识。在物料装夹、储运等过程中,对身份自动识别、匹配、运行。

3. 智能仓储与物流系统

基于 AGV/RGV 系统、码垛机、物流机器人以及立体仓库等建立智能仓储与物流系统,实现仓储优化调度、物料出入库管理、库存管理等,实现物流系统在智能工厂内部的安全、高效、精确运转。

4. 企业级工业互联网

在符合安全保密要求的前提下,搭建企业级工业互联网,实现设备及系统互联互通,支撑产品、工艺、设备、测量仪器等各种指令及数据的传递和采集。

思考与讨论

(1)简述柔性装配工装和它的组成都有哪些?
(2)分析并讨论柔性工装的关键技术。
(3)简述智能装配单元及其关键技术。
(4)简述飞机脉动生产线的特点和在总装阶段脉动生产线的关键技术。
(5)讨论智能生产线的硬件和它的构架结构。
(6)智能生产线有哪些关键技术?
(7)讨论和叙述飞机未来装配工装的发展及其前景。

参 考 文 献

[1] 范玉青.现代飞机制造技术[M].北京:北京航空航天大学出版社,2001.

[2] 刘忠梁.飞机装配协调互换问题与装配型架设计安装[M].北京:航空工业出版社,1999.

[3] 何胜强.大型飞机数字化装配技术与装备[M].北京:航空工业出版社,2013.

[4] 冯子明.飞机数字化装配技术[M].北京:航空工业出版社,2015.

[5] 程宝蕖.飞机制造协调准确度与容差分配[M].北京:航空工业出版社,1987.

[6] 王云勃,张关康.飞机装配工艺学[M].北京:国防工业出版社,1990.

[7] 丁力平,陈文亮.面向大型飞机装配的组合式大尺寸测量系统[J].航空制造技术,2013
(13):76-80.

[8] 《航空制造工程手册》编委会.飞机工艺装配[M].北京:航空工业出版社,1994.

[9] 黄桂平.数字近景工业摄影测量关键技术研究与应用[D].天津:天津大学,2005.

[10] 梅中义,朱三山,杨鹏.飞机数字化柔性装配中的数字测量技术[J].航空制造技术,2011
(17):44-49.

[11] 杜宝瑞,冯子明.用于飞机部件自动制孔的机器人制孔系统[J].航空制造技术,2010
(2):47-50.